# 榆林市体育中心（体育场）项目建造与管理

常永波　崔晓龙　万岳峰　王雪艳　梅　源　著

中国建筑工业出版社

**图书在版编目（CIP）数据**

榆林市体育中心（体育场）项目建造与管理 / 常永波等著. —北京：中国建筑工业出版社，2021.8
ISBN 978-7-112-26553-4

Ⅰ.①榆… Ⅱ.①常… Ⅲ.①体育场－建筑施工－施工管理－榆林 Ⅳ.① TU245

中国版本图书馆 CIP 数据核字（2021）第 190490 号

责任编辑：王华月　杨　杰
责任校对：党　蕾

**榆林市体育中心（体育场）项目建造与管理**
常永波　崔晓龙　万岳峰　王雪艳　梅　源　著
*
中国建筑工业出版社出版、发行（北京海淀三里河路 9 号）
各地新华书店、建筑书店经销
北京建筑工业印刷厂制版
北京盛通印刷股份有限公司印刷
*
开本：787 毫米×1092 毫米　1/16　印张：17¾　字数：357 千字
2021 年 8 月第一版　2021 年 8 月第一次印刷
定价：**88.00** 元
ISBN 978-7-112-26553-4
（38113）

# 作者简介

常永波，男，1987 年 12 月生，陕西建工第九建设集团有限公司资深项目经理。主要从事建筑工程项目管理工作，参与集团多个工业与民用建筑、城市大型基础设施的建设，具有丰富的大型建筑施工与管理经验。发表专业论文多篇，获国家专利多项。

崔晓龙，男，1989 年 8 月生，陕西建工第九建设集团有限公司工程师。主要从事建筑工程施工技术管理工作，参与省内外多个大型建筑工程项目建设，具有大量施工现场技术管理经验。

万岳峰，男，1994 年 2 月生，陕西建工第九建设集团有限公司工程师。主要从事建筑工程施工技术管理工作，参与数项城市基础设施建设。

王雪艳，女，1984 年 6 月生，博士，西安工程大学讲师。主要从事土木工程建造与管理方向的教学和研究工作。近年来，主持省部级项目 1 项，厅局级项目 1 项，作为主要完成人参与厅局级项目 3 项，参编教材 1 部。在国内外高水平期刊或会议上发表论文 10 余篇。

梅源，男，1983年6月生，博士，西安建筑科技大学副教授。主要从事土木工程建造与管理方向的教学和研究工作。近年来，主持国家自然基金项目1项、省部级项目2项、厅局级项目3项；作为主要完成人参与国家自然基金项目1项、省部级科研项目5项、厅局级项目6项，完成企业横向课题20余项；出版专著2部，参编教材1部；在国内外高水平期刊或会议上发表论文20余篇，获准国家专利10余项；获得省部级科技进步一等奖1项，省高等学校科学技术一等奖1项，校科技进步奖2项、专利奖3项。

# 前　言

榆林市位于陕西省最北部，黄土高原和毛乌素沙漠交界处，属于黄土高原与内蒙古高原的过渡区，也是一座极具历史文化气息的城市。在新时代发展的号召下，榆林这座国家历史文化名城也正走在现代化的康庄大道上。

榆林市体育中心作为榆林市的地标性建筑将在城市发展进程中画下浓墨重彩的一笔。体育场作为体育中心的组成场馆之一，设有32000个观众席位，建筑面积7.59万$m^2$，为国家甲级体育场。该体育场主体结构为钢筋混凝土框架结构，屋盖设计为空间桁架结构形式，并采用铝镁锰金属屋面，在保证结构合理的情况下，也实现了大众对形态的要求。该项目具有多功能性、灵活性、通用性等特征，可用于举办多类体育赛事和演出活动。

根据工程性质、设计内容以及施工工期等各方面的要求，本工程具有工期紧、质量要求高、结构复杂、工程量大等特点。例如，工程采用预制清水混凝土看台板，对混凝土构件预制的技术水平要求高，从而决定了整个工程的工程质量。本工程的难点是钢结构的施工，做好预制构件和现场拼装钢结构工程之间配合关键点的深化设计显得十分重要，因此也决定了深化设计在本工程中的重要地位。工程也采用了许多新技术、开发创新了数项工法并申请了数项国家专利，如小纵距地下连续梁多层后浇带混凝土一次整浇施工工法、超大截面连续梁的浇筑和模板支撑体系施工技术、大截面叠合梁的混凝土浇筑技术等，充分地将先进工艺和施工方法、先进技术应用到工程上去，并且大力推广。

每一项工程都是一笔无形的财富，本工程凝聚了建筑师的智慧和各参建单位的心血，在建设过程中高度体现出专业水准和攻坚克难的工匠精神，建设者们以其一丝不苟的科学态度和精湛的技术水平来确保工程质量。本书依托此工程的建设全过程而编著，从施工角度记录了体育场工程的从无到有，各章节环环相扣，节奏合理。本书由陕西建工第九建设集团有限公司（主要执笔人：常永波、崔晓龙、万岳峰，约15万字）、西安工程大学（主要执笔人：王雪艳，约11.7万字）、西安建筑科技大学（主要执笔人：梅源、王蓉，约9万字）共同撰写完成，西安建筑科技大学硕士研究生肖男、张心玥、王露参与了部分章节的编写工作。

本书根据项目建设过程中的丰富经验总结而成，全体作者诚挚地感谢榆林市人民政府、榆林科创新城建设管理委员会、华东建筑设计研究院有限公司、同济大学、陕西建工第九建设集团有限公司、西安工程大学、西安建筑科技大学等各参与单位领导的关心和指导。本书还引用了较多的国内外文献、规范等成果，在此也对各编者与作者表示衷心的感谢。

# 目 录

第 1 章

# 工程总体概述

榆林市体育中心（体育场）项目依托于榆林市体育中心、会展中心项目，该项目位于榆林市西南新区榆横八路北侧、怀远十三街东侧。体育中心总建筑面积约 13.3 万 $m^2$。包含 32000 座的体育场，建筑面积 5.04 万 $m^2$；6000 座的体育馆，地上建筑面积约 2.3 万 $m^2$；2200 座的游泳馆，地上建筑面积约 2.2 万 $m^2$，地下建筑包括停车场、地下连通道、能源中心、游泳馆地下设备区等。会展中心总建筑面积约 16.41 万 $m^2$，其中地上建筑面积约 13.27 万 $m^2$，内含六座总展区面积约 6 万 $m^2$ 的展厅，同时配备 1000 座的国际会议中心，0.25 万 $m^2$ 的大型宴会厅及相应配套功能厅；地下建筑面积约 3.14 万 $m^2$，主要为地下停车、设备机房等。体育中心、会展中心、体育场如图 1-1～图 1-3 所示。体育中心担负着 2022 年陕西省第十七届运动会主会场的使命，同时将缓解榆林市当前竞技体育、健身设施、训练培训场地不足的现状，建成后可为榆林市引进高水平赛事，将为榆林市市民提供具有一定规模的、高品质的、时尚的、生态的健身场所，为榆林市竞技体育人才的培养提供良好的教学训练环境，从而促进榆林市文体事业和文体产业的发展，同时也是推进榆林建成陕甘宁蒙晋交界最具影响力城市的重大举措。

图 1-1　榆林市体育中心、会展中心鸟瞰图

图 1-2 榆林市体育中心鸟瞰图

图 1-3 榆林市体育中心（体育场）鸟瞰图

体育中心是榆林市重点民生建设项目，是打造西南新区核心区的标志性工程之一。会展中心建成后将是一座集国内外大型会议、展览、宴会、车库等功能为一体的综合型公共建筑。

该工程建设单位为榆林科创新城建设管理委员会，设计单位为华东建筑设计研究院有限公司，监理单位为浙江江南工程管理股份有限公司，勘察单位为西北综合勘察设计研究院，总承包单位为陕西建工第九建设集团有限公司。

## 1.1 工程概况

### 1.1.1 建筑概况

榆林市体育中心（体育场）项目主体结构为钢筋混凝土框架结构，屋盖为钢桁架联合铝镁锰金属屋面结构。体育场地上6层，无地下室，设计使用年限为50年，建筑结构安全等级为一级，抗震设防烈度为6度，场地类别为Ⅱ类，抗震等级为三级。体育场为平面呈椭圆环带形空旷体育建筑，四边均为看台及看台下辅助用房。首层地面采用回填砂土地坪，二层为入口大平台与内侧底层看台相连，整体平面呈带状，建筑宽约56m。总建筑面积约7.59万$m^2$，其中地上建筑面积约5.04万$m^2$。建筑高度约为23.2m（室外地坪至主要使用房间顶面），看台棚顶最高约为50m。体育场共32000座，建成后是一座集全民体育、文化活动、商业设施、青少年体育培训于一体的公益性综合体育场地和休闲健身场所，主要使用要求为举办全国性和单项国际比赛，等级为甲级。

本项目可满足举办2022年陕西省第十七届运动会与全民健身的需求，同时满足举办全国性和其他国际单项比赛的要求，为体育类公共建筑。

### 1.1.2 结构概况

**1. 混凝土结构**

体育场主体结构是典型的钢筋混凝土框架结构。结构平面沿环向设双柱伸缩缝将外侧平台与内部看台主体断开，内侧四面看台及上部主体连为整体设计，看台顶部均设有钢罩棚沿环向整体贯通。二层外侧大平台另设四道径向伸缩缝，将环形大平台分为四个单层钢筋混凝土框架结构单体。

体育场基础采用现浇钢筋混凝土钻孔灌注桩。桩基础施工前，由于地质特殊，需要对基础垫层以上的欠固结风积沙尘进行换填来提高地基承载力。

体育场采用预制清水混凝土看台，与现浇梁柱形成整体。体育场主体结构上部看台较宽处约37m，建筑平面看台外包平面约237m×199m，南北两侧看台顶最高处标高为10.2m，东西两边为主看台，且主席台看台下设5层楼面。

该体育场还包括一类高支模施工，即环向连系梁，见图1-4。该支撑梁围绕T1-E轴一圈，梁截面尺寸为1600mm×3000mm，支模最高高度为14.40m，梁顶最大标高为35.0m，净跨最大长度为26m，混凝土强度等级为C40，属于大体积混凝土。

图 1-4 混凝土结构

**2. 钢结构**

体育场钢罩棚是由径向主桁架、环向桁架、拱架、檩条、墙架及零星杆件组成的空间桁架结构，主桁架、立面桁架、环桁架均采用三角形空间桁架，拱架和墙架为平面桁架，屋盖结构在两侧低看台各设置两条结构缝，将屋盖分成独立的4部分，钢结构模型如图 1-5 所示。

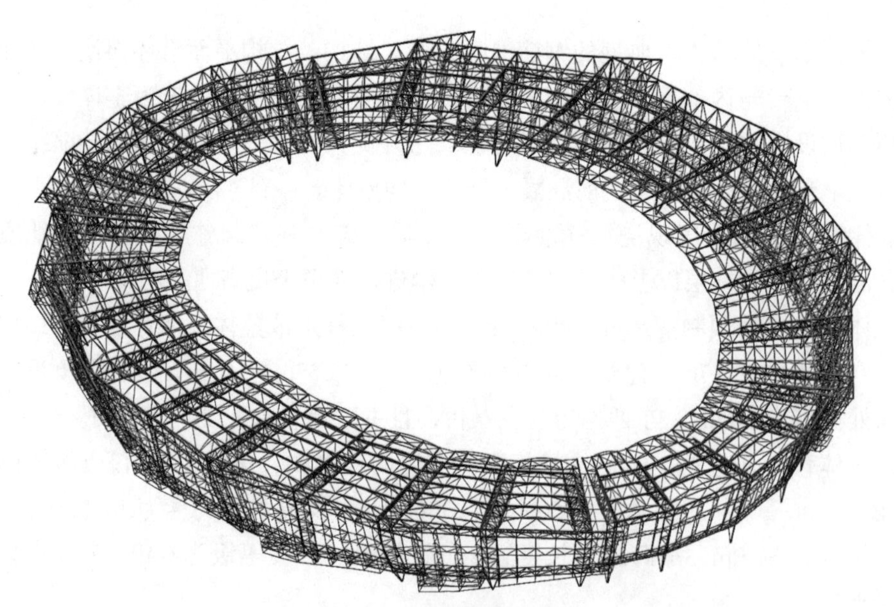

图 1-5 钢结构模型示意图

钢罩棚的投影尺寸为 270m×245m，结构的最大向内延伸长度为 50.85m，最高点标高为 47.0m，空间桁架最大长度达 50.85m。屋盖结构除檩条外，桁架的所有弦杆及腹杆均为钢管构件，弦杆最大截面规格为 $\phi$1100×40，腹杆最大截面规格为 $\phi$450×16。檩条为 H 型钢，其规格为 HN700×300×13×21。钢管连接节点均为相贯节点和球节点，直缝管材质均为 Q355C，无缝管材质为 Q345C，球节点、埋件等板材材质为 Q355B。

钢结构施工采用工厂钢管预制、现场拼装吊装的方式进行。现场各拼装构件尺寸规格不一，最大吊装构件重约 100t，钢结构工程如图 1-6 所示。

（a）　（b）

（c）　（d）

**图 1-6　钢结构施工过程**

（a）立面桁架吊装；（b）环桁架吊装；（c）钢结构外景；（d）拱架

### 3. 外装饰结构

工程外装饰结构由屋面系统和幕墙系统组成，使用金属铝镁锰板作为屋面主要材料，不但强度大且安装方便，极具性价比。屋面装饰系统与墙面装饰系统的外层饰面材料为 3mm 厚穿孔铝板、3mm 厚铝单板、12mm 厚聚碳酸酯板和钢格栅结构，如图 1-7 所示。体育场的外装饰结构面积共计 60472.3m$^2$。

整个体育场的造型新颖且工艺多样，涵盖多种外饰面类型，其施工过程包括龙骨层的拼接与吊装、钢底板的生产与安装、保温防水层的铺设、金属铝镁锰板的直立锁边工艺等多个关键技术，构造复杂且具有挑战性。

图 1-7 外装饰工程现场施工实景

## 1.2 水文地质及气候特点

### 1.2.1 工程地质条件

根据拟建建筑物总平面图及设计单位提供的《建（构）筑物地基岩土工程勘察任务委托书》，依据现行有关规范、规程，勘察单位按建筑物轮廓线、轴线及角点布置勘探点，采用标准贯入试验和波速试验进行原位测试，在室内试验中除了对不扰动土试样进行了一般物理力学性质试验外，还进行了颗粒分析、黏粒含量、休止角试验以及水腐蚀性试验等，最后得到场地的工程地质报告。

场地的初始绝对标高为 −14.65～25.35m。地层主要由少量杂填土，第四纪晚更新世风积粉细砂、粉土，冲洪积粉细砂、粉土、粉质黏土及砂类土，侏罗纪强风化砂质泥岩组成，场地初况如图 1-8 所示。按层序自上而下分别为：① 杂填土；② 粉细砂、② 粉土；③ 细砂、③ 粉土、③ 粉质黏土；④ 粉土、④ 细砂、④ 粉质黏土；⑤ 粉质黏土。

图 1-8 场地初况

### 1.2.2 气象水文条件

#### 1. 气象条件

榆林市位于中国陕西省的最北部，黄土高原和毛乌素沙地交界处，是黄土高原与内蒙古高原的过渡区，也是中国日照高值区之一，年平均日照时数2593.5～2914.4h，冬季平均气温 -7.8～4.1℃，气温变化梯度较大。10 月下旬至翌年 4 月上旬为大地封冻期，一般年份冻土深度 1～1.2m；春季温度很不稳定，5 月中旬局部亦可骤然降雪；夏季各月平均气温在 20℃以上，日最高气温不低于30℃的天数平均为 22～68d；秋季降温较为迅速，尤以 10～11 月最为剧烈，平均每天降温 0.27℃。

拟建场地所在区域气候属暖温带和温带半干旱大陆性季风气候，榆林市境内有 53 条河流，北部有 200 多个内陆湖泊。榆阳区 1971～2010 年具体气象资料统计及风向频率玫瑰图如表 1-1 和图 1-9 所示。

工程区域气象资料 表 1-1

| 气象要素 | | 单位 | 数值 |
|---|---|---|---|
| 平均气压 | | hPa | 896.9 |
| 气温 | 年平均 | ℃ | 8.3 |
| | 极端最高 | ℃ | 38.6 |
| | 极端最低 | ℃ | −30.0 |
| 平均相对湿度 | | % | 56 |
| 年平均降水量 | | mm | 365.4 |
| 年平均蒸发量 | | mm | 1890.1 |
| 风速 | 平均 | m/s | 2.2 |
| | 最大 | m/s | 20.7 |
| | 最多风向 | — | SSE-NNW |
| 地面温度 | 平均 | ℃ | 10.5 |
| | 极端最高 | ℃ | 72.0 |
| | 极端最低 | ℃ | −39.7 |
| 日照时数 | | h | 2776.7 |
| 大风日数 | | d | 12.2 |
| 霜日数 | | d | 26.4 |
| 雷暴日数 | | d | 96.6 |
| 最大积雪深度 | | cm | 16 |

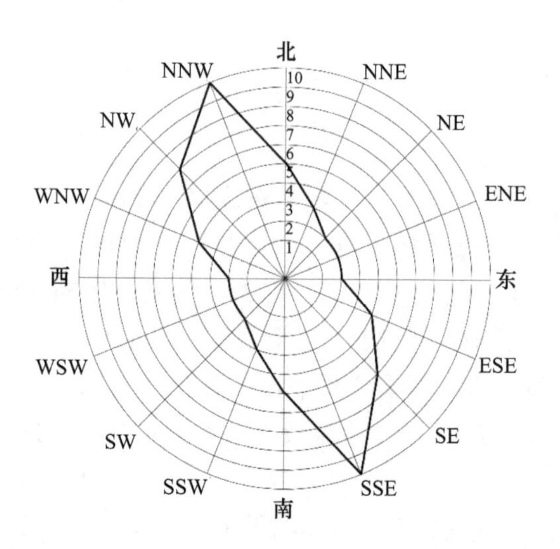


| 方向： | N | NNE | NE | ENE | E | ESE | SE | SSE | S | SSW | SW | WSW | W | WNW | NW | NNW | C |
|---|---|---|---|---|---|---|---|---|---|---|---|---|---|---|---|---|---|
| 频率： | 5 | 3 | 2 | 2 | 2 | 4 | 6 | 10 | 5 | 3 | 2 | 2 | 2 | 4 | 7 | 10 | 31 |

**图 1-9　风玫瑰图**

### 2. 水文条件

榆林市地表水年径流量 5.86 亿 $m^3$，其中自产径流多年平均值 4.54 亿 $m^3$，从内蒙古通过地下渗入汇集于河道的外来水 1.32 亿 $m^3$，平均径流深度 66.3mm，各过境河流水文情况见表 1-2 所列。

**水文条件**　　**表 1-2**

| 水文参数 | 榆溪河 | 海流兔河 | 峁沟河 |
|---|---|---|---|
| 平均年过境径流（亿 $m^3$） | 3.7 | 1.06 | — |
| 常年平均流量（$m^3/s$） | 11.75 | 3.4 | 0.55 |
| 最枯期流量（$m^3/s$） | 3 | 0.8 | 0.3 |
| 最大洪水流量（$m^3/s$） | 1760 | 9 | 1000 |
| 平均年输泥沙量（万 t） | 419 | 58 | — |
| 输泥沙率（kg/s） | 137 | 18.8 | — |
| 流域年平均土壤侵蚀模数（$t/km^2$） | 875 | 242.7 | 1.2～2.0 |

榆林市丰水期 6～9 月占年径流量的 46.4%，主要来自降水，地下水补给为辅。春季流量占年径流量的 13%～19%，7、8、9 月进入雨季高峰，形成夏、秋汛，占年径流的 41.4%。冬季和春末夏初形成两个枯水期。受气候影响，河流径流丰枯相差近 1 倍。

拟建场地的地下水属于潜水类型。勘察期间斜坡地带所测得的稳定水位埋深为 12.90～38.50m，相应标高为 1116.05～1118.94m。一级台地所测得的稳定水位埋深为 3.00～13.50m，相应标高为 1113.35～1118.03m。其水位动态变化主要受控于降水、自然蒸发、人工开采和地下侧向径流等各种因素。综合分析，该拟建场地地下水位基本稳定，当地震烈度达到 6 度且地下水位达到最高时，场地地基土不会发生地震液化。

### 1.2.3 场地位置与地形地貌

榆林市体育中心（体育场）工程项目的地貌单元属于毛乌素沙漠的斜坡地带，呈北高南低走向，其地形最大高差达 40.00m，地形极不平整，同时场地表面覆盖大量松散的风积沙。

## 1.3 工程重难点

（1）工期紧、任务重。合同工期 780d，跨越两个春节且需考虑冬雨期施工，要完成土方开挖、桩基及主体施工、钢结构加工和吊装、水暖电安装、体育工艺、设备总体联动调试及室外工程。

（2）轴网关系复杂。本工程整个轴网由 78 条放射状轴线与 8 条环向轴线、椭圆形轴线、弧形轴线相互交错组成，轴网关系复杂。弧形轴线的圆心多、偏心柱多、柱子变截面收边多且放线定位复杂，如何确保轴线定位准确是控制的重点及难点。

（3）细部节点二次深化设计难度大。本工程的异形构件多，细部节点做法不明确，施工难度大，需要利用 BIM 技术进行二次深化设计。

（4）混凝土结构施工质量要求高。体育场四周观众看台为清水预制（局部为现浇），对混凝土构件预制的技术水平要求高。预制清水混凝土看台板及墙挂板的预制水平是保证预制板质量的关键因素，混凝土预制构件技术必须达到相当高的水平，才能确保整个工程的质量及观感。

本工程的环向连系梁截面尺寸达到 1600mm×3000mm，且梁跨度最小为 20m，施工中如何保证大体积混凝土的施工质量是重难点之一。

（5）大型管桁架吊装难度大。本工程钢结构包含有大量大管径、异形桁架，单个构件最大重量为 98.2t，大构件均采用 500t 履带吊，工况复杂。吊机站位要求准确，吊装与拼装顺序、走位要求严格，施工难度大。

（6）工程社会影响大，质量要求高。本工程是第十七届省运会比赛场馆及开闭幕式场馆，社会影响大，关注度高。本工程质量目标为“鲁班奖”，质量要求高。

图 1-10～图 1-13 为施工过程中的关键工序。

图 1-10　地下连续梁

图 1-11　看台钢筋绑扎

图 1-12　柱模板样板展示

图 1-13　钢桁架吊装

第 2 章

# 总体施工部署

## 2.1 施工部署方案

### 2.1.1 部署原则

为实现建设工程项目在工期和质量上高要求的目标，本工程施工总承包根据工程的实际情况与工程特点，科学合理地选择施工方法，选用高素质的施工队伍，实施动态的施工管理，科学地组织施工，确保工程总体目标的实现，发挥总承包方的综合施工能力，保证整个工程优质、快速、安全、文明地完成。

本工程在施工中遵循先地下、后地上，先结构、后围护，先土建、后专业，先主体、后装修的施工原则进行部署，工程区域划分见图 2-1。各分部工程均应保质如期完成施工任务，同时要考虑各方面影响因素，充分安排任务、人力、资源、时间的总布局。

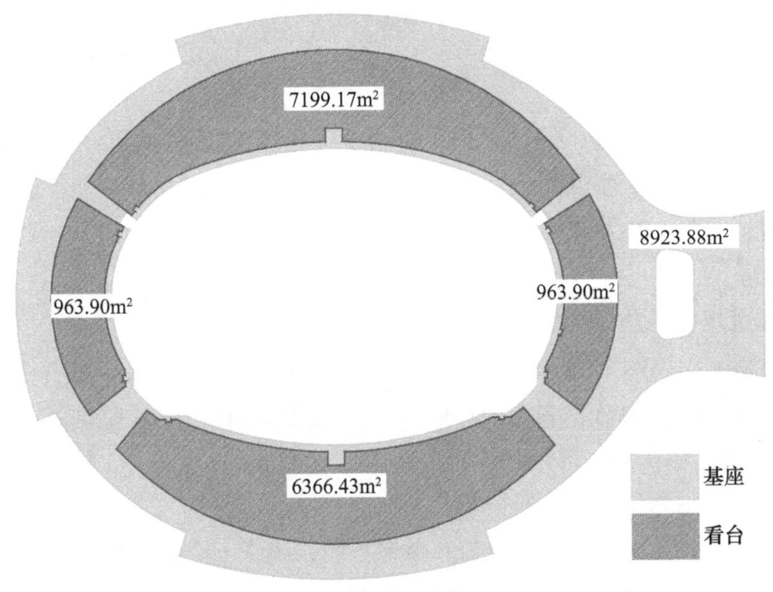


图 2-1 整体区域划分图

（1）贯彻执行各项建设方针、政策、法规和规程的原则：遵循合理的施工顺序，以准备充分、方案先进可行、资源充足、过程控制严格、管理优秀的全过程全面管理组织施工策划，确保按合同要求完成施工任务。

（2）协同作战的原则：所有参与施工的班组必须树立工程整体一盘棋思想，相互配合协作，同心协力，创造现场管理以及内业施工文件资料管理的无缝连接，特别在结构施工、管线安装乃至装修、验收各阶段必须保证高度协调，以确保各项工作的顺利展开。

（3）符合工序逻辑及经济、适用、安全的原则：全面细致地考虑施工的各个环节，制定各项质量、工期、安全、文明施工、降低成本目标，并进行落实。

（4）在时间上的部署原则：本工程跨越冬雨季，主要考虑季节性施工的安排，榆林地区冬季较长且温度极低，需统筹考虑，综合安排施工作业，确保按期优质地完成任务。

（5）在空间上的部署原则：根据工程特点及周边施工环境特点，组织分阶段分重点进行施工。划分平面施工区段，空间组织施工流水，立体交叉施工，实现工程在施工部署方面的连续性、均衡性和节奏性。同时，为保证工程按总进度计划预期完成，实行主体结构和二次结构、主体和装饰装修以及机电安装的交叉施工。

（6）合理安排劳动力的部署原则：优选技术操作水平高、思想素质好的各工种力量进场施工，人数充足，合理划分各班组施工。

（7）绿色施工部署原则：通过科学管理和技术进步，最大限度地节约资源以及减少对环境产生负面影响的施工活动，实现“四节一环保”，为绿色建筑和优质工程创造前提条件。

### 2.1.2 施工部署思路

本工程工程量较大，做法多样，必须合理组织施工流水段，避免相互牵制、相互干扰所造成的工序混乱、影响进度、浪费材料，不仅质量不能保证，而且会增大成本。因此，必须统筹安排，坚持合理施工顺序，严密组织与计划，确保施工部署合理。

**1. 体育场桩基施工阶段**

体育场工程桩约1218根，A型桩径700mm，设计桩长35m左右；B型桩径600mm，设计桩长31m左右。工程桩由5台旋挖机同时施工，桩基施工前先安排试桩，待试桩合格后进行其余桩基施工。

**2. 体育场主体结构施工阶段**

本工程依据后浇带位置划分为6个施工段，组织6个作业班组同时进行段内流水施工。高区（东、西）一层建筑面积约2万$m^2$，划分为4个施工段（A1、

A2、A3、A4），组织 4 个作业班组同时进行段内流水施工，如图 2-2 所示。低区（南、北）一层建筑面积约 0.6 万 $m^2$，划分 2 个施工段（B1、B2），组织 2 个作业班组同时进行段内流水施工。C 区待主体钢结构安装完成后进行施工。

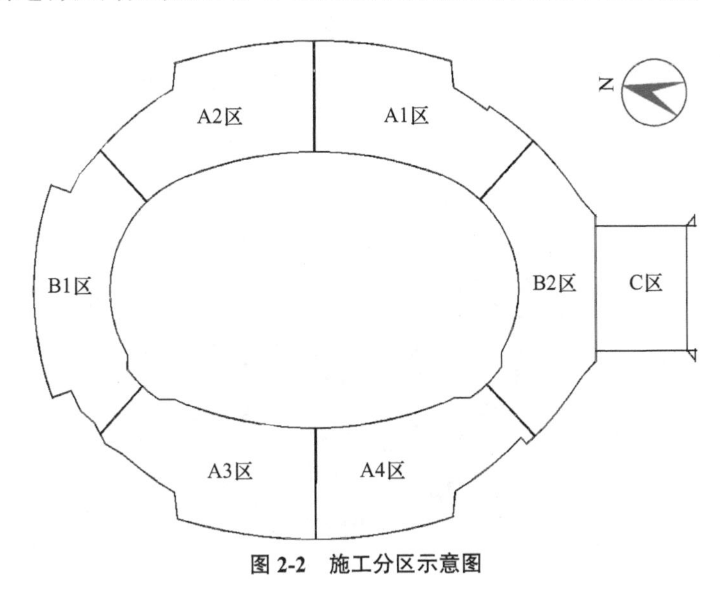


图 2-2　施工分区示意图

### 3. 体育场钢结构施工阶段

体育场钢结构施工划分为两大施工区，分别包含一个低区和一个高区，同步由低区向高区组织吊装施工，见图 2-3。同一区段先进行罩棚主桁架吊装，再进行环桁架吊装，最后是拱架、檩条及墙架的安装。钢结构整体效果如图 2-4 所示。

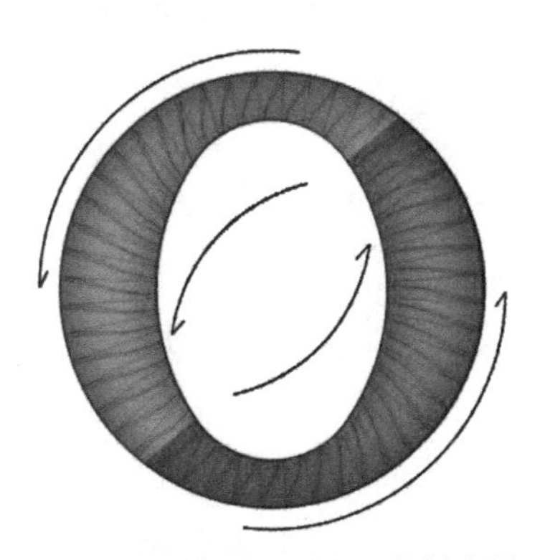

图 2-3　钢结构施工阶段区段划分图

图 2-4　钢结构整体效果图

### 4. 外装饰结构施工阶段

体育场的东西两侧为对称结构，且外装饰结构分为屋面外装饰和幕墙外装饰，先施工完屋面装饰，再展开幕墙装饰工程。总体上采用两边同时对称进行装饰施工，最后完成弧形结构，外装饰结构的施工部署如图 2-5 所示。

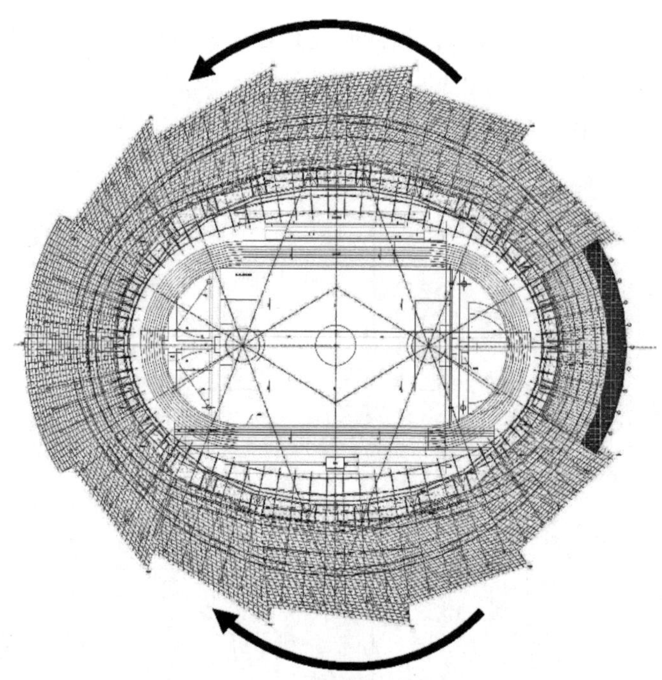

图 2-5 外装饰结构施工阶段部署

## 2.2 总体施工程序

本工程施工中，为了使工程有关工作顺利且便于开展后续的施工，主要施工工序衔接安排如下：

（1）塔吊基础在工程桩施工中插入施工，在基坑挖土时插入塔吊基础施工及塔吊安装等相关的工作。

（2）外脚手架在一层结构施工时，插入施工。

（3）体育场预制看台在南北区混凝土结构完成后插入吊装。

（4）体育场钢罩棚在南北区混凝土结构完成后插入施工。

（5）混凝土结构施工完成后与屋面钢结构安装期间，插入楼层二次结构施工。

在土建结构完成前应完成钢结构和屋面结构的深化设计及钢构件的制作加工，保证钢结构和屋面结构能按进度要求进场安装，为后续的安装工程、装修工程以及其他专业工程的工作内容提供作业面。土建施工过程中做好与钢结构之间的协调工作，同时应积极介入钢结构与土建连接部位定位的技术复核。

钢结构安装完成后，立即进行金属屋面的施工，提前做好屋面施工的胎架及拼装工作。同时，在钢结构施工后，及时根据施工定位对金属屋面的预埋节点进行布置，为后续屋面施工提供便利。

总体施工程序如图 2-6 所示。

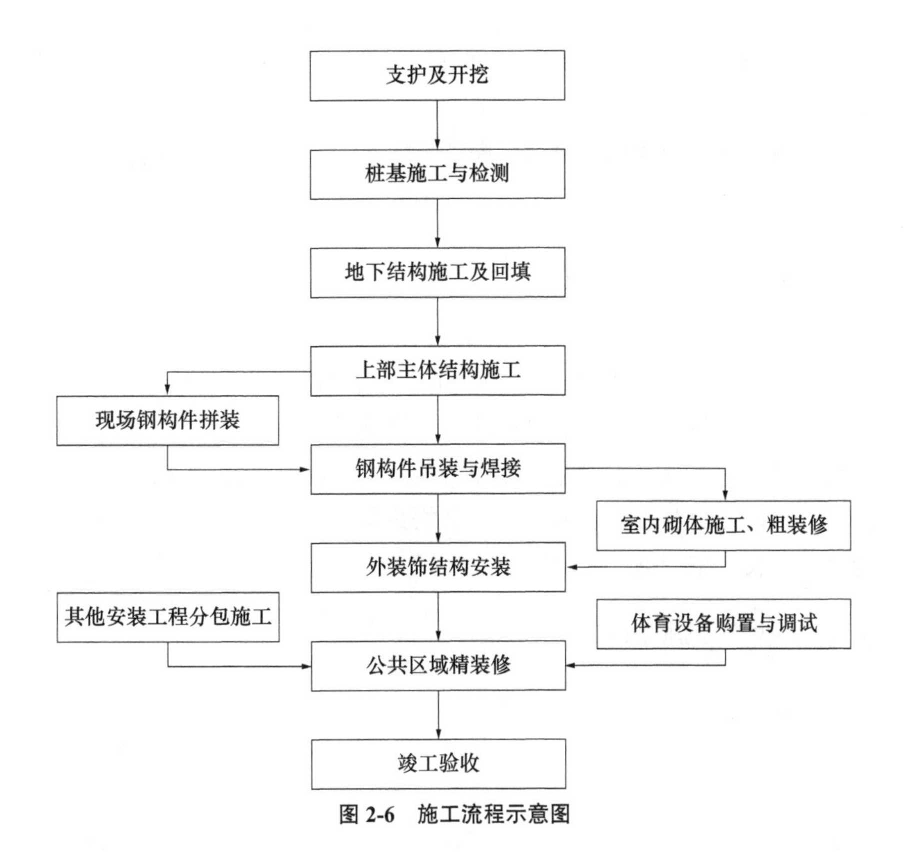

图 2-6 施工流程示意图

### 2.2.1 布置原则

根据施工总平面设计及招标文件要求，以充分保障阶段性施工重点、保证进度计划的顺利实施为目的，在工程实施前，制定详细的大型机具使用和进退场计划，主材及周转材料生产、加工、堆放、运输计划，以及各工种施工队伍进退场调整计划。同时，制定以上计划的具体实施方案、执行标准和奖罚条例，实施施工平面的科学、文明管理。为保证施工现场布置紧凑合理、现场施工顺利进行，施工平面布置原则确定如下：

（1）在满足施工生产需要和有关规定的前提下，按照美观、实用、节约的原则规划临时设施，把办公区、生产区和加工区分开布置，尽量节约施工用地。

（2）依据工程特点和各施工阶段管理要求，对施工平面实行分阶段布置，不同施工阶段总平面布置作动态调整，但临建的迁移量不宜过大，方便总承包商进行管理和服务。

（3）施工设备和材料堆场按照“就近堆放”和“及时周转”的原则，尽量布置在塔吊覆盖范围内，同时考虑到交通运输的便利，尽量减少材料场内二次搬运。

（4）尽量避免对周围环境的干扰和影响。

（5）合理布置垂直运输工具，规划好施工道路和场地，减少运输费用和场内二次搬运。

（6）采用轻质装配式临建设施，提高装配速度，尽快投入使用。

（7）临建布置应符合施工现场卫生、环保、安全和消防要求。

### 2.2.2　现场材料供应与设施料配置

现场设置钢筋加工棚、木工加工棚以及堆料场。钢筋加工棚负责加工现场所有规格钢筋的翻样、下料和加工以及所有预埋件制作，还包括小型预制构件加工。木工加工棚主要负责加工制作现浇构件的模板、方木和零星木制构件。

主要设施料有模板、扣件、钢管、架板、机械等，其配备的依据是施工段。施工所需的构件、材料、砂、石按施工所需进场，各材料进场后根据施工所需位置进行合理堆放，减少场内二次搬运工序。

### 2.2.3　主要生产设施布置

#### 1. 现场道路

施工期间的主干道绕建筑物外围和内围各一周，为混凝土硬化的临时性道路，满足大型机械行走的要求。在体育场内部设置呈十字的临时未硬化道路，主要供小型机械运输材料等。道路外侧修建排水沟，满足雨期施工作业区的排水需要，如图 2-7 所示。

图 2-7　施工道路

#### 2. 临时堆场及加工场

（1）钢筋加工场

钢筋加工场分钢筋原材存放区、钢筋加工区（调制、成型、切断、连接等）和成型钢筋存放区。在不同施工阶段，对钢筋加工场地进行适当调整，见图 2-8、图 2-9。

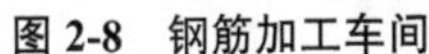
图 2-8　钢筋加工车间

图 2-9　套丝机棚

（2）模板堆放及木工棚

模板堆场主要用于周转模板使用，木工棚主要用于制作预埋盒、模板加工及维修等。在不同施工阶段，场地位置按需调整。对木工棚采用水泥板房，内衬吸声板，可大大降低噪声污染。

（3）砌体材料堆放场

在二次结构施工阶段，现场在施工电梯附近设砌体材料专用堆场，主要用于卸料、周转。材料进场后应及时倒运至施工所需部位。

（4）周转材料场地

周转材料包括钢管、扣件、模板、方木等，设置于场内拟建建筑物周围，现场布置在塔吊回转半径范围内，以方便周转。

**3. 标识、标牌布置**

（1）施工图牌：施工现场入口醒目处树立八牌二图、宣传栏以及环保措施牌。八牌：工程概况及人员概况、消防保卫牌、安全生产牌、工地文明施工牌、十项安全技术措施、安全生产六大纪律、“三宝、四口”防护规定牌、工地环境卫生制度；二图：施工总平面图、消防设施平面布置图。

（2）安全标识牌：在施工通道、塔吊、施工电梯、临边洞口等处悬挂安全标识牌。

（3）导向牌：为便于交通管理，在现场大门口设置导向牌。

（4）物资标识牌：各物资设置现场标识牌，便于现场物资管理。

（5）防护隔离：施工区域搭设防护栏杆与其他地带隔离，防护栏杆采用红白相间的钢管，栏杆高度为 1.8m，栏杆四周用密目网封闭，上挂安全、文明施工标志及宣传口号。基坑边缘设 1.2m 高的红白相间的防护栏杆。施工区与非施工区中间设置宽度 1m 以上的安全通道，并悬挂醒目的安全标志。

### 2.2.4　大型机械设备布置

**1. 塔吊布置**

由于本工程占地较大，塔吊布置时既考虑了工作面的覆盖，也考虑了材料场地的需求。体育场单体中选用 8 台 QTZ80（6010）塔吊，物料提升电梯 4 台。具体塔吊定位见图 2-10。

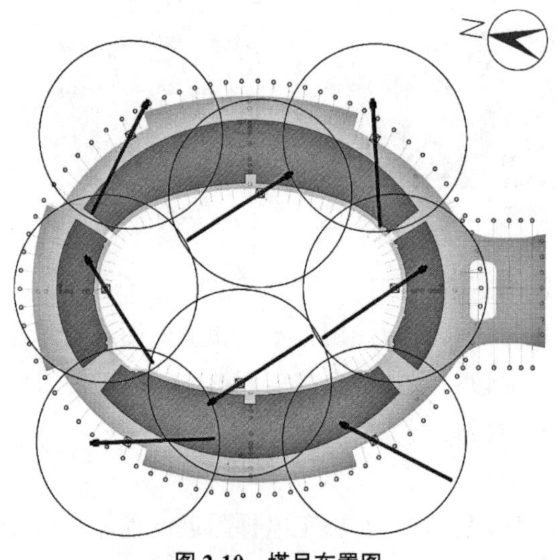


图 2-10 塔吊布置图

**2. 混凝土泵布置**

本工程混凝土采用车泵、地泵相结合进行浇筑。混凝土泵布置在施工道路和需要浇筑混凝土的施工区，浇筑量不大的区域采用移动式汽车泵。

施工平面布置如图 2-11 所示。

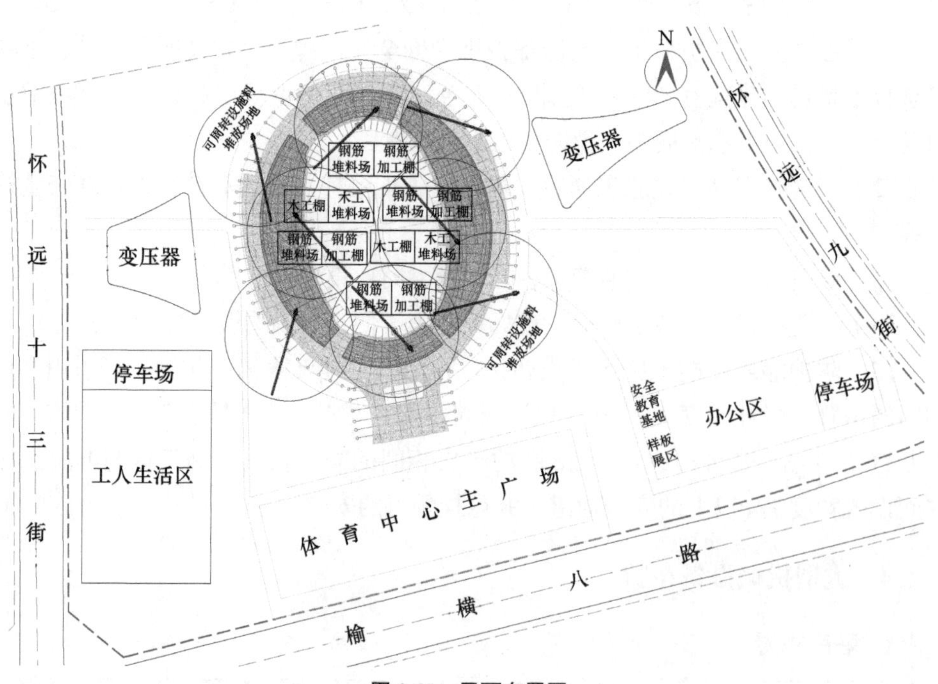


图 2-11 平面布置图

第 3 章

# 地基与基础工程关键施工技术

## 3.1 欠固结风积沙地基处理技术

### 3.1.1 毛乌素沙漠的特殊地质

榆林市位于陕西省最北部，其境内长城以北的毛乌素沙漠是中国的十二大沙漠之一，同时也是我国沙漠化最严重的地区之一，如图 3-1 所示。毛乌素沙漠在中生代时是鄂尔多斯盆地，沉积物以陆相的砂岩和泥岩为主。盆地内广泛分布有白垩系具高倾角斜层理、水平交错层理的红色风成沙丘岩，以及侏罗系以灰绿色、灰黄色为主的厚层块状水平层理发育的砂岩、粉砂岩。后期由于地壳抬升，成为鄂尔多斯高原。中生代岩层之上覆第四纪黄土（榆林罗家塬蔡家沟一带剖面出露典型）和晚更新世河湖相沉积（乌审旗萨拉乌苏河两岸剖面出露典型），形成梁滩相间的原始地形面，现代毛乌素沙漠的不同类型沙丘覆盖其上，低洼处积水成湖泊（当地称“淖尔”）。其中，梁地主要由白垩纪及侏罗纪砂岩构成，表现为紫红色及灰绿色。毛乌素沙漠的西北部此岩层常出露地表，地势相对高亢，呈剥蚀高平原形态；因岩层较为松散，在风力作用下易被侵蚀及搬运，构成沙漠流沙的来源。滩地为更新统—全新统河湖相碎屑沉积物，以细砂和粉砂为主，局部有牛轭湖、沼泽等沉积物，湖沼干涸后沙物质被风蚀、吹扬、搬运，也成为沙丘砂的物源之一。经第四纪冰期—间冰期气候波动对风沙地貌、河湖地貌演化的影响，逐渐形成今日毛乌素沙漠以固定沙丘、半固定沙丘以及梁滩地上薄层平沙漠为特征的典型地貌景观。

榆林市体育中心（体育场）场地所在地形高差变化较大，呈北高南低走向，属毛乌素沙漠边缘的斜坡地带，为典型的风积沙地貌，地表覆盖着大量风积沙，主要以细砂、粉砂为主，厚度不等。据勘探揭露，场地地层主要由少量杂填土，第四纪晚更新世风积粉细砂、粉土，冲洪积粉细砂、粉土、粉质黏土及砂类土，侏罗纪强风化砂质泥岩组成。其地基土层特征描述如表 3-1 所示。

**图 3-1 榆林地区毛乌素沙漠地貌**

地基土层特征描述 表 3-1

| 层序 | 年代成因 | 岩性描述 | 厚度（m） | 层底深度（m） | 层底标高（m） |
|---|---|---|---|---|---|
| ② | $Q_4^{eol}$ | 粉细砂：褐黄色，松散，稍湿，成分以石英、长石为主，含矿物质云母，砂质不纯，颗粒不均，分选性差 | 1.50～12.60 | 1.50～12.60 | 1118.82～1150.29 |
| ②1 | $Q_4^{eol}$ | 粉土：褐黄色，松散，稍湿，土质均匀，粉粒为主，含暗色矿物成分，具砂感，有光泽，干强度低，摇振反应迅速，韧性低，局部夹粉、细砂薄层 | 0.90～7.10 | 1.60～20.50 | 1124.52～1151.29 |
| ③ | $Q_4^{al+pl}$ | 细砂：浅黄色，稍密～中密（以中密状态为主），湿～饱和，成分以石英、长石为主，含矿物质云母，砂质不纯，颗粒不均，分选性差 | 3.00～11.70 | 9.50～23.90 | 1107.32～1141.64 |
| ③1 | $Q_4^{al+pll}$ | 粉土：褐黄色，稍密～中密（以中密状态为主），湿～饱和，土质均匀，粉粒为主，含暗色矿物成分，具砂感，有光泽，干强度低，摇振反应迅速，韧性低，局部夹粉、细砂薄层 | 1.50～9.40 | 9.60～22.70 | 1113.52～1145.45 |
| ③2 | $Q_4^{al+pl}$ | 粉质黏土：褐黄色，土质均匀，含零星蜗牛壳碎片、钙质结核及铁锰斑点等，可塑，属中压缩性土 | 5.60～14.10 | 15.60～21.30 | 1123.82～1138.75 |
| ④ | $Q_4^{al+pll}$ | 粉土：褐黄色，密实，湿～饱和，土质均匀，粉粒为主，含暗色矿物成分，具砂感，有光泽，干强度低，摇振反应迅速，韧性低，局部夹粉、细砂薄层 | 1.70～16.00 | 22.80～36.50 | 1095.26～1127.75 |
| ④1 | $Q_4^{al+pll}$ | 细砂：浅黄色，密实，湿～饱和，成分以石英、长石为主，含矿物质云母，砂质不纯，颗粒不均，分选性差 | 3.00～12.70 | 22.50～37.50 | 1105.54～1132.00 |

续表

| 层序 | 年代成因 | 岩性描述 | 厚度（m） | 层底深度（m） | 层底标高（m） |
|---|---|---|---|---|---|
| ④2 | $Q_4^{al+pll}$ | 粉质黏土：褐黄色，土质均匀，含零星蜗牛壳碎片、钙质结核及铁锰斑点等，可塑，属中压缩性土 | 2.80～11.60 | 24.60～35.80 | 1094.12～1120.90 |
| ⑤ | $Q_4^{al+pll}$ | 粉质黏土：褐黄色，土质均匀，含零星蜗牛壳碎片、钙质结核及铁锰斑点等，可塑，属中压缩性土 | 未揭穿，其揭露厚度为3.30～29.30m，相应层底标高为1069.22～1120.50m | | |

### 3.1.2　风积沙的工程特性研究

**1. 风积沙的一般物理性质**

沙漠风积沙是在干旱、半干旱区形成的一种特殊性质的沙，其物理力学性质同水成沙及一般地区的砂土相比有较大差别，其流动性较大，无黏聚力，整体强度差。已有研究表明，风积沙颗粒大多数为次圆状结构，但几乎没有棱角，这是由于其在空气介质中运动时相互碰撞而产生的，其表面形态具有多麻点和微小的坑穴。风积沙颗粒组成区间大多在0.075～0.3mm之间，占90%以上。不均匀系数$C_u$一般小于5，曲率系数$C_s$一般小于1。天然干密度在1.56～1.69g/cm$^3$之间，天然含水率在2%～3.2%之间，相对密度在2.60～2.70之间。风积沙的内摩擦角$\varphi$值在28°～40°之间，而其黏聚力$c$极小。

但不同地区的风积沙性质仍然存在差别，因此在现场取样并进行室内土工试验分析。

根据试验结果，工程区风积沙的粒度成分以0.075～0.25mm的细砂粒为主，在各粒级的百分比含量中，占总质量的60%～80%；粒径0.25～0.5mm的中砂粒次之，占10%～30%；粒径小于0.075mm的粉粒与大于0.5mm的粗颗粒含量极少，总占比在5%左右。根据试验结果，得到如表3-2所示的参数结果。

**物理参数一览表　　表3-2**

| 不均匀系数$C_u$ | 曲率系数$C_s$ | 天然干密度（g/cm$^3$） | 天然含水率（%） |
|---|---|---|---|
| 2.25～2.35 | 0.83～0.86 | 1.4～1.65 | 2.0～3.0 |

风积沙的平均粒径为0.17mm，不均匀系数$C_u<5$，曲率系数$C_s<1$，该沙样属于不良级配。

**2. 风积沙的力学性质**

风积沙的力学性质是直接关系到风积沙地基承载力确定和风积沙质边坡稳定性的首要问题。由于风积沙颗粒较细、级配差、分选好且水理作用过程复杂，使得风积沙与一般土质材料的强度特性既有相似之处，又有明显的不同于一般土质材料的特点。施工前通过标准贯入试验和波速试验来确定场地地基土的力学参数，同时根据试验中观察到的现象结合试验结果，对该地基承载力和密实程度作出评价，并合理调整施工措施。

（1）标准贯入试验

施工前，对场地内的原位测试孔进行标准贯入试验。标准贯入试验是在现场用63.5kg的穿心锤，以76cm的落距自由落下，将一定规格的带有小型取土筒的标准贯入器打入土中，记录打入30cm的锤击数（即标准贯入击数$N$），并以此评价土的工程性质。剔除个别异常值后，经分层归纳统计，结果如表3-3所示。

**标准贯入试验分层结果** **表3-3**

| 层序 | 地层名称 | 试验次数 | 实测锤击数$N$（击） | | | | | |
|---|---|---|---|---|---|---|---|---|
| | | | 最小值 | 最大值 | 平均值 | 标准差 | 变异系数 | 标准值 |
| ② | 粉细砂 | 58 | 4 | 15 | 6.9 | 2.1 | 0.31 | 6.4 |
| ②1 | 粉土 | 9 | 4 | 9 | 6.6 | 1.7 | 0.25 | 5.5 |
| ③ | 细砂 | 39 | 8 | 39 | 19.2 | 5.6 | 0.29 | 17.7 |
| ③1 | 粉土 | 14 | 9 | 17 | 13.7 | 2.7 | 0.20 | 12.5 |
| ③2 | 粉质黏土 | 24 | 9 | 27.0 | 16.1 | 3.7 | 0.23 | 15.8 |
| ④ | 粉土 | 46 | 18 | 38 | 32.3 | 3.5 | 0.11 | 31.4 |
| ④1 | 细砂 | 6 | 30 | 34 | 32.4 | 1.5 | 0.05 | 31.0 |
| ④2 | 粉质黏土 | 12 | 32 | 37 | 34.2 | 1.6 | 0.05 | 33.4 |
| ⑤ | 粉质黏土 | 53 | 32 | 44 | 38.5 | 2.8 | 0.07 | 37.9 |

依据《建筑地基基础设计规范》GB 50007—2011中标准贯入度与密实度的评判标准，地基土的上层粉细砂和粉土的试验锤击数$N<10$，属于松散状态；中间的细砂层、粉土层和粉质黏土层都处于稍密～中密状态；下部各土层的试验锤击数均大于30，属于密实状态。

（2）剪切波速测试

剪切波速试验是指利用铁球水平撞击木板，使板与地面之间发生运动，产生丰富的剪切波，从而在钻孔内不同高度处分别接收通过土层向下传播的剪切波。因为这种竖向传播的路径接近于天然地层由基岩竖直向上传播的情况，因此对地层反应分析较为有用，常用来确定建筑场地类别。

在本试验中，选择两个勘探孔作为试验孔，在20.0m深度范围内进行剪切波速试验，采用人工激振单孔速度检层法，数据采集使用武汉岩土力学所研制的FDP204PDA型工程测试仪，室内采用微机处理数据，剪切波速曲线如图3-2所示。

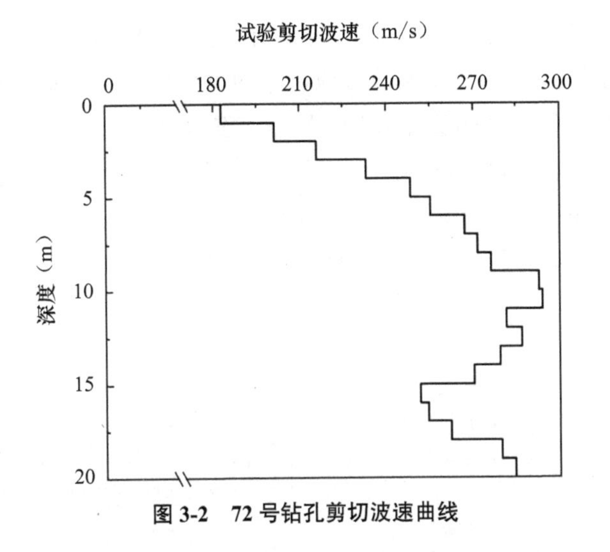


图 3-2　72 号钻孔剪切波速曲线

依据《建筑抗震设计规范》GB 50011—2010 中规定，应根据土层等效剪切波速和场地覆盖层厚度划分场地土类型和建筑场地类别。其中，土层等效剪切波速按下式计算：

$$V_{se}=d_0/t$$

$$t=\sum_{i=1}^{n}(d_i/v_{si})$$

式中　$V_{se}$——土层等效剪切波速（m/s）；

$d_0$——计算深度（m），取覆盖层厚度和 20m 两者的较小值；

$t$——剪切波在地面至计算深度之间的传播时间（s）；

$d_i$——计算深度范围内第 $i$ 土层的厚度（m）；

$v_{si}$——计算深度范围内第 $i$ 土层的剪切波速（m/s）；

$n$——计算深度范围内土层的分层数。

由试验结果计算，得场地地表以下 20.0m 深度范围内的等效剪切波速值 $V_{se}=253.3\sim254.3$m/s，为中软土，建筑场地类别属Ⅱ类。

### 3.1.3　欠固结风积沙地基处理

#### 1. 天然地基方案评价

根据野外钻探及土工试验成果报告表，场地内分布的③ 2 粉质黏土层压缩系数平均值 $\alpha_{1-2}=0.22\text{MPa}^{-1}$，属中等偏低压缩性土；④ 2 粉质黏土层压缩系数平均值 $\alpha_{1-2}=0.24\text{MPa}^{-1}$，属中等偏低压缩性土；⑤粉质黏土层压缩系数平均值 $\alpha_{1-2}=0.23\text{MPa}^{-1}$，属中等偏低压缩性土。

拟建建筑物开间和跨度较大，且单柱荷载较大，采用柱下独立基础方案。根据设计，基础底面标高为 1128.3m，其主要持力层为②粉细砂和③细砂，第一下卧层主要为③ 1 粉土和④粉土，如图 3-3 所示。从野外鉴别、室内土工试验结果、原位测试试验结果，并结合场地地形地貌及同类场地工程经验综合分析，基础直接持力层各土层工程特性明显差异较大，②粉细砂为风积相地层，该土层密实度较低，属欠固结土，基底直接持力层压缩性很不均匀，在上部荷载作用下容易引起不均匀沉降，压缩层深度范围内地基土层厚度变化较大，且地基土物理力学性质指标在水平方向差异较大，工程特性不甚均匀。

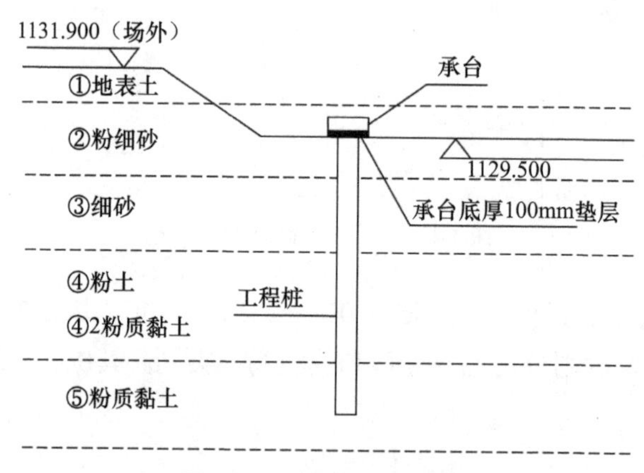


图 3-3 工程桩土层示意图

**2. 欠固结风积沙地基处理技术**

为进一步提高地基土承载力，调节地基均匀性，减小拟建建筑物差异沉降和基础底面尺寸，对桩基承台素混凝土垫层底面标高以上部分欠固结土应进行专项地基处理。根据相关规范并结合场地岩土条件、区域经验，体育场内分布的欠固结土拟采用换填砂土垫层法进行处理。基础施工完毕后，体育场土方回填时采用体育中心（车库）土方开挖土置换原地基的欠固结风积沙土。

（1）技术重难点

1）控制目标

对桩基承台底标高 -0.10m 以上欠固结土进行处理，增大地基土的密实度，使处理后的压实系数 $\lambda_c \geqslant 0.95$。

2）施工要点

原地基土由于密实度不足，存在基础不均匀沉降的潜在危险，所以要求回填土能够在击实条件下达到最优含水率来表征回填土达到最大干密度。回填土采用体育中心（车库）的土方开挖砂土，并对该回填土采用“水撼法”进行浸水处理再压实。水撼法是向回填的砂石料中注水，再用振动设备加振，使细料在水和振动作用下与粗料紧密结合，从而提高砂石回填密实度的一种简单实用方法，常用于基槽回填、基础处理等。该浸水处理过程随机性较大，如何确保回填砂土达到最优含水率是施工过程中的控制重点。

（2）工艺流程

换填工艺流程及换填区域平面图如图 3-4、图 3-5 所示。

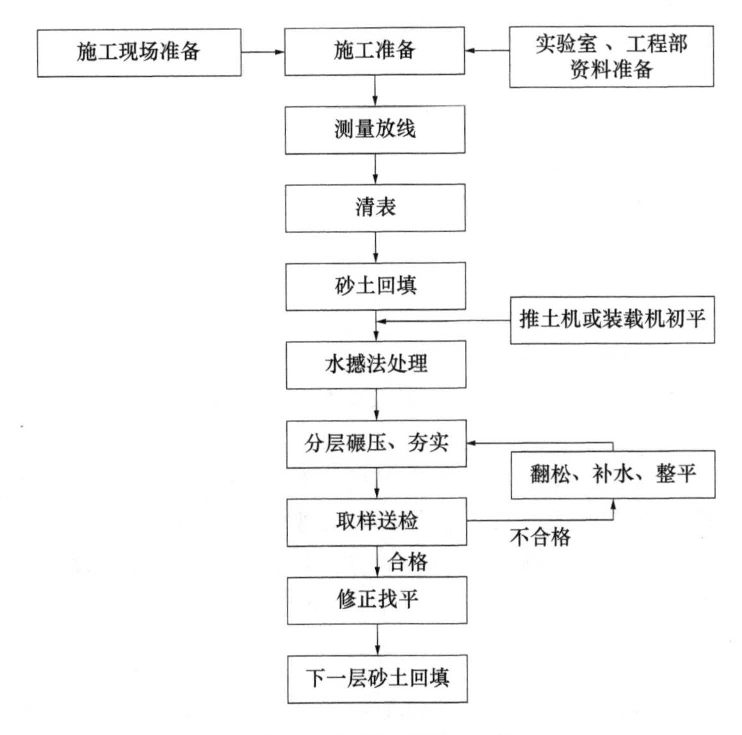


图 3-4　地基处理施工工艺

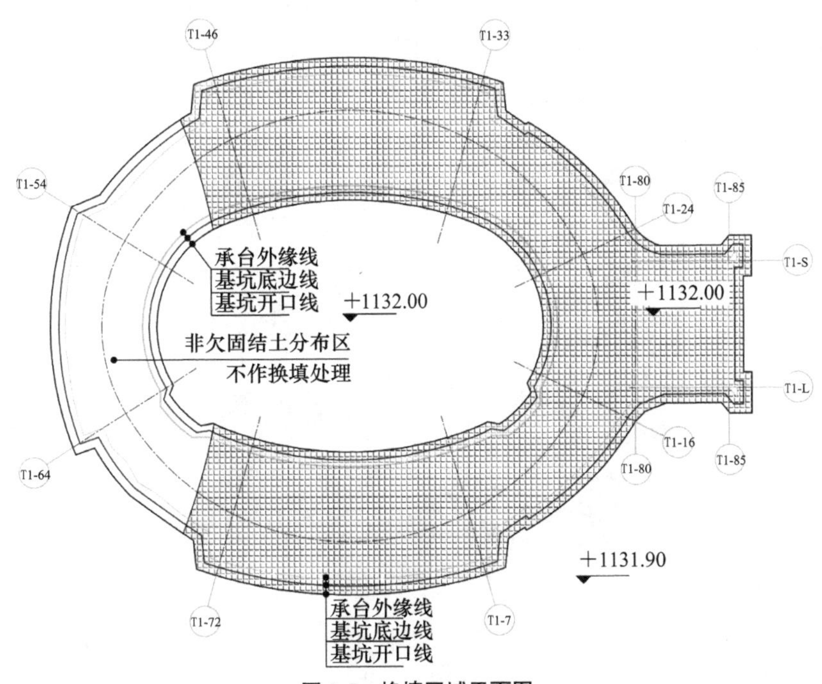


图 3-5　换填区域平面图

为了保证质量，先从垫层底分层回填至−0.200m梁的梁底标高位置，待−0.200m梁施工完成后，再分层分段回填至−0.200m，见图3-6。

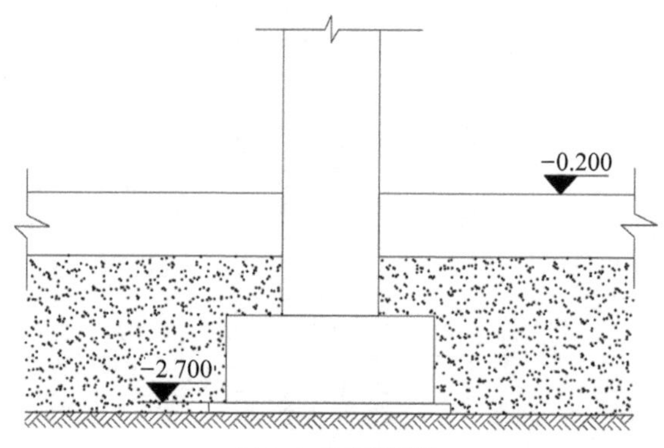


图3-6 回填范围

为保证水撼法的处理效果，在正式回填前对现场取样进行试验，检测其最优含水率及最大干密度。经试验段多次试验，铺填试样的最优含水率宜为8%～15%。当回填土样含水率偏高时，采用翻松晾晒和掺入干土两种方式来降低其含水率；当含水率偏低时，采用预先洒水湿润的措施。

回填时，应分层铺填并控制每层的铺填厚度在200～300mm范围内，每层土摊铺后小型挖掘机及人工配合找平，此后对回填料浸水处理后分地区采用振动碾在横向和纵向两个方向分层压实5遍以上。当出现相邻桩距较小时，采用柴油打夯机等方式处理。为防止碾压过程中的振动对承台、基础梁及桩基造成影响，回填时采用小型压路机配合人工夯实，如图3-7所示。由于回填面积较大，采取分段分层的形式，分段接缝上下相邻两层的接缝距离不小于500mm。

图3-7 回填压实

机械不能到达的地方采用小推车人工将土方运至室内部位，房心土方回填采用蛙式打夯，局部范围较小的地方采用立式打夯或人工夯实。打夯机夯实不得少于3遍。打夯时应一夯压半夯，夯夯相连，两遍纵横交错，分层夯打，不留间歇。机械打夯不到的部位应配合人工夯实。各施工机械的压实参数见表3-4。

**填土施工时的分层厚度及压实遍数　　表3-4**

| 压实机具 | 分层厚度（mm） | 每层压实遍数 |
|---|---|---|
| 平碾 | 250～300 | 6～8 |
| 振动压实机 | 250～350 | 3～4 |
| 柴油打夯机 | 200～250 | 3～4 |
| 人工打夯 | 不大于200 | 3～4 |

每层回填土经碾压、夯实后需进行环刀取样试验，符合压实系数$\lambda_c \geq 0.95$的要求后进行下一层土方回填。

使用压路机进行填方压实时，采用“薄填、慢驶、多次”的方法。填土厚度不应超过300mm；碾压方向应从两边逐渐压向中间，碾轮每次重叠宽度150～250mm，避免漏压。运行中碾轮边距填方边缘应大于500mm，以防发生溜坡倾倒。边角、边坡边缘压实不到之处，应辅以人力夯或小型夯实机具夯实。

平碾碾压一层完后，应用人工或推土机将表面拉毛。土层表面太干时，应洒水湿润后，继续回填，以保证上、下层结合良好。

（3）回填质量检测

本工程施工面广，土方回填量大，在进行室内房心土回填之前由实验员对现场回填土进行取样，检测土样的最大干密度及最优含水率，应符合《建筑地基基础工程施工质量验收标准》GB 50202—2018中的相关规定。由于各区域填土厚度不一致，检测时分别取有代表性的试样检测，并且使土样受最低程度的扰动，保持土样天然含水量。环刀取样如图3-8所示。经检测，回填土的实验室最大干密度为1.82g/cm$^3$，最佳含水率为12.6%。对回填中的土层取200mm厚、250mm厚和300mm厚的环刀试样各8组，压实度检测结果如表3-5～表3-7所示。

**图3-8　回填环刀取样**

**200mm 厚环刀试验数据** **表 3-5**

| 试样序号 | 实测干密度（$g/cm^3$） | 实测含水率（%） | 实测压实系数 |
|---|---|---|---|
| 1 号 | 1.78 | 8.1 | 0.95 |
| 2 号 | 1.77 | 7.8 | 0.97 |
| 3 号 | 1.84 | 11.2 | 1.00 |
| 4 号 | 1.83 | 11.3 | 1.00 |
| 5 号 | 1.78 | 7.0 | 0.98 |
| 6 号 | 1.82 | 12.3 | 1.00 |
| 7 号 | 1.82 | 8.4 | 1.00 |
| 8 号 | 1.79 | 9.5 | 0.98 |

**250mm 厚环刀试验数据** **表 3-6**

| 试样序号 | 实测干密度（$g/cm^3$） | 实测含水率（%） | 实测压实系数 |
|---|---|---|---|
| 1 号 | 1.79 | 9.2 | 0.98 |
| 2 号 | 1.80 | 7.8 | 0.99 |
| 3 号 | 1.83 | 7.9 | 1.00 |
| 4 号 | 1.84 | 8.7 | 1.00 |
| 5 号 | 1.78 | 7.9 | 0.98 |
| 6 号 | 1.81 | 8.4 | 0.99 |
| 7 号 | 1.78 | 7.0 | 0.98 |
| 8 号 | 1.79 | 9.2 | 0.98 |

**300mm 厚环刀试验数据** **表 3-7**

| 试样序号 | 实测干密度（$g/cm^3$） | 实测含水率（%） | 实测压实系数 |
|---|---|---|---|
| 1 号 | 1.85 | 9.9 | 1.00 |
| 2 号 | 1.76 | 10.0 | 0.97 |
| 3 号 | 1.75 | 9.2 | 0.96 |
| 4 号 | 1.71 | 8.9 | 0.94 |
| 5 号 | 1.78 | 10.4 | 0.98 |
| 6 号 | 1.77 | 10.5 | 0.97 |
| 7 号 | 1.77 | 9.1 | 0.97 |
| 8 号 | 1.80 | 10.3 | 0.99 |

由表 3-7 可知，24 组环刀试样的试验结果压实系数仅有一组不符合要求，其余均大于 0.95，可以认为该欠固结地基的处理技术已经达到要求。

**3. 地基处理效果分析**

本工程处于斜坡地带，基础承台埋深较浅，承台底面直接持力层为欠固结的风积沙。该风积沙粉黏粒含量少，表面活性很低，黏聚力小甚至无黏聚力，具有明显的非塑性，天然级配不良，导致成型困难，在外力作用下极易松散和位移，且风积沙保水性差，成型后的抗剪强度较低。为提高地基的承载力，避免地基沉降给建筑物带来损坏，对基础垫层以上的欠固结土进行换填和水撼法压实处理。在该技术中，严格控制换填土分层厚度，在保证压实度和控制成本的基础上选择合适的压实机械，保证换填土体的含水率与压实系数是技术重难点。最后，从施工现状与试验结果来说明该技术的综合处理效果。

根据现场施工经验与试验数据分析，证实了对欠固结风积沙进行换填处理和水撼法处理，不但能够提高地基强度和稳定性，增加了建筑物的安全系数，还能充分利用风积沙，变废为宝，降低工程造价，也有利于环境的保护。

综上所述，欠固结的风积沙经换填处理，其压实度符合设计要求，反映出该区域不良地基经设置风积沙换填处理是科学的、可行的，能完全满足施工要求，验证了本工程选择的处理措施有效。

## 3.2　试桩与桩基工程

### 3.2.1　工程概况

**1. 设计概况**

本工程采用钢筋混凝土钻孔灌注桩基础，桩身混凝土强度等级为 C30，桩顶标高为 −2.600m，属于浅基础桩。根据桩径和桩长不同，工程桩分为 A 型和 B 型两种。其中，A 型桩径为 700mm，桩长为 33～37m；B 型桩径为 600mm，桩长为 29～33m。根据桩的设计布置形式，将 A 桩分为单桩、双桩和群桩（包括三桩、四桩、六桩、七桩、八桩和九桩）的布局，将 B 桩分为单桩、双桩和三桩的布局，每一类型群桩基础的尺寸布置均相同，见图 3-9。按照桩的承载性能，设计桩为抗压桩，主要承受竖向荷载。桩端持力层为⑤层粉质黏土层，桩端进入持力层长度不小于 1m。桩钢筋笼主筋采用 HRB400，直径为 $\phi$18，纵筋连接采用焊接。该钻孔灌注桩采用旋挖成孔、泥浆护壁、导管水下灌注混凝土工艺进行施工。

桩位平面布置如图 3-10 所示。

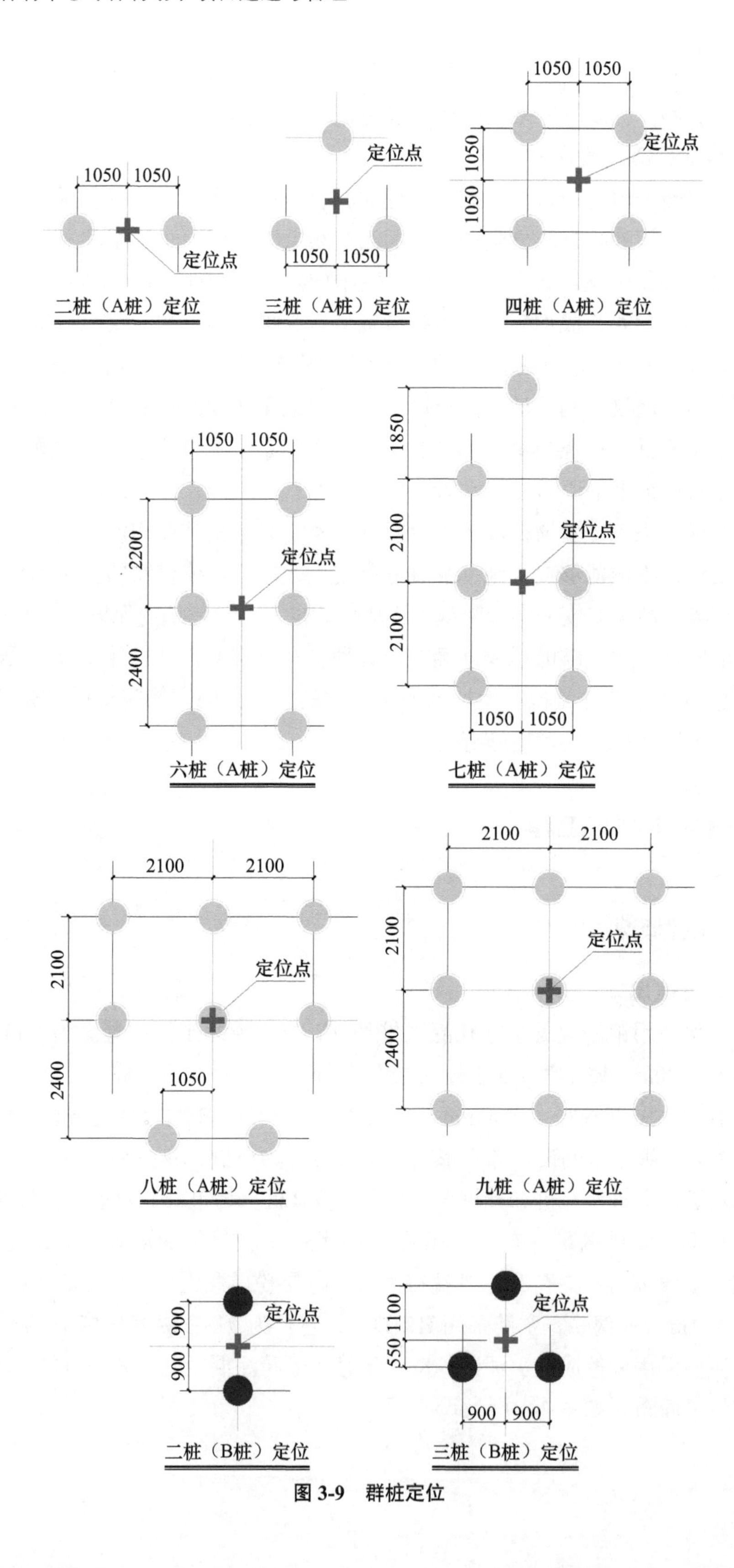
1050
1050
定位点
二桩（A桩）定位
定位点
1050
1050
三桩（A桩）定位
1050
1050
1050
1050
定位点
四桩（A桩）定位
1050
1050
2200
2400
定位点
六桩（A桩）定位
1850
2100
2100
定位点
1050
1050
七桩（A桩）定位
2100
2100
2100
2400
定位点
1050
八桩（A桩）定位
2100
2100
2100
2400
定位点
九桩（A桩）定位
900
900
定位点
二桩（B桩）定位
1100
550
定位点
900
900
三桩（B桩）定位

图 3-9　群桩定位

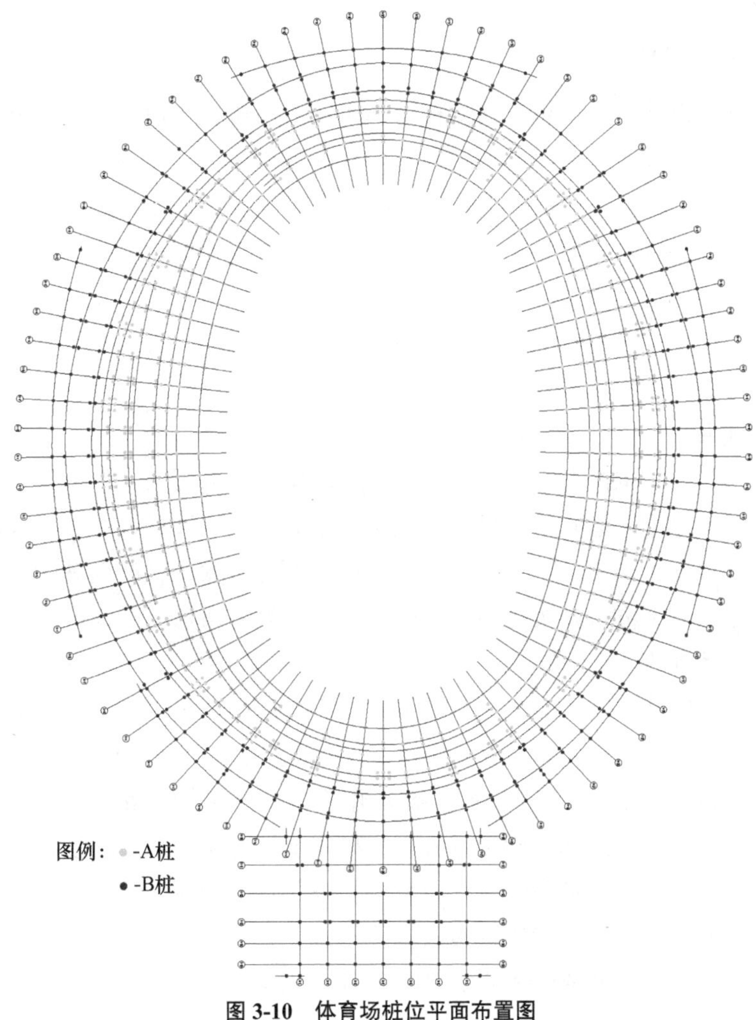


图 3-10 体育场桩位平面布置图

**2. 桩基工程重难点**

（1）工程建筑结构体系较为复杂，桩身质量要求高，地基土质处于欠固结的风积沙地区，且土质情况较为复杂。在施工前，基于地质勘察报告中的土层特性进行试桩，根据试桩报告对桩基施工方案进行评定及优化，并取得相应的基本设计参数和施工参数，保证桩基工程的施工质量。

（2）工程桩规格和群桩类型较多，群桩间定位限制大，原始场地为毛乌素沙漠的斜坡地带，桩位控制难度极大，对成桩工艺要求较高，确保施工过程中的措施可靠。

（3）根据设计要求，桩身主筋的保护层厚度应为 50mm，桩底沉渣厚度应小于 100mm，桩顶进入承台高度应为 100mm，桩顶超灌高度不小于 650mm，桩基混凝土浇筑的充盈系数应达到 1.05～1.2。同时，根据本工程复杂的土层分布，对桩施工过程中的工程桩质量控制需要进行研究。

### 3.2.2 试桩工程关键技术

试桩分为设计试桩、施工前试桩、施工结束后试桩。设计试桩是建筑物在基础施工前需根据地质勘察报告中的岩土特性和物理力学性质进行桩基选择。根据工程实际情况，自行决定是否做施工前试桩，试桩可以保留为工程桩。

所有工程在桩基施工完毕后都要进行施工试桩，根据试桩报告进行质量评定及验收，即施工结束后试桩。

本工程在施工前分别对 A、B 两种灌注桩进行试验，为后期的桩基工程施工提供切实可靠的参考依据。

**1. 试桩目的**

试桩是为大范围的沉桩作业提供第一手的施工参数资料，包括有效桩长、入岩深度、沉渣厚度、灌入度、桩焊接质量、承载力等。同时，试桩一方面可以验证地勘单位报告中土层分布的准确性，另一方面可以验证桩型选择的合理性；能够给设计方、施工方选择沉桩工艺、沉桩机械、沉桩质量控制标准提供依据；还可以检验成品桩的质量差异。

本工程的地基情况复杂，属于欠固结、风积相粉细砂及粉土等不利地质情况，为了保证工程质量，对地基垫层底标高以上的地基土进行了“水撼法”换填处理。换填后地基的组成和传统地基不同，需要通过试桩来检验换填结果是否合理。

同时需要试桩确定和检验设计方案中桩基成孔施工流程和工艺，包括桩基成孔的工艺、桩位控制、桩身垂直度控制、泥浆护壁的浓度、钢筋笼的质量等。根据桩身内力和变形测试，确定桩极限受压承载力，作为确定工程桩单桩承载力设计的依据之一，验证桩在竖向荷载作用下的工作可行性。试桩后根据检验结果，对原有设计方案的预期效果作出评判并进一步优化，从而保证桩的质量。

**2. 试验设计说明**

（1）试桩参数设置

根据试桩的测试目标及设计要求，本工程共确定 11 根试桩，试桩工艺采用与原设计桩基施工方案相同的钢筋混凝土钻孔灌注桩，详细试桩设计参数见表 3-8。本工程采用两种钢筋混凝土钻孔灌注桩基础，试桩桩身混凝土强度等级高于原设计桩，采用 C40 等级，试桩桩顶标高均为 −2.20m（注：±0.000m ＝ 1132.300m）。

**试桩设计参数一览表** 表 3-8

| 桩型编号 | 数量（根） | 桩长（m） | 桩径（mm） | 主筋规格 | 预估竖向承载力（kN） | 试验荷载（kN） |
|---|---|---|---|---|---|---|
| A 型桩 | 8 | 33 | 700 | 上部 10Φ18<br>下部 5Φ18 | 2100 | 4500 |
| B 型桩 | 3 | 29 | 600 | 上部 8Φ18<br>下部 4Φ18 | 1450 | 3200 |

试桩的主要测试指标为单桩的受压承载力，采用单桩竖向静载试验、低应变动力测试两种试验方法，分别检测单桩受压承载力极限值和桩身完整性。除此之外，为保证桩身质量，判断桩孔的成孔质量是否达标，进行了成孔质量检测。

（2）试桩区域位置选择

试桩区域的选择充分考虑了工程桩的设计和现场实际的特殊土层地质情况，在不影响正式工程桩施工的条件下，为施工提供指导。试验区选定于体育场的东西看台处，不占用结构施工用地，不影响正式工程的施工，待试验结束将桩头破除，不耽误桩基的正式施工。试桩平面图见图 3-11。

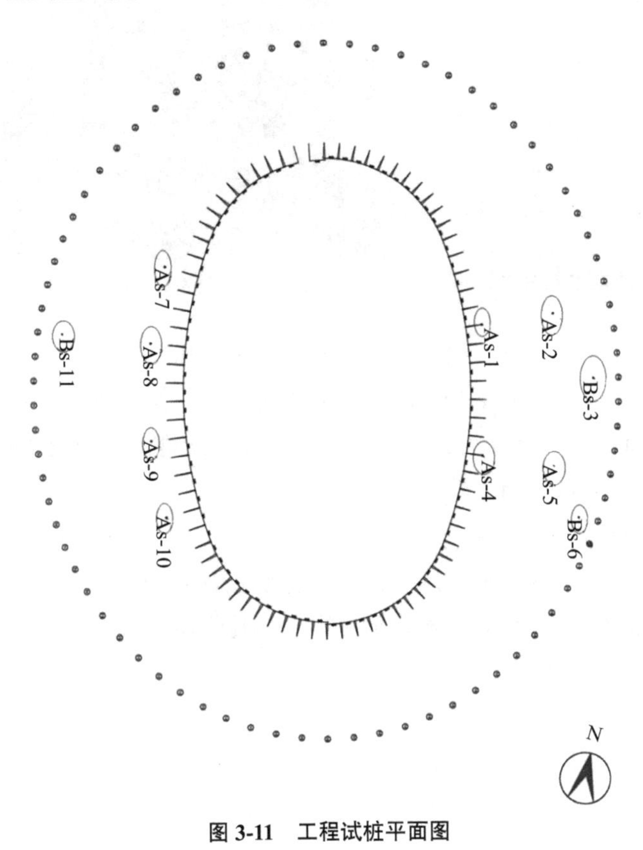


**图 3-11　工程试桩平面图**

**3. 试验方案及内容**

（1）单桩竖向受压承载力试验

1）试验设备

根据设计要求，抗压静载试验按《建筑基桩检测技术规范》JGJ 106—2014 中的相关规定执行。采用堆载平台反力系统，加载系统由 1 台 6300kN 液压千斤顶，通过高压油管、高压电动油泵加载。试验时，在桩顶使用钢梁设置一承重平台，上堆重物，依靠放在桩头上的千斤顶将平台逐步顶起，从而将力施加到桩身，静载检测桩头见图 3-12。反力装置的主梁可以选用型钢，也可用自行加工的箱梁，平台形状可以根据需要设置为方形或矩形，堆载用的重物可以选用沙袋、混凝土预制块等，如图 3-13 所示。由全自动静载荷试验仪作为中央控制处理系统，通过高压电动油泵控制并联的分离式油压千斤顶的荷载输出值，置于试验桩顶的精密位移传感器，测量桩顶处在当前荷载值作用下的沉降量并自动进行加载、判稳、维持和数据记录采集等工作。

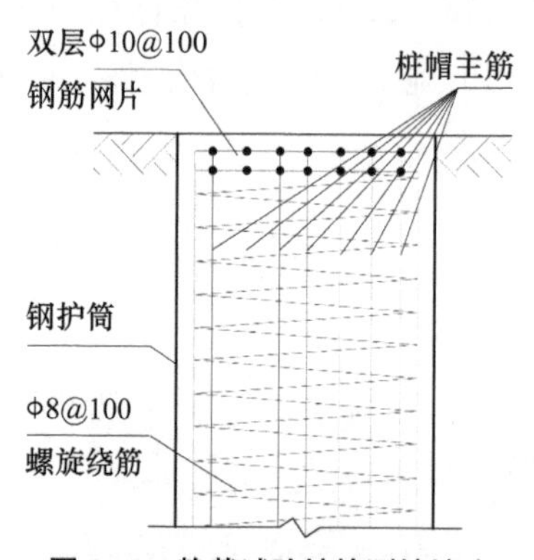

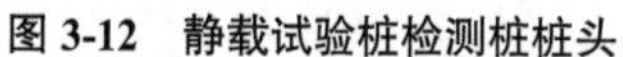
图 3-12 静载试验桩检测桩桩头

图 3-13 堆载

加载系统由 1 台 6300kN 液压千斤顶，通过高压油管、高压电动油泵加载。测力系统由精密压力表或液压传感器和自动加载稳压仪组成。沉降观测系统采用 4 个量程为 50mm 或 30mm 的百分表，对称设置在试验桩身的两个正交直径方向，百分表测量精度为 0.01mm。

2）试验流程

本次试验加载采用慢速维持荷载法，分别按两种试桩的试验荷载分 10 级加载，第一次加荷两级，逐级加载至预估单桩极限承载力后，再增加两级荷载，逐级增加至预估极限荷载。对桩顶部位无效桩长段，采取隔离措施，本次试验不予考虑。

加载过程中，对桩顶的沉降进行实时记录与观测。在每级加载后按 5min、15min、30min、45min、60min 测读桩顶沉降量，以后每隔 30min 测读一次，每次测读值记入试验记录表。当每小时的沉降不超过 0.1mm，并连续出现两次（由 1.5h 内连续三次观测值计算），认为沉降已达到相对稳定，进行下一级荷载。卸荷时，每级卸荷值为每级加荷值的 2 倍。每级卸荷后隔 15min 测读一次残余沉降，读两次后，隔 30min 再读一次，即可卸下一级荷载，全部卸荷后，测读桩顶残余沉降量，维持时间为 3h。

当出现下列情况之一时，即可终止加载：

① 某级荷载作用下，桩的沉降量为前一级荷载作用下沉降量的 5 倍，且总沉降量超过 40mm；

② 某级荷载作用下，桩的沉降量大于前一级荷载作用下沉降量的 2 倍，且经

24h 尚未达到相对稳定；

③ 已达设计要求的最大加载值，且桩顶沉降达到相对稳定标准；

④ 已达到堆载平台最大堆载量；

⑤ 当荷载—沉降曲线呈缓变形时，可加载至桩顶总沉降量 60～80mm。

3）数据采集与分析

对 11 根试桩的荷载—沉降记录进行整理，得到 11 根桩的单桩静荷载的 $Q$-$s$ 曲线和部分桩的 $s$-lg$t$ 曲线，如图 3-14～图 3-17 所示。

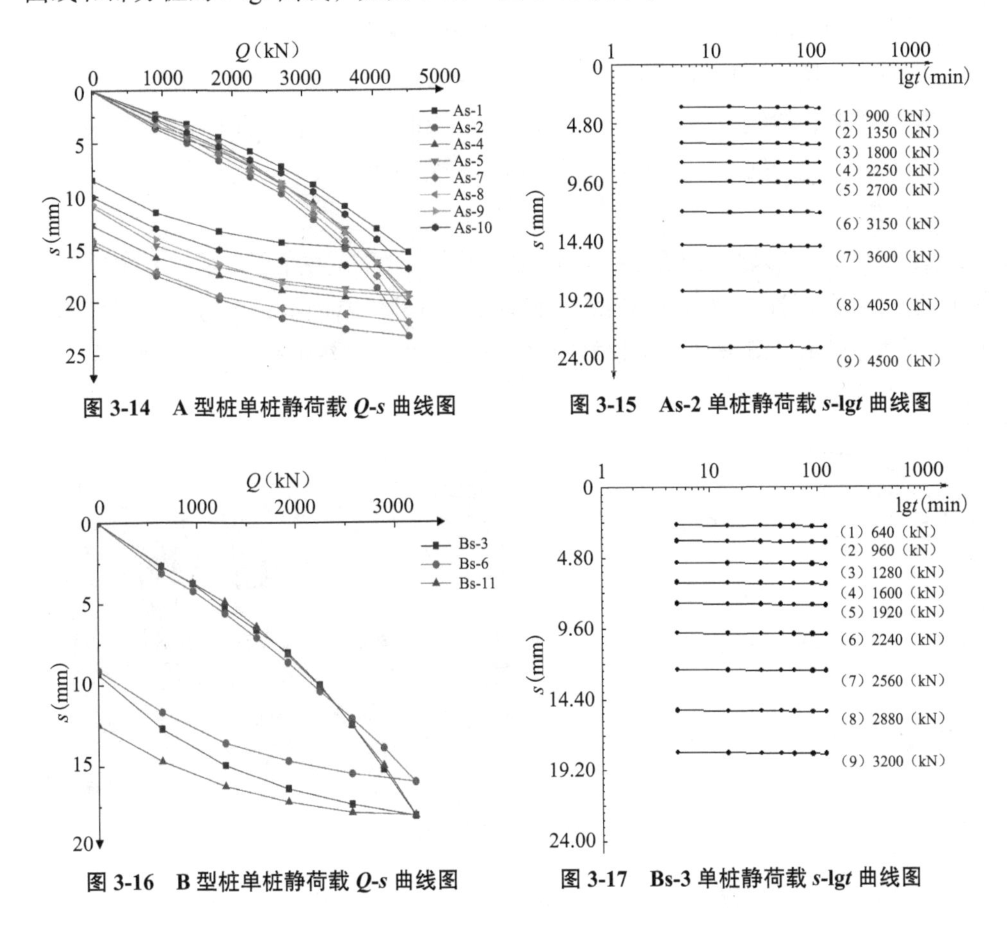


**图 3-14　A 型桩单桩静荷载 $Q$-$s$ 曲线图**

**图 3-15　As-2 单桩静荷载 $s$-lg$t$ 曲线图**

**图 3-16　B 型桩单桩静荷载 $Q$-$s$ 曲线图**

**图 3-17　Bs-3 单桩静荷载 $s$-lg$t$ 曲线图**

根据试验设计方案，8 根 A 型桩试桩在加载至最大试验荷载，即 4500kN 时，累计沉降量为 15.35～23.26mm，其 $Q$-$s$ 关系曲线均呈缓变型，$s$-lg$t$ 曲线尾部均未出现向下弯曲的迹象，从曲线形态和总沉降量来看，均未达到规范规定的破坏标准，单桩竖向极限承载力 $Q_{ui}$ 均可取得最大试验荷载 4500kN；3 根 B 型桩试桩在加载至最大试验荷载，即 3200kN 时，累计沉降量为 16.00～18.08mm，其 $Q$-$s$ 关系曲线均呈缓变型，$s$-lg$t$ 曲线尾部均未出现向下弯曲的迹象，从曲线形态和总沉降量来看，均未达到规范规定的破坏标准，单桩竖向极限承载力 $Q_{ui}$ 均可取得最大试验荷载 3200kN。

（2）桩身完整性试验

桩身完整性是指桩身长度和截面尺寸、桩身材料密实性和连续性的综合状况。根据设计方案，采用低应变动力测试法对桩身完整性进行试验。低应变动力测试操作相对简单，现场检测工作量小，工作效率高，且有强大的物理数学理论基础与完善的模型，被广泛地使用在完整性检测中。对于本工程设计采用的桩型，采用低应变检测结果较为准确，且较为经济。

1）基本原理

低应变动力测试采用应力波反射法，即在桩身顶部进行竖向激振，弹性波沿着桩身向下传播，当桩身存在着明显波阻抗差异的界面（如桩底、断桩等部位），将产生反射波，检测仪器经接收、放大、滤波和数据处理，可识别来自桩身不同部位的反射信号，据此计算桩身波速，并判断完整性。

2）试验流程

在桩顶放置一只速度传感器接收锤击过程中产生的速度信号，通过 FDP204PDA 型桩基动测系统放大和 A/D 转换，变成数字信号传给微机，信号经计算机处理后，在屏幕显示实测波形，每根桩布采集点 2～4 个，每点采集 3～5 锤信号，桩头处理如图 3-18 所示。

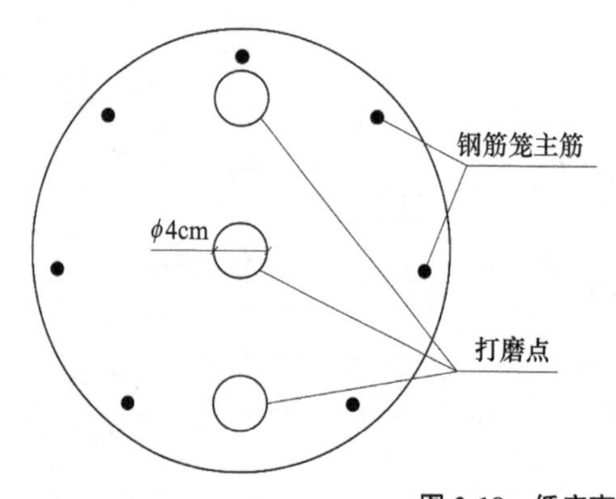

图 3-18 低应变动力测试桩头处理

将测试信号在时域内进行放大，根据应力波反射法或等价地将实测速度信号作傅里叶变换，通过导纳辅助时域曲线判断不同的反射部位，据此分析判断每根桩的桩身完整性有无缺陷及缺陷位置和属几类桩。

3）数据采集及分析

部分桩基波速波形图如图 3-19 所示，根据桩身完整性评定标准和分类标准（表 3-9、表 3-10），11 根试验桩的低应变检测结果显示，桩身完整性为 I 类，桩身的应力波速 $c$ 介于 3003～3704m/s 之间，平均波速 $c_m$ = 3464m/s，桩身完整性均满足规范要求。

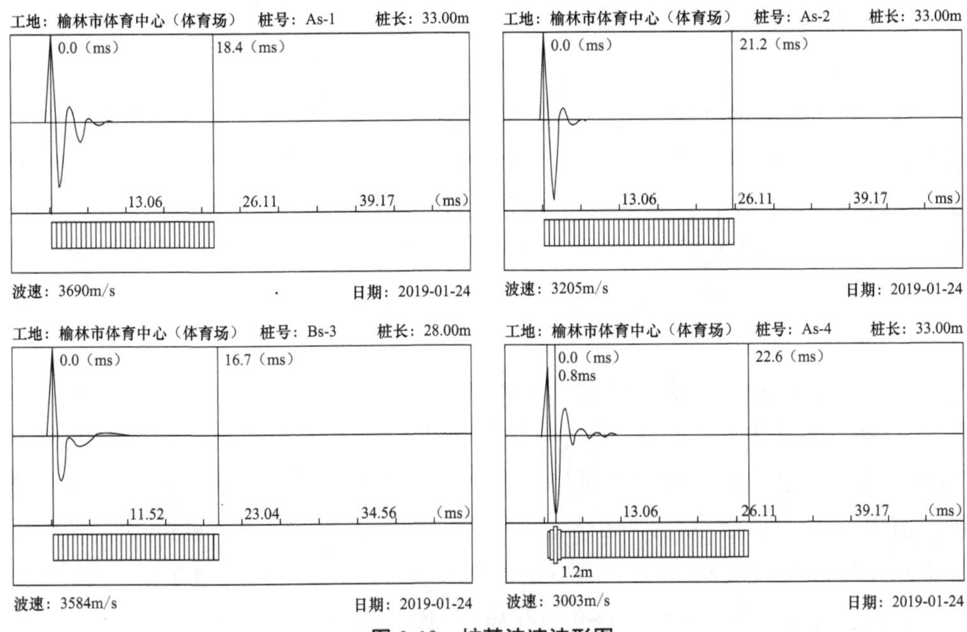


**图 3-19　桩基波速波形图**

**桩身完整性评定标准　　表 3-9**

| 类别 | 时域信号特征 | 幅频信号特征 |
|---|---|---|
| Ⅰ | $2L/c$ 时刻前无缺陷反射波，有桩底反射波 | 桩底谐振峰排列基本等间距，其相邻频差 $\Delta f \approx c/2L$ |
| Ⅱ | $2L/c$ 时刻前出现轻微缺陷反射波，有桩底反射波 | 桩底谐振峰排列基本等间距，其相邻频差 $\Delta f \approx c/2L$，轻微缺陷产生的谐振峰与桩底谐振峰之间的频差 $\Delta f$□ $> c/2L$ |
| Ⅲ | 有明显缺陷反射波，其他特征介于Ⅱ类和Ⅳ类之间 | |
| Ⅳ | $2L/c$ 时刻前出现严重缺陷反射波或周期性反射波，无桩底反射波；<br>或因桩身浅部严重缺陷使波形呈现低频大振幅衰减振动，无桩底反射波 | 缺陷谐振峰排列基本等间距，其相邻频差 $\Delta f$□ $> c/2L$，无桩底谐振峰；<br>或因桩身浅部严重缺陷只出现单一谐振峰，无桩底谐振峰 |

注：对同一场地、地质条件相近、桩型和成桩工艺相同的基桩，因桩端部分桩身阻抗与持力层阻抗相匹配导致实测信号无桩底反射波时，可按本场地同条件下有桩底反射波的其他桩实测信号判定桩身完整性类别。

**桩身完整性分类标准　　表 3-10**

| 桩身完整性类别 | 分类原则 |
|---|---|
| Ⅰ类桩 | 桩身完整 |
| Ⅱ类桩 | 桩身有轻微缺陷，不会影响桩身结构承载力的正常发挥 |
| Ⅲ类桩 | 桩身有明显缺陷，对桩身结构承载力有影响 |
| Ⅳ类桩 | 桩身存在严重缺陷 |

（3）成孔质量试验

1）试验目的

通过实测桩孔的孔径、孔深、垂直度和孔底沉渣厚度，判定成孔质量是否满足相关技术标准和设计要求。综合分析试成孔数次实测孔径、孔深、沉渣厚度的变化，评价孔壁稳定性。本次基桩成孔质量检测采用上海昌吉地质仪器有限公司研制生产的JJC型成孔质量检测仪，其主要由深度记录仪、孔径仪、沉渣测定仪、井斜仪、电动绞车、孔口滑轮及笔记本电脑采集系统等组成。

2）数据采集与分析

低应变反射波法反映的是阻抗的相对变化，呈现的是类似于扩径或缩径的信号。检测结果表明：11根试桩桩孔实测孔深均大于设计孔深；垂直度介于0.71%～0.80%之间；实测桩底沉渣介于4.5～9.7cm之间；其中A型桩实测孔径最大值为760mm，最小孔径661mm，平均孔径介于710.5～714.5mm之间；B型桩实测孔径最大值为659mm，最小孔径569mm，平均孔径介于608.2～614.7mm之间。满足规范及设计要求。桩孔成孔质量测试结果如表3-11所示。

**桩孔成孔质量测试结果** **表3-11**

| 测试桩号 | 设计孔深（m） | 实测孔深（m） | 孔径设计值（mm） | 孔径最大值（mm） | 孔径最小值（mm） | 孔径平均值（mm） | 沉渣厚度（cm） | 钻孔偏心距（cm） | 垂直度（%） |
|---|---|---|---|---|---|---|---|---|---|
| As-1 | 34.50 | 35.00 | 700 | 760 | 686 | 711.9 | 8.3 | 26.9 | 0.77 |
| As-2 | 34.61 | 35.20 | 700 | 733 | 697 | 711.4 | 6.8 | 27.8 | 0.79 |
| As-4 | 34.55 | 35.10 | 700 | 758 | 670 | 714.5 | 4.5 | 29.5 | 0.84 |
| As-5 | 34.53 | 34.95 | 700 | 741 | 679 | 714.0 | 9.2 | 26.6 | 0.76 |
| As-7 | 34.51 | 35.00 | 700 | 740 | 688 | 711.0 | 6.9 | 27.3 | 0.78 |
| As-8 | 34.58 | 35.20 | 700 | 749 | 679 | 712.4 | 8.4 | 24.9 | 0.71 |
| As-9 | 34.55 | 35.10 | 700 | 750 | 697 | 714.4 | 9.1 | 25.6 | 0.73 |
| As-10 | 34.54 | 35.04 | 700 | 731 | 661 | 710.5 | 8.7 | 29.8 | 0.85 |
| Bs-3 | 30.75 | 31.30 | 600 | 658 | 569 | 614.7 | 7.3 | 23.8 | 0.76 |
| Bs-6 | 30.70 | 31.20 | 600 | 659 | 569 | 614.4 | 9.5 | 25.3 | 0.81 |
| Bs-11 | 30.65 | 31.10 | 600 | 633 | 569 | 608.2 | 9.7 | 25.5 | 0.82 |

**4. 试桩效果综合评价**

通过对钢筋混凝土钻孔灌注桩试桩试验结果分析可知，11根试桩的单桩竖向抗压静载试验结果表明，在本工程设计参数、施工工艺条件及土层自然含水率状态下，A型桩单桩竖向受压极限承载力可取为4500kN，B型桩单桩竖向受压极限承载力可取为3200kN。11根试桩成孔质量满足设计及规范要求。低应变测试结果表明，11 根试桩均为 I 类桩，桩身完整性均满足设计及规范要求。

本次桩基检测的 A、B 型号桩基全部合格，所需控制的参数指标全部满足设计要求。尽管如此，在桩基施工过程中，仍要采取多种手段加强桩基施工的质量管理：不断调整泥浆配合比以满足本地区地质条件，并可适当加入外加剂优化泥浆性能；控制钻进速度，避免因泥浆得不到及时补充而造成塌孔；对于本地区存在的风积沙土地层可能导致的窜孔现象，采用有效增大桩距的设计方案，避免邻桩对本建筑场地地基影响；对可能存在的其他隐患做好应急方案，加强现场施工质量管理，多举措并行，保证建筑物的安全与稳定。

### 3.2.3　桩基础施工关键技术

**1. 施工重难点**

场地地层主要由少量杂填土、第四纪晚更新世风积粉细砂、粉土、冲洪积粉细砂、粉土、粉质黏土及砂类土、侏罗纪强风化砂质泥岩组成。拟建建筑物开间和跨度较大，采用柱下独立基础方案，单柱荷载较大，且天然地基不均匀，基础直接持力层在竖直和水平方向分布不规律、起伏较大、厚度变化也较大，拟建物地基土压缩层范围内地基土工程特性指标差异明显，故不应直接采用天然地基方案，必须进行地基处理。根据拟建建筑物的结构特点和场地岩土工程地质条件，拟建建筑物建议采用钻孔灌注桩复合地基方案。钻孔灌注桩复合地基能较大幅度地提高地基承载力，且处理后的复合地基变形小，具有较大的适用范围。

桩基施工过程中，因存在欠固结砂类土、粉土、松散粉细砂，在遇水后会急剧下沉，容易发生窜孔现象，同时由于泥浆配合比不合理、钻进速度过快、初始灌量不足等因素可能造成塌孔、断桩及缩孔等现象。为了保证桩基的质量和拟建建筑物的安全使用性能，需对桩基施工中各关键技术进行控制。

**2. 施工方法及施工流程**

工程的施工效果和建筑物的整体稳定性与钻孔灌注桩的施工质量密切相关，对灌注桩的工艺流程、钻孔大小以及钻孔深度等的掌握程度至关重要，不同的施工方法其施工工艺流程也有所差异。本工程泥浆护壁钻孔灌注桩选用 SR150C 型和 SR200C 型旋挖钻机成孔施工，根据现场布桩情况在施工中严格执行《建筑桩基技术规范》JGJ 94—2008 的有关规定，在桩基施工全过程中强化施工质量管理，确保工程桩的成桩质量。施工工艺流程见图 3-20。

**3. 成孔技术控制**

对于钻孔灌注桩，由于其特殊的隐蔽性，成孔质量的好坏直接影响灌注桩的质量，桩基定位、钻杆垂直度、泥浆密度等因素都影响桩孔的质量，从而影响后续施工。本工程的地面标高为 −0.30m（＋1132.000），桩顶标高为 −2.600m（＋1129.700），空钻长度为 2.3m。

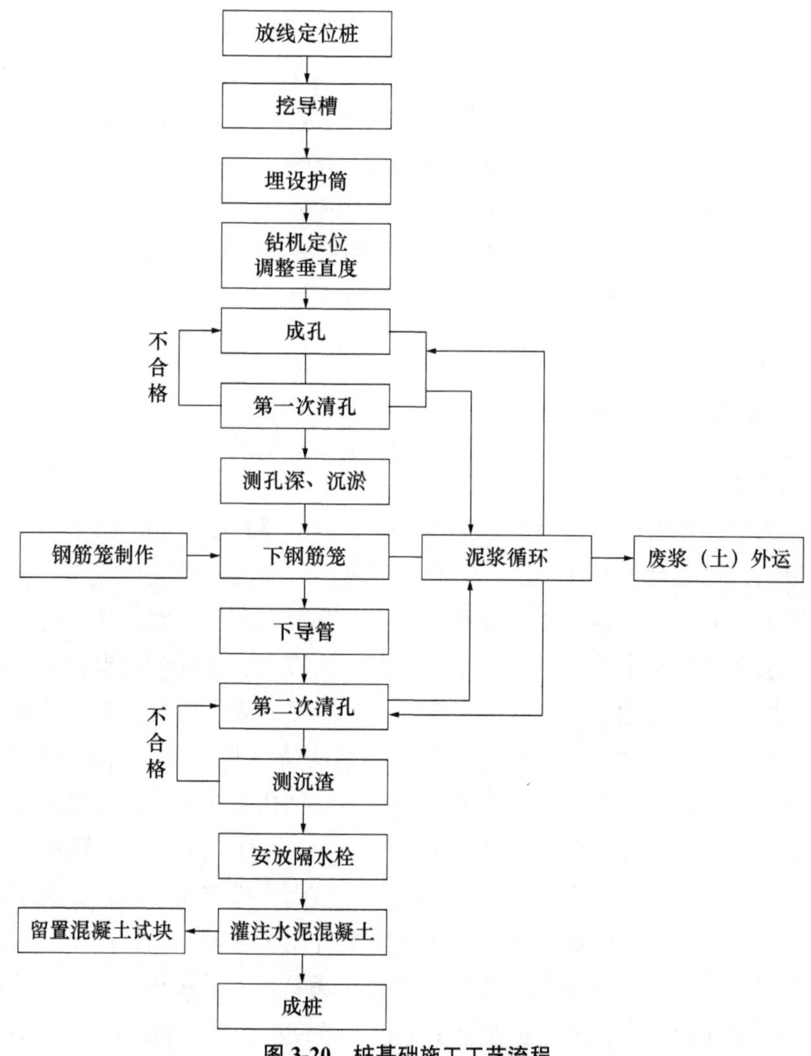


图 3-20　桩基础施工工艺流程

施工前，依据现场拟订的桩位图，使用十字交叉等距定量控制法埋设护桩。在埋设护筒时，由于护筒定位直接决定桩位，所以护筒埋设要正确、稳固，护筒中心与桩截面中心偏差不大于 30mm，护筒周围必须用黏土分层填实，防止溢浆或孔口坍塌。采用旋挖钻机进行钻进，并随时补充泥浆进行护壁。清孔后的泥浆比重控制在 1.20 左右，孔底沉渣小于 100mm。当钻孔完毕后，先进行测孔，保证孔径、孔深达到设计要求，然后立即清孔，随后进行下放钢筋笼等后续工序。

（1）埋设护筒

护筒采用钢护筒，用 10mm 的钢板制作，其内径大于钻头直径 200mm，护筒顶部应开 1～2 个溢浆口。护筒埋设前，应开挖导槽，如图 3-21 所示。为增加刚度防止变形，在护筒上、下端口和中部外侧用 $\phi 18$ 钢筋各焊一道加劲肋。护筒埋设时，在护筒顶面挂好十字线，将十字线中心与已标定好的桩中心线垂直对中，保证护筒中心与桩位中心的偏差不得大于 50mm，埋设中保证护筒斜度不大于 1%。护筒埋深为 2.5m，由于地基表层土较松软，将护筒底部进入到较坚硬密实的土层至少 0.5m，如图 3-22 所示。护筒内存储泥浆使其高出地下水位和保护桩孔顶部土层不致因钻头（钻杆）反复上下升降、机身振动而导致塌孔。

图 3-21　导槽开挖

图 3-22　已安装的护筒

（2）钻机钻杆垂直度

虽然在开钻前对钻机对位精度和放线精度等进行了控制，但仍然不能保证桩位完全不出现偏差，其钻杆的垂直度是桩位偏差的关键点。开钻前主动检查钻杆的垂直度，钻进过程中不断观察钻机上钻杆的垂直度及钻机水平情况，一旦发现倾斜与位移，应立即纠正处理。钻进中当发现孔斜时，应立即进行上下扫孔，直到将钻孔扫直，方可继续钻进，严禁发生孔斜时，强行钻进至终孔，如图 3-23 所示。在钻进过程中为防止因地层软硬不均出现的孔斜事故，施工时，在配备足够钻头配重压力的同时，采用“减压钻进”以保证钻孔垂直度。当钻孔进入不同的地层时，合理调整钻速及钻压，减少对孔壁稳定性的影响。尽量减少扫孔次数，从而有效控制护筒底口段孔壁的完整性。

图 3-23　钻进

钻孔灌注桩在成孔过程中、终孔后和灌注混凝土前，对钻孔进行阶段性成孔质量检查。在施工完毕后，对场内部分钻孔灌注桩进行了低应变动力测试和成孔质量检测，据统计结果，均满足要求。

**4. 钢筋笼安放技术控制**

当桩孔钻成清孔后，要尽快吊放钢筋笼。吊放前，需对制作成型的钢筋笼进行验收，验收标准必须满足表 3-12 规定。当验收合格后，开始吊放钢筋笼，起吊时必须保证其垂直度，在钢筋笼外围均匀设置混凝土滚轮，以保证其保护层厚度，如图 3-24 所示。下放时将钢筋笼缓慢放入孔内，并用扶正器固定，严禁起吊下放时倾斜和晃动，以防止刮坏孔壁。吊后校正位置垂直度，勿使扭曲变形。钢筋笼导正垫块安装要求，每 4m 设置 1 组，每组 3 块，沿笼身周围均布，第一组垫块设置在第一道加强筋下 0.80m 处。由于本工程的桩长较长，钢筋笼必须分段吊放，先将下段挂在孔内，吊高第二段进行焊接，逐段接逐段放下。

钢筋笼验收标准 表 3-12

| 序号 | 项目 | 偏差（mm） |
|---|---|---|
| 1 | 主筋间距 | ±10 |
| 2 | 箍筋间距 | ±20 |
| 3 | 钢筋笼长度 | ±50 |
| 4 | 钢筋笼直径 | ±10 |
| 5 | 保护层 | ±20 |

图 3-24 吊放钢筋笼

**5. 桩身混凝土质量控制**

根据设计方案，桩基混凝土设计强度为C30，桩基的承载力与混凝土强度有直接关系，保证桩身混凝土质量对于保证工程质量有重要意义。本工程全部采用商品混凝土。对于混凝土质量的控制，主要体现在对其强度和性能的控制。

（1）原材料质量及配合比控制

为了保证混凝土质量的优良性，在使用前对厂家提供的混凝土进行专业送检并试验。对混凝土原材料的各项性能指标进行检测，如选定水泥的强度、粗骨料的级配情况和外加剂的使用等。为了改善混凝土拌合物的性能，同时提高耐久性，在桩基混凝土中掺入了不大于水泥用量30%的粉煤灰。为有效抑制水泥混凝土的碱骨料反应，显著提高水泥混凝土的抗碱骨料反应性能，在水泥中掺入低于40%用量的矿渣粉。两种掺合料的总量不宜大于混凝土中水泥重量的40%。

基础桩的混凝土设计强度等级为C30，水胶比不大于0.55，混凝土的初凝时间为4～6h，终凝时间为8～10h，出机坍落度控制为180～220mm，入模坍落度控制为160～180mm，见图3-25。根据现场取样试验情况，该混凝土的流动性良好，满足混凝土的灌注要求。

**图3-25　混凝土坍落度测试**

（2）混凝土性能与抗压强度控制

商品混凝土配合比应考虑混凝土运输时间、坍落度损失、输送泵的管径、泵送的垂直高度和水平距离、弯头设置、泵送设备的技术条件、气温等因素，应通过试泵送确定。浇筑前，对每车混凝土的坍落度、和易性、黏聚性及保水性等进行测试，当测试结果满足设计要求时，方可投入使用，混凝土浇筑过程如图3-26所示。当出现异常情况，如混凝土坍落度过大而超过适配允许的范围，混凝土拌合物出现离析现象，由于种种原因造成混凝土已出现初凝痕迹现象时，为保证混凝土工程质量，现场试验员必须阻止该车混凝土使用，并作报废处理，或通知相关负责人对该车混凝土作降级处理，及时向拌和站有关负责人反映。同时，监督混凝土生产厂家的生产质量，当因特殊原因发生原材料的变更时，及时调整混凝土的配合比。

图 3-26 桩基混凝土浇筑

通过混凝土生产—运输—浇筑全方位的质量控制措施，现场混凝土拌合物的性能良好，其坍落度基本控制在 180～220mm，其和易性、黏聚性和保水性能优良。

根据《普通混凝土力学性能试验方法标准》GB/T 50081—2002，在浇筑中制作混凝土试件，进行标准养护 28d 抗压试验。根据试验结果，及时找出混凝土质量缺陷成因并解决。

通过对桩基混凝土施工建立完善的质量保证体系和健全的施工质量检验制度，对混凝土强度进行科学统计与分析，对现场试验员与施工员进行合格的技术培训，规范混凝土试件取样、制作和养护全过程。通过全方位的质量管理措施，强化桩基混凝土质量。

通过一系列质量控制措施，本工程桩基混凝土抗压强度符合设计要求，呈正态分布，并且随着施工过程的管理与控制，各施工阶段的质量指标也逐步趋于稳定、合理，检测数据见表 3-13。

混凝土试件抗压试验数据 表 3-13

| 试件强度等级 | 试件组数 | 强度平均值（MPa） | 标准差（MPa） | 平均值达到设计强度百分数（%） | 达到设计强度组数百分率（%） | 评定结论 |
|---|---|---|---|---|---|---|
| C30 | 1026 | 38.82 | 3.14 | 129.4 | 100 | 合格 |

（3）桩身完整性

为了保证桩身的完整性，在桩基施工过程中要避免出现夹渣、断桩等情况，应采取相应的措施来控制浇筑质量。

1）沉渣厚度

沉渣往往是钻孔过程掉落的碎石、流砂等，一般在下放钢筋笼过程中及其后产生，也可能会因塌孔、沉淀等出现新的沉渣。沉渣如不清理，浇筑混凝土后部分沉在孔底，部分被混凝土冲翻一直压到桩顶形成灌孔后的浮浆。沉渣厚度对灌注桩的承载力和质量存在很大影响，精确测量沉渣厚度对于桩基质量的判定、问题桩基的二次处理具有重要意义。为了防止孔底沉渣过厚，在施工中应采取适当措施进行控制。对桩孔周围的零碎土及碎石及时清理，防止掉入孔内。加大沉淀池容量，尽量增大沉淀时间，同时在泥浆排出口过滤砂石等杂质。在吊装钢筋笼前和浇筑混凝土前，分别进行沉渣厚度的测定，若沉渣厚度超过要求，用钻机进行空转清土，将渣土清出的同时采用泥浆置换法清理干净孔底沉渣。待孔底沉渣厚度不大于 100mm 时，方可进行下一步工序。

2）水下混凝土浇筑

本工程利用钻孔灌注漏斗快速封口垂直提升导管灌注桩身混凝土。导管内径为 220mm，每节导管长 2.5m 或 3m，导管接口之间采用丝扣或法兰连接，连接时必须加垫密封圈或橡胶垫，并上紧丝扣或螺栓，如图 3-27 所示。下放导管时，使其下口至孔底面的距离约 300mm，距离太小易堵管，太大则要求漏斗及管内混凝土量较多。导管下口先用隔水塞（混凝土、木等制成）堵塞，隔水塞用钢丝吊住。浇筑时在导管内浇筑一定量的混凝土，保证开管前漏斗及管内的混凝土量要使混凝土冲出后足以封住并高出管口。当导管内混凝土的体积及高度满足上述要求后，剪断吊住隔水塞的钢丝进行开管，使混凝土在自重作用下迅速推出隔水塞进入水中。随后一边均衡地浇筑混凝土，一边慢慢提起导管，导管下口必须始终保持在混凝土表面之下不小于 1～1.5m，浇筑过程见图 3-28。在整个浇筑过程中，应避免在水平方向移动导管，直到混凝土顶面接近设计标高时，才可将导管提起，换插到另一浇筑点。一旦发生堵管，如半小时内不能排除，应立即换插备用导管。待混凝土浇筑完毕，应清除顶面与水或泥浆接触的一层松软部分。

**图 3-27　导管**

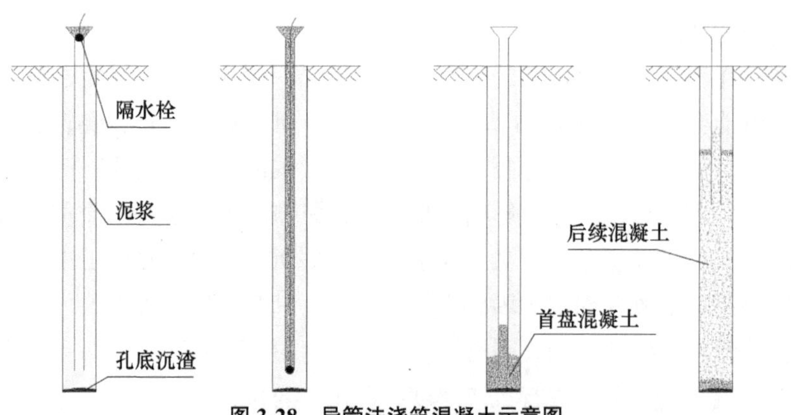


图 3-28 导管法浇筑混凝土示意图

为预防混凝土浇筑过程中出现堵管现象，严格检查现场混凝土拌合物的性能，在第二次清孔完毕检查合格后应立即进行水下混凝土灌注，其时间间隔不大于 30min。同时，保证混凝土浇筑的连续性，做好现场施工与混凝土供应厂家之间的协调工作，降低路途与到场等候时间，降低混凝土拌合物性能的损耗。

通过水下混凝土浇筑各方面的控制，本工程桩基混凝土充盈系数范围基本控制在 1.05～1.2，平均值为 1.08，未出现断桩和缩颈现象，满足规范和设计要求。

**6. 桩基施工常见事故及处理措施**

（1）塌孔

原因分析：

1）泥浆相对密实度不够及其他泥浆性能指标不符合要求，使孔壁未形成坚实泥皮；

2）由于出渣后未及时补充泥浆，或孔内出现承压水，或钻孔通过砂砾等强透水层，孔内水流失等而造成孔内水头高度不够；

3）护筒埋置太浅，下端孔口漏水、坍塌或孔口附近地面受水浸湿泡软，或钻机直接接触在护筒上，由于振动使孔口坍塌，扩展成较大塌孔。

处理措施：

发生孔口坍塌时，可立即拆除护筒并回填钻孔，重新埋设护筒再钻。发生孔内坍塌，判明坍塌位置，回填砂和黏质土（或砂砾和黄土）混合物到塌孔处以上 1～2m，如塌孔严重时应全部回填，待回填物沉积密实后再行钻进。同时改善护壁泥浆，黏度控制在 18～22Pa • s，泥浆含砂率控制不大于 8%，可以加烧碱提高泥浆性能，满足护壁要求。

（2）钢筋骨架上浮

原因分析：

1）混凝土初凝和终凝时间太短，使孔内混凝土过早结块，当混凝土面上升至钢筋骨架底时，混凝土结块托起钢筋骨架；

2）清孔时孔内泥浆的砂粒太多，砂粒回沉在混凝土面上，形成较密实的砂层，并随孔内混凝土逐渐升高，当砂层上升至钢筋骨架底部时便托起钢筋骨架；

3）混凝土灌注至钢筋骨架底部时，灌注速度太快，造成钢筋骨架上浮。

处理措施：

当发现钢筋笼开始上浮时，应立即停止浇筑，并准确计算导管埋深和已浇混凝土标高，可拆除导管时必须拆除后再进行浇筑，上浮现象可能消除。当钢筋笼已经上浮，在导管提升的最大限度内，快速提升，缓慢下放，反复几次，上升的钢筋笼可恢复原标高。

（3）断桩

原因分析：

1）灌注时间长，表层混凝土失去流动性，形成硬盖，而继续灌注的混凝土顶破硬层上升，将混有泥浆砂砾的表层覆盖包裹，造成断桩事故；

2）在施工中混凝土配合比不当，不能满足混凝土设计强度或钢筋混凝土桩的钢筋力学试验，品质低劣，钢筋的焊接不够规范，达不到设计强度，导致桩身截面强度不足；

3）导管密封性差使导管进水。

第 4 章

# 混凝土结构工程关键施工技术

## 4.1 超大截面连续梁模板支撑体系施工技术

### 4.1.1 工程综述

**1. 工程概况**

榆林市体育中心（体育场）为平面呈椭圆环带形的体育建筑，在平面沿环向 E 轴外侧设双柱伸缩缝将外侧平台与内部看台主体断开。内侧四面看台及上部主体连为整体，看台顶部均设有钢罩棚沿环向整体贯通，看台顶最大标高为 23.20m。

**2. 体系概况**

高支模作业，是指支模高度不小于 8m 时的支模作业。本工程的高支模区域主要为顶层环向连系梁。

体育场钢罩棚支撑梁截面尺寸为 1600 mm×3000mm，绕 T1-E 轴一圈，支模最大高度为 14.40m，梁净跨最大长度为 26.00m，混凝土强度等级为 C40，架体在上层结构梁板上搭设，见图 4-1。

### 4.1.2 施工重难点及关键环节

**1. 施工重难点**

模板支撑体系的稳定性决定了结构工程的质量和安全，故保证模板支撑体系的稳定性将是本工程的要点。因梁截面尺寸大（1600mm×3000mm）、跨度大，保证模板支撑体系不变形及混凝土浇筑、成型质量将是难点。

**2. 关键环节**

在混凝土浇筑前必须对支架、沉降等情况进行监测，并做好记录，如有异常变形，应通知现场管理人员立即采取措施，以免发生意外。拆架时，混凝土强度必须达到规定强度并经批准后方能进行。

**图 4-1　体育场钢罩棚支撑梁拆模后**

### 4.1.3　施工工艺技术

**1. 模板体系选择的原则**

（1）支撑架的设计本着安全、科学、经济合理、施工简便的原则进行架体布置。架体在满足施工安全和质量要求的前提下，应充分考虑方案的经济性，最大程度降低施工成本。

（2）选用材料时，力求做到常见通用、可周转利用，同时便于保养维修。

（3）结构造型时，力求做到受力明确，构造措施到位，便于检查验收。架体设计与施工时，应保证使用的安全性，做到支撑体系的受力分区明晰；为了增强架体的稳定性，要充分考虑体系的完整性，在施工过程中严格区分各部位的架体，按照部位进行架体设计搭设，防止因局部架体出现问题而导致整体失效。

（4）模板及模板支架的搭设，必须符合国家相关规范标准的要求。

**2. 模板支撑体系的比较优选**

模板支撑体系是伴随着建筑施工的要求而产生并发展起来的，是施工作业中必不可少的措施和设备。目前常用的模板支撑体系有扣件式钢管支撑体系、碗扣式钢管支撑体系、门式架钢管支撑体系以及盘扣式钢管支撑体系。

（1）扣件式钢管支撑体系

1）优点

① 承载力较大。

② 装拆方便，搭设灵活。由于钢管长度易于调整，扣件连接简便，因而可适用于各种平面、立面的建筑物与构筑物。

③ 造价经济。加工简单，一次投资费用较低，如果精心设计脚手架的几何尺寸，注意提高钢管周转使用率，则可以取得较好的经济效果。

2）缺点

① 扣件（尤其螺杆）容易丢失。

② 功效低。搭拆过程中需要拆装扣件，搭拆速度慢。

③ 扣件节点的连接质量受扣件本身质量和工人操作的影响较显著。

（2）碗扣式钢管支撑体系

1）优点

碗扣式支架设计了带齿碗扣接头，不仅拼拆迅速省力，而且结构简单，受力稳定可靠，避免了螺栓作业，不易丢失零散配件，使用安全，方便经济。同时，碗扣架对工人技术要求不高，减少了人为因素对搭设质量的影响。

2）缺点

碗扣架受产品模数的限制，其通用性差，配件易损坏且不便修理，并且市场的碗扣架缺乏配套斜杆等专用配件，大多需要与钢管扣件架组合使用，降低了其实际承载力。

碗扣式钢管架体是定型化架体，搭设完成后基本上不能进行架体改造，故采用此架体作为模板支撑架是一次性的，需混凝土结构施工完成以及拆除架体后，再重新搭设满堂脚手架进行二次结构以及后续装饰施工，在进度以及工程成本上都满足不了项目要求，故此方案不予以采用。

（3）门式架钢管支撑体系

1）优点

① 几何尺寸标准化。

② 结构合理，受力性能好，充分利用钢材强度，承载力高。

③ 施工中装拆容易，架设效率高，省工省时，安全可靠，经济适用。

2）缺点

① 灵活性差，构架尺寸的任何改变都要换用另一种型号的门架及其配件。

② 交叉支撑易在中铰点处折断。

③ 定型脚手板较重。

④ 价格较贵。

比较以上不同模板支撑体系的优缺点以及设计原则，同时结合本工程的设计要求和现场条件，综合考虑了以往的施工经验，本工程采用了扣件式钢管脚手架作为模板工程的支撑体系。经计算综合考虑，按照荷载计算取大值的方式进行模板设计。本工程扣件式钢管脚手架体系必须严格按照设计图纸及构造要求进行搭设。对高大支模体系经过充分荷载计算和论证，遵循“经济、快捷、适用、质优”的原则，达到模板支撑体系安全、无变形的要求。

**3. 模板支撑体系的材料要求**

（1）模板。模板选用 15mm 厚的镜面板，且满足下列质量要求：

1）强度高、不起层、不变形。

2）具有防水、耐磨、耐酸碱的保护膜，保温性能好、易脱模、可两面使用。

3）抗剪强度大于 1.4N/mm$^2$，抗弯强度大于 15N/mm$^2$。

（2）钢管。规格为 $\phi$48×2.80，采用 Q235 号钢，钢管表面应平直光滑，不应有裂纹、分层、严重锈蚀、割痕和硬弯，两端面平整，严禁打孔，必须进行防锈处理，壁厚不得小于 2.80mm。

（3）扣件。扣件选用直角扣件、对接扣件、旋转扣件，钢管扣件应符合现行国家标准的规定，不应有裂纹、气孔、疏松、砂眼或其他影响使用性能的构造缺陷。扣件进场应进行防锈处理，在螺栓拧紧扭力矩达到 65N·m 时，不发生破坏。

（4）方木。规格为 40mm×70mm，选用杉木，不得有裂纹、挠曲现象。

（5）对拉螺栓。采用 $\phi$16 的对拉螺栓，要求其丝口完整，轴向拉力设计值应达到 17.8kN。

（6）可调钢顶。规格为 A28，可调托撑的螺杆与支托板焊接牢固，焊缝高度不得小于 6mm。可调托撑螺杆与螺母旋和长度不得少于 5 扣，螺母厚度不得小于 30mm。现场材料情况见图 4-2。

图 4-2　现场材料

**4. 工艺流程**

（1）环向梁支撑体系搭设流程

测量放样—铺设垫板—搭设立杆—搭设横杆—搭设第一道水平剪刀撑、竖向剪刀撑—铺脚手板—上层立杆、横杆—剪刀撑—安装可调托撑—连墙杆搭设—支撑体系验收—安装梁底模主龙骨—安装梁底模次龙骨—安装梁底模板—梁钢筋绑扎—合梁侧模板—安装梁侧模次龙骨—安装梁侧模主龙骨—安装对拉螺栓—模板验收—混凝土浇筑—混凝土养护至设计强度—填写拆模申请—拆模。搭设现场如图 4-3 所示。

图 4-3　模板搭设现场

（2）架体基础处理

满堂脚手架搭设在上层已浇筑混凝土梁板上，板厚 120mm，混凝土强度等级为 C30，已浇筑混凝土模板支撑体系均未拆除，且根据环向连梁梁底立杆布置情况，在下层支撑体系中增设立杆，确保上部环向连梁混凝土浇筑荷载通过立杆传导至下层现浇混凝土梁板上，如图 4-4 所示。

图 4-4　架体基础示意图

### 5. 模板设计

环向梁支撑架搭设高度根据上层板顶标高和环向梁底标高确定。支撑架搭设最大高度为 14.40m。支撑架搭设形式为满堂支撑架，顶托上表面依次摆放主龙骨、次龙骨和模板，模板参数见表 4-1。

梁模板参数　　表 4-1

| 范围 | 模板厚度 | 次龙骨 | 主龙骨 |
| --- | --- | --- | --- |
| 梁帮 | 15mm 厚模板 | 40mm×70mm 木方 | $\phi$48×2.8 钢管 |
| 梁底 | 15mm 厚模板 | 40mm×70mm 木方 | $\phi$48×2.8 钢管 |

架体立杆均采用$\phi48\times2.8$的钢管，梁跨度方向立杆间距450mm，梁两侧立杆间距2400mm，步距1100mm，梁两侧立杆至梁中心线距离均为1200mm，梁底增加4道立杆，按梁两侧立杆间距均分，梁支架与满堂支架纵横连接贯通，其架顶标高用顶托进行校正，并沿梁的纵向设斜拉杆，连续布置。

（1）环向连梁模板设计

用可回收的M16普通穿墙螺栓加固，水平间距450mm，竖向第一道距离梁底100mm，其他间距均为400mm，梁模板侧面采用15mm镜面板作为模板，底模板采用15mm镜面板，梁底采用15根40mm×70mm的方木平行于梁布置。梁帮加固采用钢管（$\phi48\times2.8$）作为主楞，间距450mm，梁底中间设4道承重立杆。梁模板横截面、剖面和支撑体系效果见图4-5～图4-7。

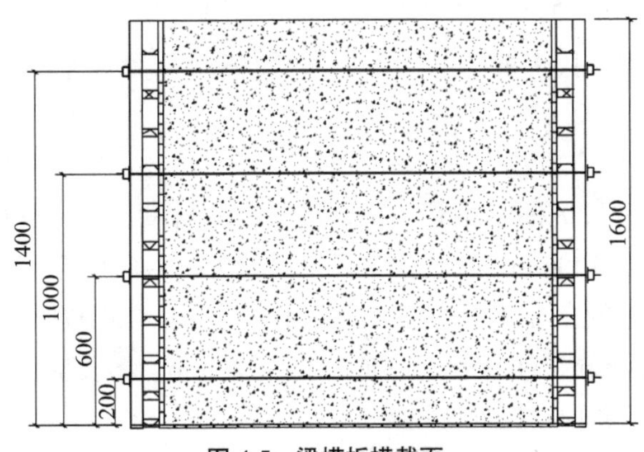


图4-5 梁模板横截面

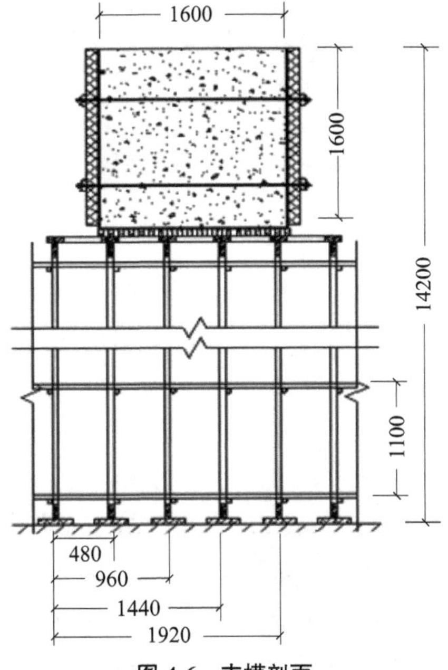


图4-6 支模剖面

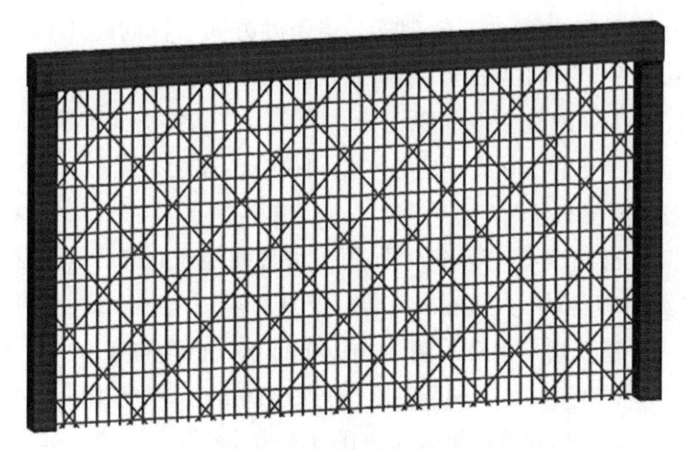

图 4-7 环向叠合梁模板支撑体系立面图

（2）以体育场（T1-E 轴）环向梁最大截面梁 KLH101（1600mm×3000mm）为例

1）立杆

梁立杆为 $\phi$48×2.8 的单钢管，梁跨度方向立杆间距 450mm，梁两侧立杆间距 2400mm，步距 1100mm，梁两侧立杆至梁中心线距离均为 1200mm，梁底增加立杆 4 根，按梁两侧立杆间距均分，如图 4-8 所示。梁底增加立杆至梁底左侧立杆距离依次为 480mm、960mm、1440mm、1920mm，梁支架与满堂支架纵横连接贯通，其架顶标高用顶托进行校正。

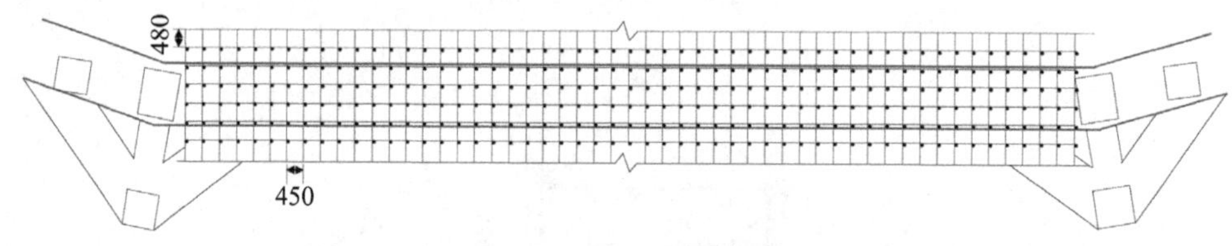


图 4-8 立杆平面布置图

2）水平大横杆

最底层设置离地距离不大于 200mm 的横杆，起扫地杆作用，中间大横杆步距为 1100mm，顶层水平杆距板底或梁底不得超过 500mm，纵横双向拉通设置，且与梁底立撑杆件连接拉通。

3）梁底小梁

① 小梁设置

梁底小梁平行梁跨方向，小梁为 40mm×70mm 方木，根数为 15 根，根据梁底宽度均匀排布，最大悬挑长度 200mm，如图 4-9 所示。小梁弹性模量为 8415N/mm$^2$，抗剪强度设计值为 1.633N/mm$^2$，抗弯强度设计值为 15.444N/mm$^2$，截面抵抗矩为 32.667cm$^3$，截面惯性矩为 114.333cm$^4$。

图 4-9　梁底小梁、主梁示意图

② 小梁验算

小梁的计算方式为三等跨连续梁，计算简图如图 4-10、图 4-11 所示。

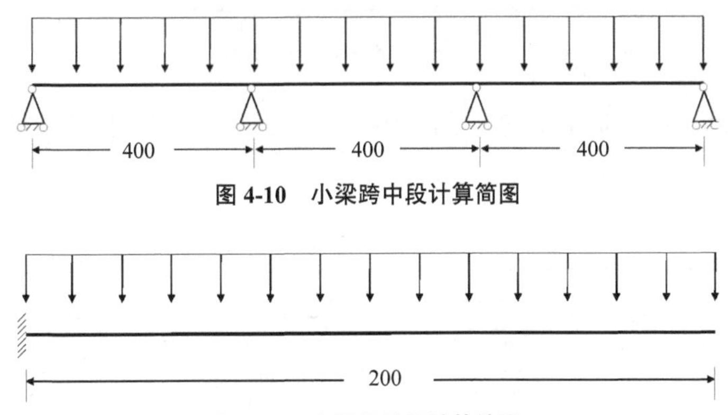


图 4-10　小梁跨中段计算简图

200

图 4-11　小梁悬挑段计算简图

主要验算内容包括小梁的抗弯强度、抗剪强度、挠度及最大支座反力，结论见表 4-2。

计算结果　表 4-2

| 内容 | | 验算值 | 设计值 | 结论 |
|---|---|---|---|---|
| 抗弯强度（$N/mm^2$） | | 6.195 | 15.444 | 满足要求 |
| 抗剪强度（$N/mm^2$） | | 1.301 | 1.633 | 满足要求 |
| 挠度（mm） | $\gamma_1$ | 0.141 | 1 | 满足要求 |
| | $\gamma_2$ | 0.163 | 0.5 | 满足要求 |

支座反力：

承载能力极限状态下 $R_{下挂\max}=4.452kN$

正常使用极限状态下 $R_{下挂\max}=3.441kN$

综上所述，小梁强度验算满足要求。

4）主梁（钢管）

① 主梁设置

主梁采用 $\phi48\times2.8$ 双钢管，间距为 600mm，并在每纵距内增加一根附加梁底主梁支撑，与梁底部支撑立杆节点连接固定。主梁弹性模量为 206000N/mm$^2$，抗弯强度设计值为 205N/mm$^2$，抗剪强度设计值为 120N/mm$^2$，截面惯性矩为 10.19cm$^4$，截面抵抗矩为 4.25cm$^3$。

② 主梁验算

因主梁两根合并，验算时主梁受力不均匀系数为 0.6，计算简图如图 4-12 所示。

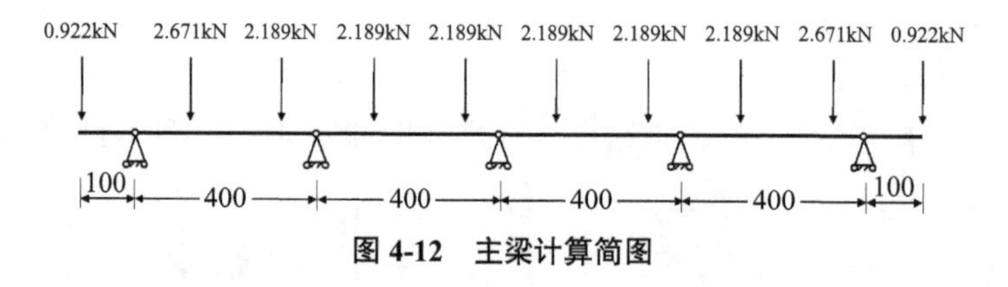


图 4-12　主梁计算简图

主要验算内容包括主梁的承载能力、最大支座反力以及抗弯验算、抗剪验算和挠度验算，验算结果见表 4-3。

主梁验算结果　表 4-3

| 内容 | 验算值 | 设计值 | 结论 |
|---|---|---|---|
| 抗弯强度（N/mm$^2$） | 46.506 | 205 | 满足要求 |
| 抗剪强度（N/mm$^2$） | 12.93 | 120 | 满足要求 |
| 挠度（mm） | 0.127 | 1 | 满足要求 |

承载能力计算值见表 4-4。

承载能力计算值　表 4-4

| 状态 | $R_1$ | $R_2$ | $R_3$ | $R_4$ | $R_5$ | $R_6$ | $R_7$ | $R_8$ | $R_9$ | $R_{10}$ |
|---|---|---|---|---|---|---|---|---|---|---|
| 承载能力极限状态（kN） | 0.922 | 2.671 | 2.189 | 2.189 | 2.189 | 2.189 | 2.189 | 2.189 | 2.671 | 0.922 |
| 正常使用极限状态（kN） | 0.71 | 2.065 | 1.676 | 1.676 | 1.676 | 1.676 | 1.676 | 1.676 | 2.065 | 0.71 |

最大支座反力：$R_{下挂\max} = 8.146\text{kN}$

综上所述，主梁强度验算满足要求。

5）模板

① 模板设置

模板采用 15mm 厚覆面木胶合板，抗弯强度设计值为 15N/mm$^2$，抗剪强度设计值为 1.5N/mm²，弹性模量为 10000N/mm²。

② 面板验算

主要验算内容包括抗弯验算和挠度验算以及最大支座反力，计算简图如图 4-13 所示。

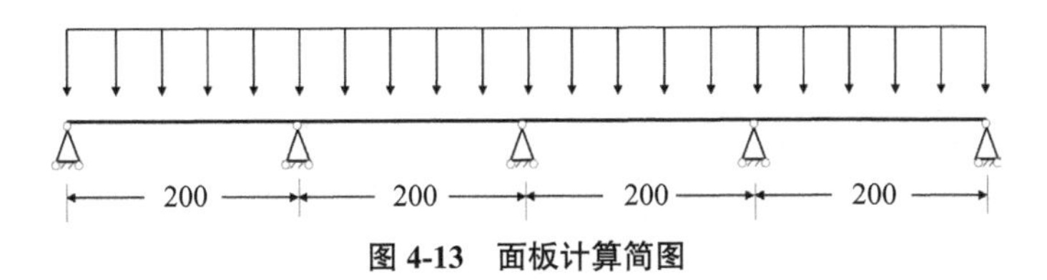


图 4-13 面板计算简图

计算结果见表 4-5。

面板验算结果 表 4-5

| 内容 | 验算值 | 设计值 | 结论 |
| --- | --- | --- | --- |
| 抗弯验算（N/mm²） | 5.07 | 15 | 满足要求 |
| 挠度验算（mm） | 0.123 | 0.5 | 满足要求 |

最大支座反力计算：

承载能力极限状态下 $R_{下挂\ max} = 10.119\text{kN}$

正常使用极限状态下 $R_{下挂\ max} = 7.821\text{kN}$

综上所述，面板验算满足设计要求。

6）对拉螺栓

对拉螺栓类型为 M16，水平间距 400mm，轴向拉力设计值为 24.5kN。

对拉螺栓的验算：对拉螺栓的直径为 16mm，有效直径 $d_e$ 为 13.8mm，抗拉强度设计值 $f$ 取 170N/mm²，计算可得螺栓承载力设计值为 25.41kN，有对拉螺栓部位的侧模主梁最大支座反力为 8.146kN，小于对拉螺栓的承载力设计值。综上所述，对拉螺栓强度验算满足要求。

（3）构造设置

1）模板支架可调托座伸出顶层水平杆的悬臂长度不超过 500mm，且丝杆外露长度严禁超过 300mm，可调托座插入立杆长度不得小于 150mm，如图 4-14 所示。

2）设置在坡面的立杆底部应有可靠的固定措施。

3）抱柱：竖向结构（柱）混凝土浇筑完成，待混凝土达到一定强度后拆除柱模板，用抱柱的方式（如连墙件），架体沿高度方向每步用 $\phi$48 钢管进行抱柱。抱柱钢管伸入每边不少于两跨，将架体与混凝土结构拉结成整体，并扣紧、锁牢，以提高整体稳定性和抵抗侧向变形的能力。

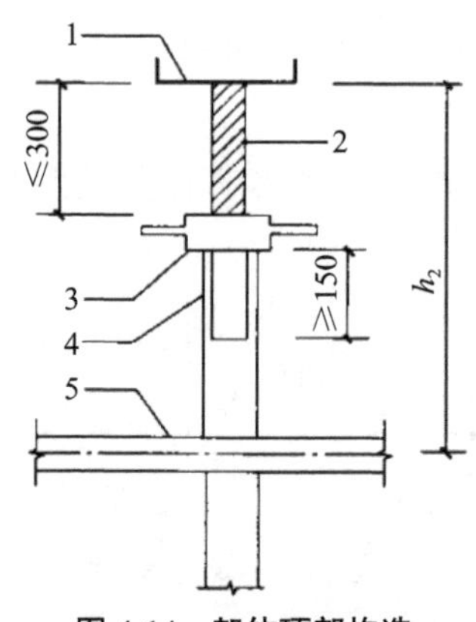


**图 4-14　架体顶部构造**

1—可调托座；2—螺杆；3—调节螺母；4—立杆；5—水平杆

4）竖向剪刀撑：环向连梁在跨度方向架体四周及内部纵横向每间隔 6 跨由底至顶设置连续竖向剪刀撑，设置剪刀撑角度约为 50º，如图 4-15 所示。剪刀撑必须与两侧受力立杆连接，确保架体的整体稳定性。

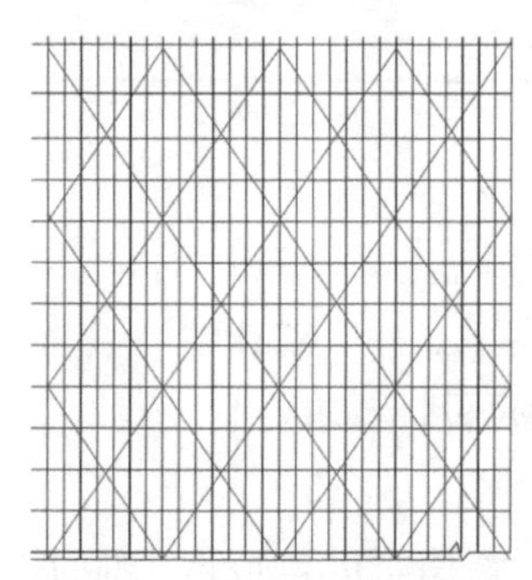

**图 4-15　竖向剪刀撑布置图**

5）水平剪刀撑：环向连梁扫地杆的设置层在第一步，每隔 2 步设置连续水平剪刀撑，如图 4-16 所示。

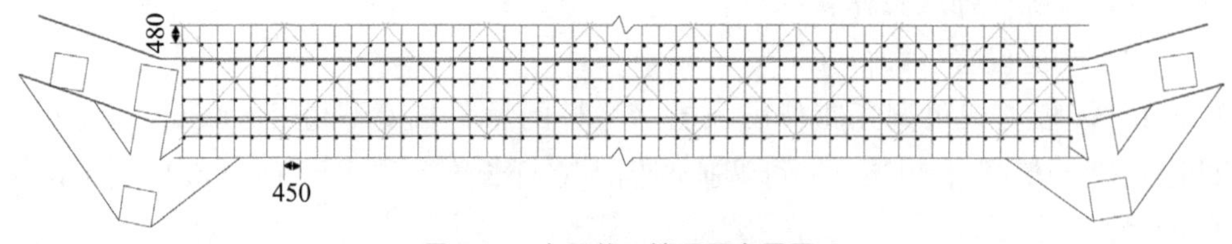


**图 4-16　水平剪刀撑平面布置图**

**6. 支撑体系的验收**

（1）荷载

1）脚手架的实际荷载不得超过施工专项方案设计规定，使用满堂脚手架施工层不得超过 1 层；

2）当满堂脚手架局部承受集中荷载时，应按实际荷载计算并应局部加固地基与基础；

3）底座或垫板底面积符合专项方案要求，且底座底面积不小于 0.10m$^2$。

（2）高宽比

满堂脚手架的高宽比不宜大于 3，当高宽比大于 2 时，应在架体的外侧四周、内部水平间隔 6m 和竖向间隔 3m 设置连墙件与建筑结构拉结，当无法设置连墙件时，应采取设置钢丝绳张拉固定等措施。

（3）剪刀撑

1）满堂脚手架应在架体外侧四周及内部纵、横向每 3m 由底至顶设置连续竖向剪刀撑；

2）当架体搭设高度在 8m 及以上时，应在架体底部、顶部及竖向间隔不超过 8m 分别设置连续水平剪刀撑，水平剪刀撑宜在竖向剪刀撑斜杆相交平面设置，剪刀撑宽度应为 6m；

3）剪刀撑应用竖向旋转构件固定在与之相交的水平杆或立杆上，旋转扣件中心线至主节点的距离不宜大于 150mm；

4）剪刀撑斜杆的接长应采用搭接或对接，搭接长度不应小于 1m，并采用不少于 2 个旋转扣件固定，端部扣件盖板的边缘至杆端距离不小于 1100mm。

（4）连墙件的设置

1）偏离主节点不得大于 300mm，水平连接或向脚手架一端下斜连接；

2）底层第一步纵向水平杆处开始设置；

3）最少跨数为 2、3 跨的满堂脚手架，按专项施工方案规定设置连墙件。

（5）水平杆设置、连接

1）水平杆长度不小于 3 跨，接长宜采用对接扣件连接，也可采用搭接；

2）两根相邻水平杆的接头不应设置在同步或同跨内；相邻接头在水平方向错开的距离不应小于 500mm；各接头中心至最近主节点的距离不应大于纵距的 1/3，搭接长度不应小于 1m，应等间距设置 3 个旋转扣件固定；端部扣件盖板边缘至搭接纵向水平杆杆端的距离不应小于 100mm。

（6）立杆

1）纵向扫地杆应用直角扣件固定在距钢管底端不大于 200mm 处的立杆上，横向扫地杆固定在紧靠纵向扫地杆下方的立杆上；

2）脚手架立杆基础不在同一高度上时，必须将高处的纵向扫地杆向低处延长两跨与立杆固定，高低差不应大于 1m，靠边坡上方的立杆轴线到边坡的距离不应小于 500mm；

3）立杆接长接头必须采用对接扣件连接；

4）立杆的对接扣件应交错布置，两根相邻立杆的接头不应设置在同步内，同步内隔一根立杆的两个相隔接头在高度方向错开的距离不宜小于 500mm，各接头中心至主节点的距离不宜大于步距的 1/3；

5）立杆伸出顶层水平杆中心线至支撑点的长度不应超过 0.5m；

6）满堂支撑架的可调底座、可调托撑螺杆伸出长度不宜超过 300mm，插入立杆内的长度不得小于 150mm。

（7）脚手板铺设

1）满堂脚手架操作层支撑脚手板的水平杆间距不应大于 1/2 跨距；

2）作业层脚手板应铺满、铺稳、铺实，离墙面的距离不应大于 150mm；

3）冲压钢脚手板应设置在三根横向水平杆上，当脚手板长度小于 2m 时，可采用两根横向水平杆支撑，但应将脚手板两端与横向水平杆可靠固定，严防倾翻；

4）脚手板对接平铺时，接头处应设两根水平杆，脚手板外伸长度应取 130～150mm，两块脚手板外伸长度的和不应大于 300mm；

5）脚手板搭接铺设时，接头应支在水平杆上，搭接长度不应小于 200mm，其伸出水平杆的长度不应小于 100mm。

（8）防护栏杆与安全网封闭

1）栏杆和挡脚板均应搭设在外立杆的内侧；

2）上栏杆上皮高度应为 1.2m，中栏杆应居中设置，顶层上栏杆上皮高度宜为 1.5m；

3）挡脚板高度不应小于 0.18m；

4）脚手板应铺设牢靠、严实，并应用安全网双层兜底，施工层以下每隔 10m 应用安全网封闭。

（9）搭设允许偏差

1）步距、横距：±20mm；

2）纵距：±20mm；

3）一根纵向水平杆两端：±50mm；

4）同跨内两根纵向水平杆高差：±10mm；

5）立杆垂直度：2‰～3‰ 立杆高度。

本工程高支模搭设效果如图 4-17 所示。

**7. 支撑架的拆除**

（1）大梁的模板必须确保混凝土 28d 强度完全满足后方可拆除。模板拆除根据现场同条件的试块强度，由技术人员发放拆模通知书后，方可拆模。

（2）脚手架拆除前应派专人检查脚手架上的材料、杂物是否清理干净，必须划出安全区，并设置警示标志，派专人进行警戒，架体拆除时下方不得有其他人员作业。

图 4-17　架体搭设后总体效果

（3）拆除大跨度梁下支撑时，应先从跨中开始，分别向两端拆除。无特殊要求的模板拆除应先支后拆、后支先拆。从顶层开始，逐层向下进行，严禁上下同时拆除，严禁抛掷。

（4）模板拆除吊至存放地点时，模板保持平放，然后用铲刀进行清理。支模前涂刷隔离剂，模板有损坏的地方及时进行修理，以保证使用质量。

（5）模板拆除后，及时进行板面清理，涂刷隔离剂，防止粘结灰浆。

（6）模板拆除必须专人看守，提前将架体与主体结构构件拉结牢靠，严防架体突然失稳导致整体坍塌，造成安全事故。脚手架拆除时，拆除的每根杆件都用安全绳和安全钩放置地面，禁止抛掷。在每个步距内要先拆除斜向剪刀撑，其次是横杆，最后将立杆拆除，以此类推。

### 4.1.4　模板安装

**1. 主控项目**

安装现浇结构的上层模板及其支架时，下层模板应具有承受上层荷载的承载能力，或加设支架。上、下层支架的立柱应对准，并铺设垫板。在涂刷模板隔离剂时，不得污染钢筋和混凝土接槎处。

**2. 一般项目**

模板安装应满足下列要求：

（1）模板的接缝不应漏浆；在浇筑混凝土前，木模板应浇水湿润，但模板内不应有积水。

（2）模板与混凝土的接触面应清理干净并涂刷隔离剂，但不得采用影响结构性能或妨碍装饰工程施工的隔离剂。

（3）浇筑混凝土前，模板内的杂物应清理干净。

（4）用作模板支撑的地坪应平整光洁，不得产生影响构件质量的下沉、裂缝、起砂或起鼓；

（5）对跨度不小于 4m 的现浇钢筋混凝土梁、板，其模板应按设计要求起拱。当设计无具体要求时，起拱高度宜为跨度的 1/1000～3/1000。

（6）固定在模板上的预埋件、预留孔和预留洞均不得遗漏，且应安装牢固。模板安装过程如图 4-18 所示。

**图 4-18　模板安装示意图**

**3. 实测允许偏差项目**

现浇结构模板安装的允许偏差：轴线位置为 5mm；底模上表面标高为 ±5mm；柱、梁截面内部尺寸为＋ 4mm、−5mm；层高垂直度（大于 5m）为 8mm；相邻两板表面高低差为 2mm；表面平整度为 5mm。

预埋件和预留孔洞的允许偏差：预埋管、预留孔中心线位置为 3mm；插筋中心线位置为 5mm；插筋外露长度为＋10mm；预留洞中心线位置为 10mm；预留洞尺寸为＋10mm。

**4. 模板支撑**

高大模板支撑系统应在搭设完成后，由项目负责人组织验收，验收人员应包括施工单位和项目两级技术人员，项目安全、质量、施工人员，监理单位的总监和专业监理工程师。验收合格经施工单位项目负责人、项目技术负责人及项目总监理工程师签字后，方可进入后续工序的施工。

模板支架验收应根据专项施工方案，检查现场实际搭设情况与方案的符合性。施工过程中检查项目应符合下列要求：

底座位置应正确，顶托螺杆伸出长度应符合规定；

立柱的规格尺寸和垂直度应符合要求，不得出现偏心荷载；

扫地杆、纵横向水平拉杆、剪刀撑等设置应符合规定，固定可靠；

安装后的扣件螺栓扭紧力矩应达到 40～65N・m；

安全网和各种安全防护设施符合要求。

### 4.1.5　连梁满堂架预压方案

**1. 预压目的**

（1）检测本工程高支模支撑体系的安全性及实际变形量；

（2）测量基础弹性沉降及支撑体系弹性压缩，为确定底模标高提供参考资料。

**2. 预压区域**

根据本工程现场施工情况，综合考虑选取T1-38与T1-41轴之间进行预压试验，该处跨度为26m，梁高按照1.6m计算，模架支撑体系基础在下层结构梁板上，如图4-19所示。

图4-19　高支模预压检测

**3. 观测点的布置**

支撑体系预压前，需在整个堆载区域布置变形监测点，同时在梁下支撑体系上、下各设置6个观测点，共计12个观测点。

**4. 预压加载顺序**

采用钢板加载，梁底模板施工完成，在项目管理人员检查验收合格后，开始进行预压。首先在梁底铺设一层同梁底宽2cm厚的钢板，然后进行分级加载，每次按预压荷载的60%、80%、100%、110%加载。每级加载完成后，应先停止下一级加载，并每隔3h对支撑体系沉降量进行一次监测，当支撑体系监测点3h的沉降量平均值小于2mm时，进行下一级的加载。

**5. 卸载**

卸载前必须对支撑体系情况进行一次全面观测，并仔细检查现场支撑体系下面的基础是否出现异常现象，检查钢管支撑体系本身有无变形等异常情况，检查底模下的方木钢管等的压缩情况是否正常。全部检查结束后，未发现异常情况时方能做下一道工序的准备工作。预压荷载采用对称、均衡、同步一次性卸载。

## 4.2 大截面叠合梁混凝土浇筑施工技术

### 4.2.1 工程体系综述

**1. 工程概况**

榆林市体育中心（体育场）项目位于榆林市西南新区中部，坐落在榆阳区与横山区交界处。北侧榆横六路、西侧怀远十三街、东侧怀远九街、南侧榆横八路。榆林市体育中心（体育场）主体结构为钢筋混凝土框架结构，屋盖为钢桁架结构。内部设置有1600mm×3000mm的环向梁，梁顶最高标高为35.0m，总长为677.55m，作为钢结构上部桁架下弦的支座。环向梁设置18个膨胀后浇带、4个伸缩缝，由后浇带将环向连梁分割为20个施工段，梁净跨长度最大为26m，混凝土设计强度等级为C40。根据《大体积混凝土温度测控技术规范》GB/T 51028—2015，大体积混凝土的定义为："混凝土结构物实体最小尺寸不小于1m的大体量混凝土，或预计会因混凝土中胶凝材料水化引起的温度变化和收缩而导致有害裂缝产生的混凝土。"故本环梁工程属于大体积混凝土。

**2. 施工重难点**

（1）环向梁施工综合性高

该环向连梁梁顶最高标高为35.0m，梁下支设高支模满堂脚手架。施工浇筑混凝土时体量大，对混凝土浇筑质量进行控制的同时考虑下部架体受力情况。该环向梁所有梁顶不等高，对浇筑前模板的支设以及标高的控制要求较高，同时该工程的环向梁施工属于高空作业，安全风险较大。

（2）大体积混凝土温差控制

大体积混凝土施工中要求控制混凝土表里温差，《大体积混凝土温度测控技术规范》GB/T 51028—2015中规定，通常情况下，当厚度小于1.5m时，混凝土表里温差不大于20℃；厚度在1.5～2.5m，混凝土表里温差不大于30℃；厚度超过2.5m，表里温差梯度应小于15℃/m。本工程的环向梁混凝土体量大，应严格控制内外温差，防止出现温度裂缝，影响结构使用。

（3）混凝土整体性要求高

在环梁浇筑养护过程中，可能会产生温度裂缝、收缩裂缝等，为防止贯穿性裂缝产生，同时尽量减少浅层裂缝出现，同一施工段内混凝土一次浇筑完成，保证环梁具有良好的整体性。

### 4.2.2　浇筑方案及大体积混凝土质量控制

根据原设计方案，环向梁高为3.0m，宽为1.6m，若是将3m梁一次性整浇，由于梁身混凝土的自重较大，可能会造成架体失稳，引发安全事故。同时，由于混凝土截面面积大，无法较好地控制内外温差，使混凝土产生温度裂缝。因此，将3m高大截面梁按照叠合梁的施工工艺进行施工，第一次浇筑至梁高的1.6m处，待强度达到75%时，再进行上层1.4m混凝土的浇筑，如图4-20所示。

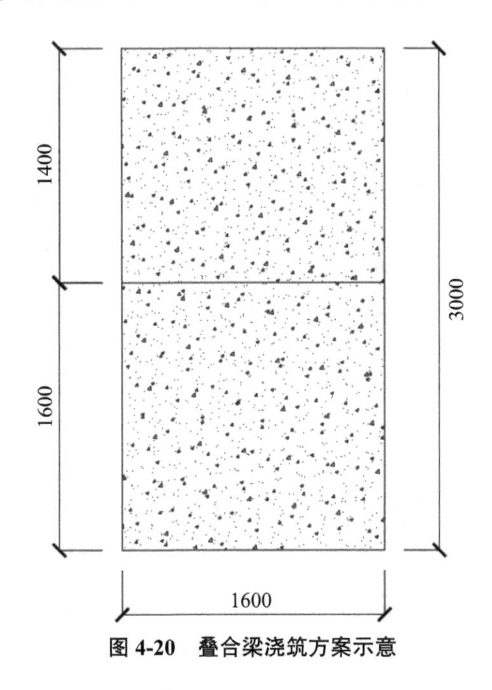


图4-20　叠合梁浇筑方案示意

大体积混凝土与普通混凝土相比，具有结构厚、体形大、钢筋密、工程条件复杂和施工技术要求高的特点，除了必须满足普通强度、刚度、整体性和耐久性等要求外，主要就是如何控制温度变形裂缝的发生和发展。

影响大体积混凝土温度场的因素有很多，其中最主要的有如下因素：

（1）水泥水化热。水泥水化热是混凝土温升的根本原因，因此定量分析水泥水化热对混凝土温度影响非常重要。

（2）热学性能。混凝土本身的热学性能对混凝土水化热的散发和传导有直接影响。

（3）浇筑温度。浇筑温度直接影响到内部最高温度，因此控制浇筑温度至关重要。

（4）水管冷却。水管冷却是重要的温控措施，通过改变水管的参数可以改变控温效果。

（5）环境温度。外界气温对大体积混凝土的温度构成有一定的影响。

**1. 叠合梁受力性能分析**

对于叠合梁，由于施工过程的两阶段性，叠合梁在受力性能上有别于一般整浇梁。由于预制构件受力情况和叠合截面高度比的不同，先浇筑截面的应力图形大体上可以分为两种：中和轴在叠合截面以上和中和轴在叠合截面以下，如图 4-21 所示。

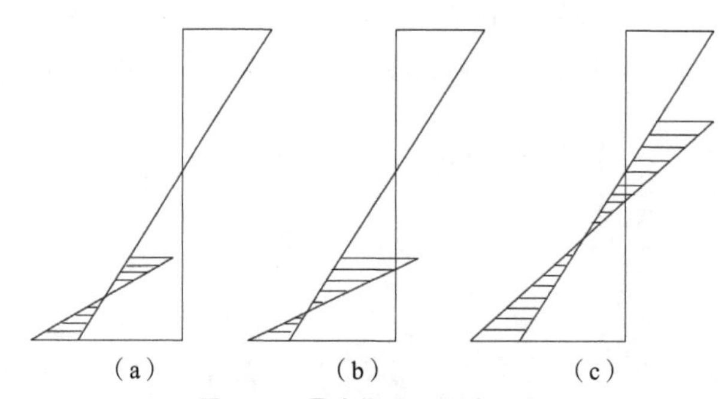


**图 4-21 叠合梁混凝土应力图**

（阴影部分为现浇截面应变图形）

图 4-21 中，（a）和（b）为叠合面位于中和轴以下，这种情况产生于先浇筑截面的截面高度较小时，此时整个梁截面存在两个中和轴，先浇截面的受压图形对叠合截面受拉图形有影响。（c）为叠合面位于中和轴以上，这种情况出现在先浇筑截面的截面高度相对较大时，先浇截面部分受压区处于叠合截面受压区内，这时先浇截面对截面的中和轴存在一定影响。

（1）叠合梁纵向受拉钢筋的“应力超前”现象

由材料力学知，梁中钢筋的应力可按下式计算：

$$\sigma_s = \frac{M}{A_s\left(h_0 - \frac{x}{2}\right)}$$

式中 $\sigma_s$——钢筋应力（$N/mm^2$）；

$M$——截面弯矩（N • m）；

$A_s$——钢筋配筋面积（$mm^2$）；

$h_0$——截面有效高度（mm）；

$x$——混凝土受压区高度（mm）。

从式中可以看出：当叠合梁在受弯的情况下先浇截面高度不变时，叠合梁的纵向受拉钢筋应力将随着第一阶段作用荷载的增加而增大，因现浇截面的极限承载力不变，也即叠合梁受弯时纵向受拉钢筋应力将随着第一阶段荷载作用跨中弯矩 $M$ 的增加而增大。另一方面，在第一阶段相同的荷载作用下，由于叠合梁的先浇截面高度小于整浇梁的截面高度，使截面有效高度减小，其纵向受拉钢筋应力大于整浇梁纵向钢筋的应力。尽管在第二阶段荷载作用时，叠合梁的纵向受拉钢筋应力增值比同等荷载作用下整浇梁的纵向受拉钢筋应力增值为小，但是两次荷载作用下叠合梁纵向受拉钢筋应力仍大于整浇梁的钢筋应力。

（2）后浇混凝土受压的“应变滞后”现象

由于作用在叠合梁上的第一阶段荷载由先浇梁所承担，后浇层受压区混凝土仅承受第二阶段荷载在叠合截面上产生的压应力，混凝土的压应变将小于承受全部荷载的整浇梁混凝土受压应变。叠合梁后浇层混凝土受压应变滞后的存在使得叠合截面纵向受拉钢筋承受更大的荷载成为可能。

（3）叠合面处理

混凝土叠合梁先浇筑部分混凝土与叠合部分混凝土实现共同整体工作的基础是先浇截面与后浇截面交界处的叠合面混凝土的粘结性能，叠合面的抗剪强度是保证两个截面共同工作的关键。在工程实践中，一般采用人工叠合面、自然粗糙面、光滑叠合面、胶结叠合面、叠合面植筋五种方式来处理。在本工程中，由于在下部先浇梁施工前已绑扎好梁钢筋且梁钢筋全长加密，采用其他几种粗糙面处理方式不简便，所以使用自然粗糙面。自然粗糙面指的是在混凝土施工振捣后不加抹平自然形成的凹凸不平的叠合面和人工划痕叠合面。这种叠合面的水平抗剪程度小于人工叠合面，但是施工方便，抗剪强度也能满足设计要求，故目前大多数叠合梁施工采用这种自然粗糙面，并且一般规定粗糙面凹凸深度应大于6mm。当叠合面的粗糙凹凸深度小于6mm时，可采用钢筋压痕的方式增加截面的粗糙程度。

（4）叠合梁使用优势

从受力性能上看，相对全预制装配式结构而言，采用叠合构件的结构可以提高结构的整体刚度和抗震性能。混凝土叠合结构的二次受力特点减少了连接结构支座截面的负弯矩，从而减少了相应的钢筋用量。

研究结果表明，混凝土结构工程中采用叠合结构可取得十分显著的经济效益。当叠合梁采用高强度钢筋时，钢筋用量可大大降低，节省钢材50%左右，降低工程总造价。

从混凝土结构整体性能上看，相对于一次整浇，叠合构件可以降低构件内混凝土浇筑时产生的水化热温差，便于控制温度裂缝的产生，提高了构件的安全性能与整体性。

本工程的大截面环向叠合梁施工如图4-22所示。

**2. 原材料控制**

（1）水泥

考虑普通水泥水化热较高，特别是应用到大体积混凝土中，大量水泥水化热不易散发，在混凝土内部温度过高，与混凝土表面产生较大的温度差，使混凝土内部产生压应力、表面产生拉应力。当表面拉应力超过早期混凝土抗拉强度时就会产生温度裂缝，因此确定采用水化热比较低的矿渣硅酸盐水泥，标号为525R，通过掺入合适的外加剂可以改善混凝土的性能。商品混凝土站在水泥进场时应对水泥的品种、强度等级、包装或散装号、出场日期等进行检查，并对其强度、安定性、凝结时间、水化热等性能指标进行复验。

图 4-22 航拍环向叠合梁施工

（2）粗骨料

采用碎石，粒径5～25mm，含泥量不大于1%。选用粒径较大、级配良好的石子配制的混凝土，和易性较好，抗压强度较高，同时可以减少用水量及水泥用量，从而使水泥水化热减少，降低混凝土温升。

（3）细骨料

采用中砂，平均粒径大于0.5mm，含泥量不大于5%。选用平均粒径较大的中、粗砂拌制的混凝土比采用细砂拌制的混凝土可减少用水量10%左右，同时相应减少水泥用量，使水泥水化热减少，降低混凝土温升，并可减少混凝土收缩。

（4）粉煤灰

由于混凝土的浇筑方式为泵送，为了改善混凝土的和易性便于泵送，考虑掺加适量的粉煤灰。按照规范要求，采用矿渣硅酸盐水泥拌制大体积粉煤灰混凝土时，其粉煤灰取代水泥的最大限量为25%。粉煤灰对水化热、改善混凝土和易性有利，但掺加粉煤灰的混凝土早期极限抗拉值均有所降低，对混凝土抗渗抗裂不利，因此粉煤灰的掺量控制在10%以内，采用外掺法，即不减少配合比中的水泥用量。

（5）外加剂

每立方米混凝土加入2kg减水剂可降低水化热峰值，对混凝土收缩有补偿功能，可提高混凝土的抗裂性。

（6）配合比设计

根据《普通混凝土配合比设计规程》JGJ 55—2011 和《混凝土强度检验评定标准》GB/T 50107—2010 中的要求，本工程混凝土采用 60d 龄期强度进行评定。根据设计要求，混凝土强度等级为 C40，最大水灰比为 0.45，胶凝材料应大于 320kg/m$^3$，掺用 SP010（缓凝型）聚羧酸系外加剂（掺加胶凝材料的 1.05%）减少拌合水。经试配后确定基准水灰比为 0.33，设计坍落度为 160～200mm，砂率为 0.36，其初凝时间为 6～8h，终凝时间为 9～11h。大体积环向梁要求具有良好的抗渗性，因此要严格控制砂子、石子中的含泥量，在混凝土配合比设计中要加入优质的泵送减水剂，提高混凝土的密实度，同时掺入膨胀剂，以补偿混凝土的收缩。

**3. 施工工艺控制**

本工程中，由于该混凝土环向梁属重荷模板，采取先浇筑柱、再浇筑梁的施工顺序。混凝土环向梁的浇筑属于高空作业，采用泵送方式浇筑能够保证混凝土质量，尤其适用于坍落度较大的混凝土。同时，泵送能使施工更加安全、快捷，也节约施工成本，其施工流程如图 4-23 所示。

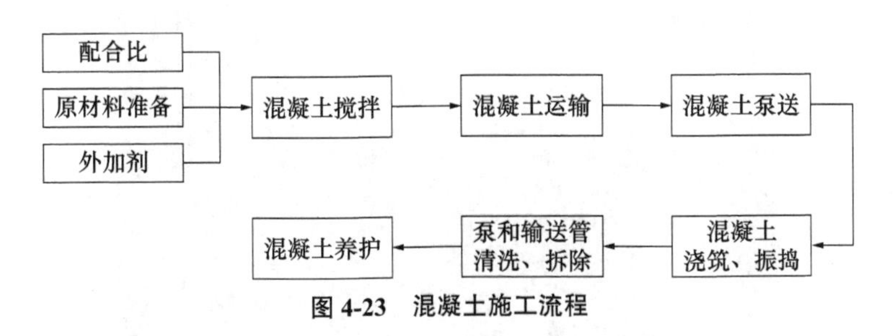


图 4-23 混凝土施工流程

（1）在泵车开始压送混凝土时速度宜慢，待混凝土送出管子端部时速度可逐渐加快，并转入用正常速度进行泵送。压送要连续进行不应停顿，遇到运转不正常时，可放慢泵送速度。如混凝土供应不及时，应降低泵送速度。泵送暂时中断供料时，应每隔 5～10min 利用泵机进行抽吸，往复推动 2～3 次，以防堵管。因故间歇 30min 以上时，应排净管内存留的混凝土以防堵塞。

（2）泵送混凝土浇筑入模时，要将端部软管均匀移动，使每层布料厚度控制在 400mm 以内，不应成堆浇筑，以防混凝土堆积，增加压送阻力而引起爆管。当混凝土浇到最后阶段时，对泵车采取“分段停泵”的办法。

（3）对环向梁混凝土采取分层从中间向两边对称浇筑的方式，每层厚度不大于 400mm。混凝土分层铺设后应随即用振动棒振捣密实，1 台泵车应配备 3 台振动棒（其中 1 台备用）。使用 50 型振动棒要快插慢拔，插点呈梅花形布置，按顺序进行，不得漏振，移动间距不大于振动棒作用半径的 1.5 倍，振捣上一层时插入下一层混凝土 50mm，以消除两层间的接缝。振捣时间以混凝土表面出现浮浆及不出现气泡、下沉为宜。

（4）混凝土由泵管内泄出时，其自由倾浇高度不得超过2m，混凝土浇筑时不得直接冲击模板。浇筑混凝土时应注意模板的位移，经常观察模板、支架、钢筋及预埋件和预留孔洞情况，当发生变形移位时立即停止浇筑，并在已浇筑的混凝土凝结前修整完好。

（5）泵送过程中应计算好混凝土需要量，泵送将结束时避免剩余混凝土过多。混凝土泵送完毕，进行混凝土泵布料杆及管路清洗。管道清理可采用空气压缩机推动清洗球清洗，先安好专用清洗管，再启动空压机渐渐加压。清洗过程中，应随时敲击输送管，了解混凝土是否接近排空。

（6）为保证施工质量，确保大体积混凝土的温度控制达到预期的效果，对混凝土进行保温保湿养护。本工程环向梁梁侧及梁底用棉毡加塑料布覆盖保温，梁顶根据测温情况采用塑料布加电热毯、加棉被覆盖进行保温。

混凝土施工全过程主要工艺如图4-24～图4-27所示。环向叠合梁施工效果如图4-28所示。

**图4-24 叠合梁后浇带浇筑**

**图4-25 下层混凝土回弹检测**

图 4-26　混凝土浇筑后保温

图 4-27　混凝土温度测量

图 4-28　环向叠合梁施工效果

### 4.2.3　混凝土温度监测技术

在大体积混凝土叠合梁浇筑过程中对混凝土的入模温度进行测量及控制，浇筑后的一段养护时间内对混凝土内部及表面温度进行跟踪监测，根据温度的变化状况及时采取适当的养护措施，对于防止因大体积混凝土内外温差过大产生温度应力而导致有害裂缝（深层、贯穿性裂缝）的产生有至关重要的意义。

**1. 测温仪器与测温方式**

（1）测温仪器

1）监控系统简介

本测试系统的温度信号从测点转换为数字信号，通过标准的 RS-485 串行通信线路无损传输到上位检测计算机中，上位机可实时显示、记录、打印所检测的温度数值及温度变化曲线等，从而实现远端随时监测大体积混凝土内部温度变化情况，确保大体积混凝土施工、养护工作的安全性和有效性。

该系统由温度采集回路、通信回路等组成。用一台微机监控、组织、协调各部分工作，完成大体积混凝土内外温度变化情况的自动化监控。监控程序操作简便，执行效率高，可很好地满足大体积混凝土内部温度变化监控要求。

2）监控结果表达方式

在计算机上可随时显示和打印所有监测点当时的温度，可自动记录并绘制出从测温开始到当时的温度变化曲线。

3）测温仪器及设置

测温仪器采用 J-01 型大体积混凝土温度监测仪，使用 DALLS 18B20 数字式温度计，该温度计适用于 −30～130℃，当温度范围处于 −20～85℃时，其精度能够达到 ±0.5℃。

在混凝土浇筑以前，将下端封闭的测温套管固定在测温点平面位置上，并在套管的不同高度放置测温元件。通过热电转换，数据采集及处理，在计算机上实时监控混凝土内部的温度变化。

（2）测温点布置

按照大体积混凝土叠合梁的浇筑前后顺序、不同混凝土厚度位置等共布置 23 个测温孔。各测温点在竖向测试 3 个深度处的温度，即混凝土表层温度（距混凝土表面 10cm 高度处的温度）、混凝土中心温度（即 1/2 高度处的温度）和混凝土底部温度（距混凝土底面 30cm 高度处的温度）。测温管的埋设方式如图 4-29 所示，测温点布置如图 4-30 所示。主要采取养护措施控制上述几个厚度处温度的差值，防止温差裂缝的产生。

（3）监测周期

混凝土内部温度变化比较缓慢，升温最快 4℃/h，降温更慢，平均 5℃/d。该系统的巡检周期为 30s，完全可以满足使用要求。

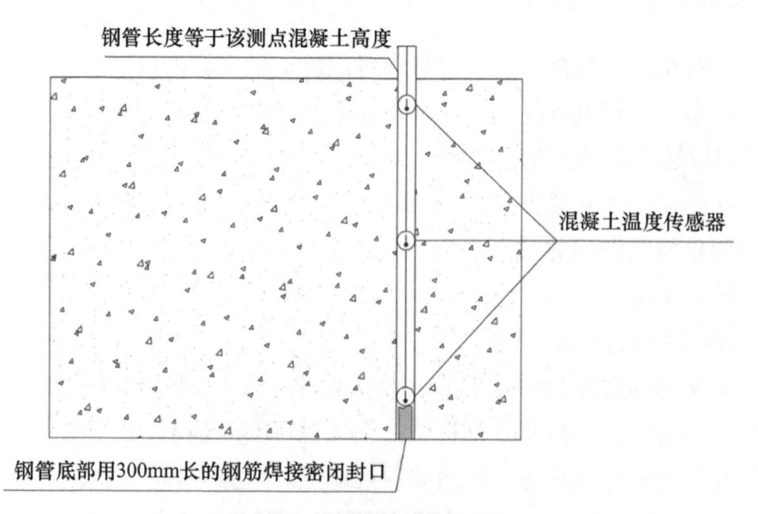


图 4-29　混凝土测温管示意图

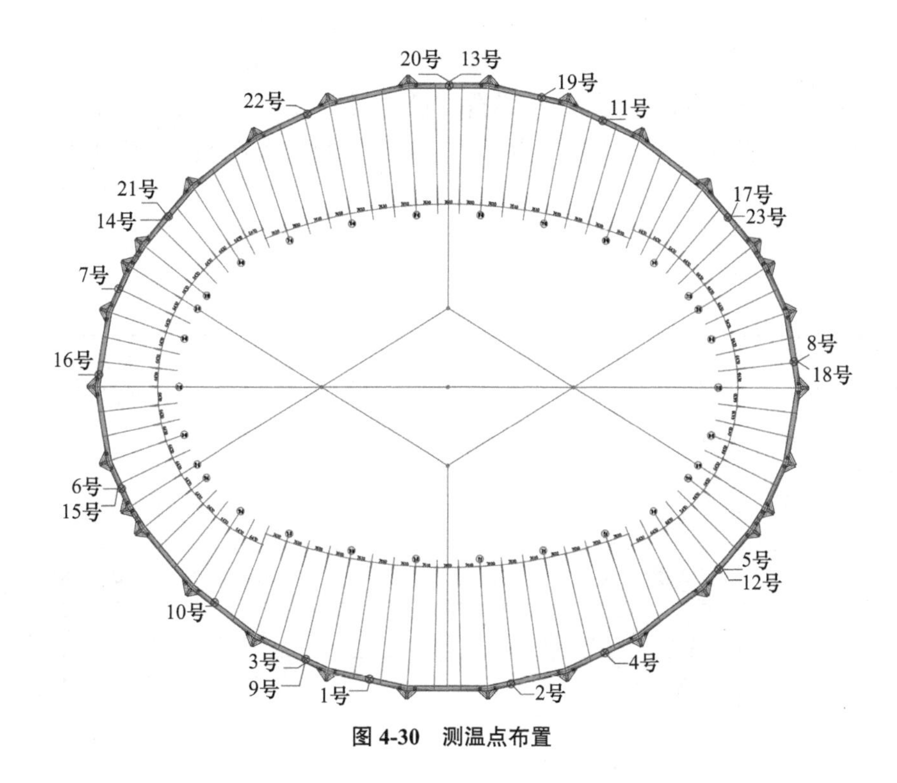


图 4-30　测温点布置

**2. 测温统筹方案**

实践经验表明，当在混凝土表面、侧面、底面采用适当的保温措施，使混凝土的内外保持安全的温差，混凝土内部的温差应力小于混凝土本身的极限拉伸强度，抗裂安全系数大于 1.15，混凝土不会产生温差裂缝。由于混凝土浇筑时内部水分蒸发较快，应在保温的同时加强混凝土的保湿，防止表层干缩裂缝的产生。

在大体积叠合梁混凝土浇筑过程中，按先后次序布置测温传感器，监测混凝土表里温度变化及环境温度的变化，根据系统反馈数据进行合理的保温、保湿的养护措施，经过 32d 的温度监测，大体积混凝土叠合梁的内部最高温度从 57.5℃降至 20℃左右，表面温度相应降至 12℃左右，已达到安全温度。混凝土浇筑时的温度参数如表 4-6 所示。

混凝土浇筑温度参数　　表 4-6

| 大体积叠合梁混凝土浇筑时间 | 方量（$m^3$） | 环境温度（℃） | 入模温度（℃） |
| --- | --- | --- | --- |
| 2019-12-03-16：30～12-28-16：30 | 2880 | −13.1～7.8 | 11.7～15.1 |

**3. 测温结果及分析**

测温数据如表 4-7 所示。大体积混凝土叠合梁内部最高温度为 57.5℃，混凝土里表最大温差为 20.4℃，符合《大体积混凝土温度测控技术规范》GB/T 51028—2015 规定。

根据测温结果提出养护措施，通过施工单位的有效实施，大体积混凝土叠合梁共经过 32d 的保温、保湿养护，确保了叠合梁中大体积混凝土均匀散热降温，使混凝土中心温度降至安全温度以下，起到了控制混凝土裂缝出现的作用，经表观检查大体积混凝土叠合梁未见有害裂缝。部分测温点的监测曲线如图 4-31 所示。

**测温数据** **表 4-7**

| 测温桩号 | 结构部位 | 厚度（m） | 内部最高温度（℃） | 最大温差（℃） |
|---|---|---|---|---|
| 1 号 | 叠合梁下层 | 1.6 | 46.6 | 18.1 |
| 2 号 | 叠合梁下层 | 1.6 | 48.6 | 15.5 |
| 3 号 | 叠合梁下层 | 1.6 | 45.1 | 19.3 |
| 4 号 | 叠合梁下层 | 1.6 | 47.1 | 18.1 |
| 5 号 | 叠合梁下层 | 1.7 | 57.2 | 20.2 |
| 6 号 | 叠合梁下层 | 1.7 | 50.8 | 14.5 |
| 7 号 | 叠合梁下层 | 1.6 | 44.9 | 12.2 |
| 8 号 | 叠合梁下层 | 1.7 | 55.0 | 19.6 |
| 9 号 | 叠合梁上层 | 1.4 | 53.3 | 13.7 |
| 10 号 | 叠合梁上层 | 1.4 | 45.9 | 11.1 |
| 11 号 | 叠合梁下层 | 1.7 | 40.3 | 13.4 |
| 12 号 | 叠合梁上层 | 1.3 | 47.3 | 10.3 |
| 13 号 | 叠合梁上层 | 1.7 | 47.2 | 15.5 |
| 14 号 | 叠合梁下层 | 1.7 | 46.6 | 13.7 |
| 15 号 | 叠合梁上层 | 1.3 | 52.1 | 14.1 |
| 16 号 | 叠合梁上层 | 1.4 | 50.0 | 13.4 |
| 17 号 | 叠合梁下层 | 1.7 | 50.2 | 20.4 |
| 18 号 | 叠合梁上层 | 1.3 | 47.7 | 10.4 |
| 19 号 | 叠合梁上层 | 1.3 | 50.7 | 12.5 |
| 20 号 | 叠合梁下层 | 1.3 | 48.7 | 12.9 |
| 21 号 | 叠合梁上层 | 1.3 | 57.5 | 15.4 |
| 22 号 | 叠合梁上层 | 1.3 | 50.6 | 11.8 |
| 23 号 | 叠合梁上层 | 1.3 | 57.2 | 11.9 |

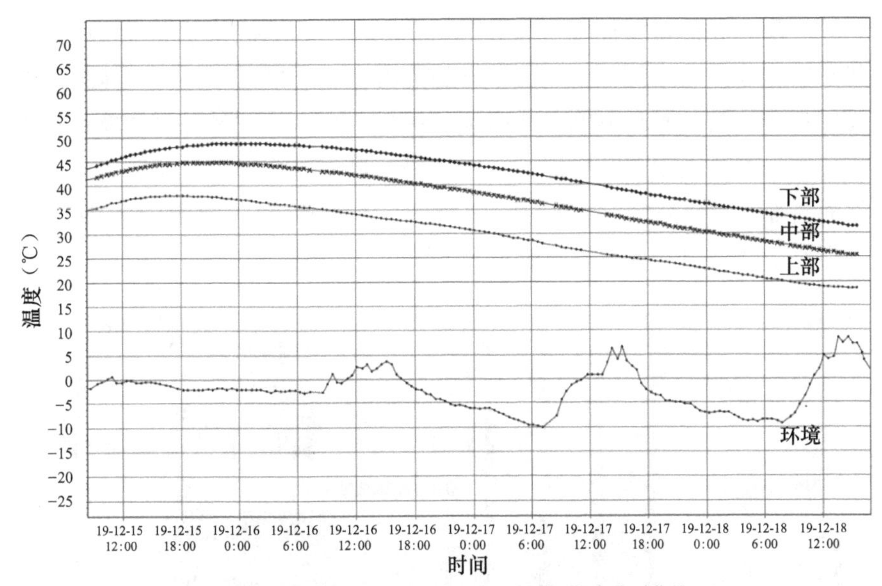


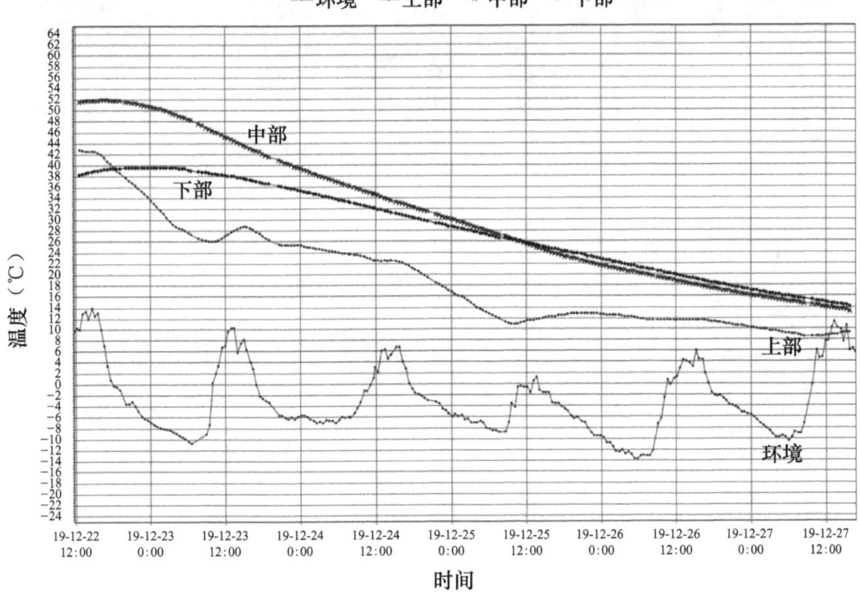


图 4-31　部分测温点监测曲线

## 4.3　现浇清水混凝土施工技术

### 4.3.1　清水混凝土

清水混凝土属于一次浇筑成型，不做任何外装饰，直接由结构主体混凝土本身的肌理、质感和精心设计施工的明缝、禅缝和对拉螺栓孔等组合而形成的一种自然状态装饰面。清水混凝土不同于普通混凝土，不剔凿修补、不抹灰，表面平整光滑、色泽均匀、棱角分明、无碰损和污染，减少了大量建筑垃圾，有利于保护环境。清水混凝土由于其特殊的装饰效果，目前广泛用于各高档建筑工程直接作为饰面，如联想研发中心、海南三亚机场、上海西岸龙美术馆等。图 4-32 为联想研发中心中清水混凝土的应用效果。

**图 4-32　清水混凝土在联想研发中心项目中的应用**

### 4.3.2　预制清水混凝土看台施工技术

**1. 概述**

榆林体育场看台分为高区区域和低区区域，预制混凝土构件为清水表面，分为看台板和踏步两类。本工程预制清水混凝土看台板共 2687 块，其中 U 形看台板 52 块，单体重量 0.87～7.67t；L 形看台板 2334 块，单体重量 0.64～3.46t；平板 297 块，单体重量 0.31～2.14t；T 形板 4 块，单体重量 3.15t。踏步 1564 块，单体重量 0.12～0.90t。

**2. 看台板制作工艺技术**

（1）工艺设计

看台采用预制清水混凝土施工工艺，预制看台构件分为高区、低区，主要类型有 U 形看台板、L 形看台板、平板、T 形板及踏步。

（2）工艺流程确定

根据看台板的结构形式和质量标准，结合紧张的工期情况，确定看台板的生产流程如图 4-33 所示。

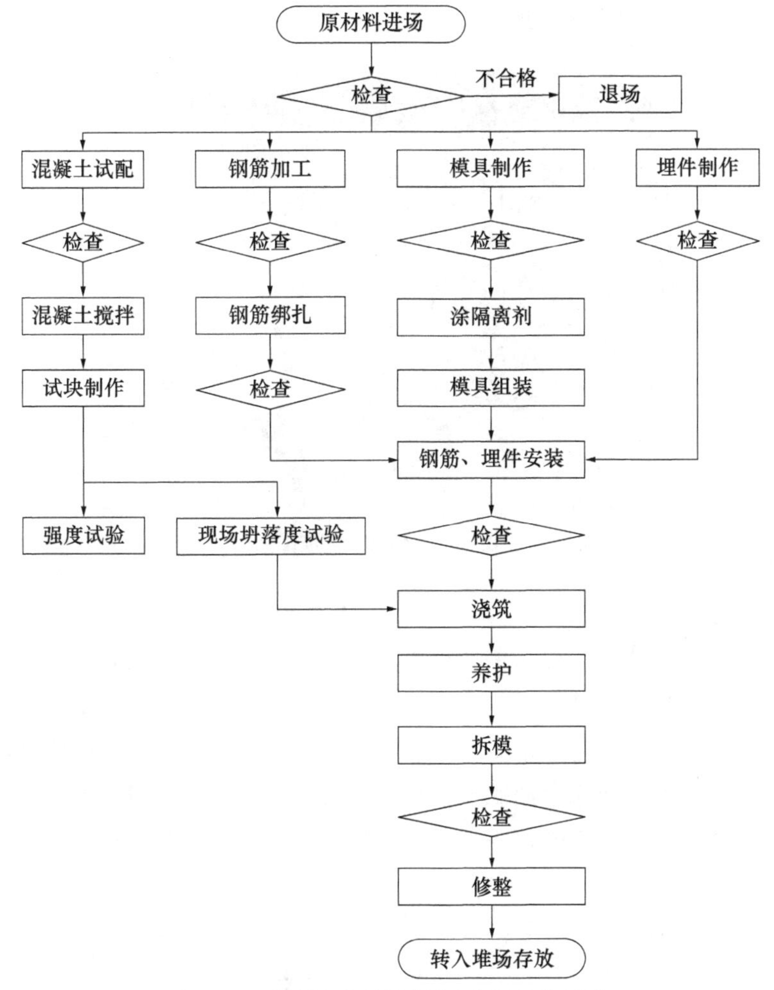


图 4-33　预制清水混凝土看台板制作流程图

### 3. 钢筋、预埋件加工与制作

（1）钢筋

1）钢筋进场前必须按照有关规定进行检查验收。

2）控制检查钢筋切断后的钢筋断口，要求平整不应有马蹄形和起弯现象，钢筋表面若有劈裂、夹芯、缩颈、明显损伤或弯头现象，必须切除。

3）所有构件吊环使用未经冷拉的 HPB300 热轧钢筋制作。

4）钢筋的绑扎顺序为：绑扎肋梁—面层绑扎—整体绑扎—专职检验合格—进入骨架存放区。

5）钢筋绑扎材料选用 20～22 号无锈绑扎钢丝，钢丝丝头不得朝外。

6）钢筋垫块采用塑料垫块，颜色与清水混凝土的颜色接近。

7）钢筋骨架成型时，在符合图纸要求的同时，严格保证其保护层厚度符合要求。

看台钢筋成品如图 4-34 所示。

图 4-34 看台钢筋成品

（2）预埋件

重点检查预埋件的外观和 T 形接头强度。外观检查时，从同一台班内完成的同一类型成品中抽查，数量不少于 5 件。T 形接头强度检验时，应以 300 件同类型产品为一批，一周内连续焊接时可以累计计算，一周内累计不足 300 件成品时，按一批计算，从每批成品中抽取 3 个试件进行拉伸试验。预埋件的允许偏差和外观质量应符合表 4-8 的规定。

允许偏差和质量要求 表 4-8

<table>
<tr><th>项次</th><th colspan="3">项目</th><th>允许偏差和质量要求</th></tr>
<tr><td>1</td><td colspan="3">规格尺寸</td><td>0，−5</td></tr>
<tr><td rowspan="2">2</td><td rowspan="2">表面平整（mm）</td><td rowspan="2">表面平整</td><td>$I \leqslant 200$</td><td>2</td></tr>
<tr><td>$I > 200$</td><td>3</td></tr>
<tr><td rowspan="2">3</td><td rowspan="2">锚固筋</td><td colspan="2">长度（mm）</td><td>+10，−5</td></tr>
<tr><td colspan="2">间距偏差（mm）</td><td>+10</td></tr>
<tr><td rowspan="4">4</td><td rowspan="4">埋弧压力焊接接头</td><td colspan="2">相对钢板的直角偏差（°）</td><td>≤ 4</td></tr>
<tr><td colspan="2">咬边深度（mm）</td><td>≤ 0.5</td></tr>
<tr><td colspan="2">与钳口接触处的表面烧伤</td><td>不明显</td></tr>
<tr><td colspan="2">钢板焊穿、凹陷</td><td>不应有</td></tr>
<tr><td rowspan="4">5</td><td rowspan="4">弧焊焊缝</td><td colspan="2">裂纹</td><td>不应有</td></tr>
<tr><td colspan="2">大于 1.5mm 的气孔（或残渣）</td><td>< 3 个</td></tr>
<tr><td rowspan="2">贴脚焊缝焊角的高和宽</td><td>HPB300</td><td>≥ $0.5d$</td></tr>
<tr><td>HRB335</td><td>≥ $0.6d$</td></tr>
</table>

注：表内 $d$ 为钢筋直径（mm），$I$ 为钢板短边长度（mm）。

**4. 高精度模板技术**

（1）构件模板体系设计遵循以下原则：

1）保证工程构件和构件各部分形状、尺寸及相互位置的正确。

2）要有足够的强度、刚度和稳定性，并能可靠地承受新浇筑混凝土的自重荷载和侧压力以及在施工中所产生的其他荷载。

3）构造简单，拆装方便，便于钢筋绑扎与安装，有利于混凝土浇筑及养护。

4）模板的接缝严密不漏浆。

（2）看台板模板体系设计：

1）模板是保证清水混凝土预制看台板加工尺寸偏差和外观质量符合要求的关键，为保证清水混凝土的装饰效果，在模板设计时按反打工艺的要求进行设计，即把板倒过来底面朝上放置。

2）安装后外露较多的构件，要尽量使预制看台板的大部分外露面与模板接触，只留置需要抹面的成型面，从而提高工作效率，最大限度地保证混凝土的外观效果。

3）模板结构设计时除要满足一般构件的刚度要求外，还要重点研究模板的侧模与底模、端模的连接和密封，接缝处不得漏水，从而保证预制构件制作的清水效果，同时要求模板安装时所有接缝粘贴 5mm 厚的双面胶条。

4）由于三角钢条自身刚度小，焊接质量难以保证。因此，倒角位置不采用三角钢条成型，而是采用钢板铣边的方式，这种方式倒角成型的效果好，且能有效防止漏浆。

5）由于不定型的特点，设计时必须考虑模板通用性以降低成本。

6）对于需要改制的模板，可移动部件采用螺栓连接，生产时从最大规格尺寸逐步向小尺寸改制，同时需便于组装和拆卸。

7）模具设计时，构件阳角边棱部位倒 10mm×45° 的直角，防止施工和使用过程中磕碰磨损，同时阴角倒圆角，以保证比较好的清水效果。角部处理如图 4-35 所示。

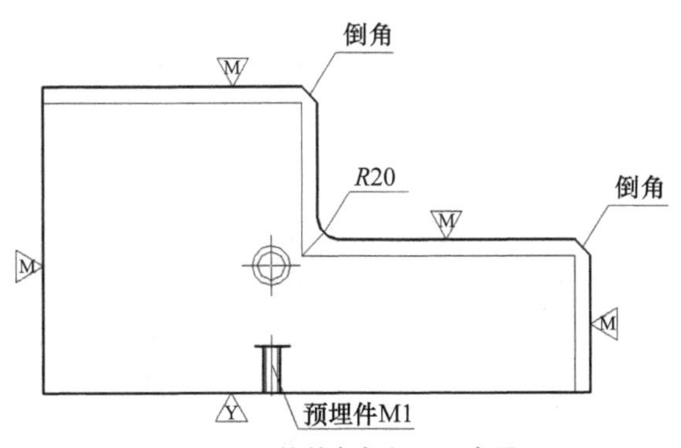


图 4-35　构件角部处理示意图

典型看台构件的模具设计如图 4-36、图 4-37 所示。

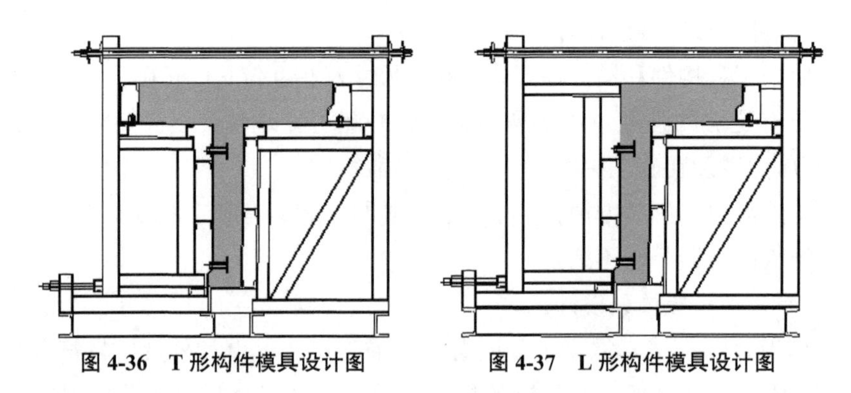

图 4-36 T 形构件模具设计图　　图 4-37 L 形构件模具设计图

（3）看台模板配置方案

构件模板的合理配置需要对全部构件的型号、细部特征、数量和工期计划进行整体把握，策划出经济和科学的看台板生产顺序，尽量增加模板的改造次数，减少新模板的投入。

1）将构件按照外形特点进行系统的分类后，按以下原则和方法对模板进行分类配置。

① 尽量考虑模板的重复利用以及改造性；

② 结合混凝土的施工工艺，使其有利于混凝土的成型及外观质量的保证；

③ 同类模板相互改动时，按尺寸最大的配模，即配长度和宽度均为最大值的模板；

④ 对称结构的左右板，原则上使用一套模板，端头模板（堵头）配左右两套；

⑤ 为了有效地管理，按照有无踏步孔分别配模；

⑥ L 形模板由于数量比较多，按长轴与短轴单独配置模板。

2）模具数量

模具加工数量根据深化设计、生产周期及合理的经济性确定，在保证现场施工工期的情况下，少加工模具，尽量做到模板零部件的通用性和模板改制方便。

（4）模具加工

清水混凝土外观质量对模板质量要求较高，主要要求模板有较好的表面平整度、光滑度，较高的精度且接缝严密，三折板等外形复杂的部分采用特制的工具式模板保证成型和观感质量。模具的验收精度如表 4-9 所示。模具成品如图 4-38 所示。

模具验收精度控制表　　表 4-9

| 检查项目 | 偏差（mm） | 检查点数 | 检验方法 |
|---|---|---|---|
| 长度 | ±3 | 前后各 1 点 | 钢卷尺量测 |
| 宽度 | ±2 | 中心 1 点，两侧各 1 点 | 钢卷尺量测 |

续表

| 检查项目 | 偏差（mm） | 检查点数 | 检验方法 |
| --- | --- | --- | --- |
| 高（厚）度 | ±2 | 中心1点，两侧各1点 | 钢卷尺量测 |
| 侧向弯曲 | $L/1500$ | 沿板长量测，梁板各1点 | 用小线和钢板尺量测 |
| 翘曲 | 3 | 板大面1点 | 四角拉线量测 |
| 角度偏差 | 2 | 两端角度值各1点 | 用方尺钢板尺量测角度正切值差 |
| 板面平整 | 2 | 板2点，梁2点 | 用2m靠尺量测 |
| 埋件、预留孔洞中心位移 | 3 | 每埋件、孔洞1点 | 钢卷尺量测 |

**图4-38　模具成品**

### 5. 看台板混凝土施工技术

（1）混凝土原材料的选择

1）水泥：选用P.O42.5水泥，统一采用同一厂家的同一种水泥，且按批次抽检合格，严格保证水泥质量的稳定性。

2）石子：选用5～25mm连续粒级碎石，5mm以上石子不能超过10%。按照清水混凝土的要求，含泥量小于1%，泥块含量小于0.5%，针片状颗粒不大于15%，且按批次抽检复试合格。

3）砂子：选用水洗中砂，细度模数在2.4～2.6之间，含泥量小于1.5%，泥块含量小于1%，且按批次抽检复试合格。

4）掺合料：选用高品质一级粉煤灰。

5）外加剂：选用聚羧酸高效减水剂。

原材料的存储遵守规范要求，为保持混凝土出机质量稳定，堆场采用全封闭式，地面具有良好的排水功能，同时在雨天按规范要求增加石子、砂子含水率测定频率。混凝土配制及材料复检如图4-39所示。

图 4-39 搅拌站及材料复检

（2）配合比设计与确定

1）混凝土坍落度确定

看台板属于较小型薄壁构件，混凝土坍落度不宜太大，较大的坍落度容易导致混凝土拌合物浇捣时上下分层、表面砂浆层过厚和砂率过大，进而导致产生裂缝和其他外观缺陷，另外也会使收水抹面时间和预养护时间相应延长，降低生产效率。但同时混凝土坍落度不宜太小，否则混凝土黏性太大，加之掺有纤维，即使强力振捣也难以保证有较好的气泡效果和表现质量。基于在保证混凝土浇筑工艺的基础上尽量减小坍落度的原则，确定本工程中混凝土坍落度为 80～120mm。

2）混凝土配合比设计

目前有成熟的清水混凝土配合比，且经过多个项目试验，效果良好。针对此项目的特殊性，尤其是针对混凝土早期的塑性收缩及抑制后期表面龟裂纹产生，有效提高混凝土耐久性，拟采取在混凝土中掺加聚丙烯纤维的技术措施。

（3）混凝土拌和

清水混凝土构件要求混凝土拌合物质量必须稳定均匀，从而保证混凝土浇筑成型时不会出现分层泌水现象。采取下列措施严格控制混凝土拌合物质量。

1）针对混凝土中可能要掺加纤维和掺合料、混凝土强度等级要求较高等情况，混凝土的搅拌时间要根据搅拌机类型适当延长。本项目采用立轴行星搅拌机搅拌，常温季节搅拌时间为 2min，冬期施工则延长至 2.5min。

2）严格控制混凝土坍落度。

（4）混凝土成型

1）钢筋入模

看台板长度较大，钢筋骨架要采用多吊钩的长吊架（吊架长度约 8.5m），吊点设置需合理，间距不大于3m，保证骨架在吊运过程中不变形。入模前骨架侧面安装塑料垫圈，垫圈以梅花形布置，间距控制在50～80cm，骨架上、下保护层由吊杠控制。入模的钢筋如有错位、松扣、变形等，应及时复位并绑牢。

2）模板组装

模板组装前要求接缝处粘贴密封条，内表面要求涂刷隔离剂，涂刷面均匀、饱满。隔离剂采用清水预制混凝土专用隔离剂，以保证外观清水效果。

3）混凝土浇筑

浇筑混凝土从一侧向另一侧进行，对于立式T形看台采用分层浇筑，分层厚度30cm。

看台混凝土采用侧模上安装附着式振动器配合振动棒振捣成型。在浇筑直立板内混凝土时，开动附着式振动器，模板振动。浇筑上部梁内混凝土则采用振动棒，振捣时，既要使混凝土密实，又不能过分振捣造成离析。

4）人工抹面

振捣完成后搓平，然后人工抹平，待混凝土表面收水后压光。第一遍轻压使得表面抹纹变浅；第二遍在混凝土表面用手按压无下陷后开始抹压，抹压时填平麻面、砂眼；第三遍在抹子抹上去不再有抹纹后开始抹压，将第二遍压光时留下的抹纹压光、压实。为防止表面水分蒸发过快产生塑性收缩裂缝，采用塑料薄膜及时进行覆盖。压面时以模板四周为参照，刮出边缘，将面层的小凹坑、气泡眼、砂眼等压平抹光，使混凝土的面层与低部密实结合，同时消除混凝土塑性裂缝，最后的效果是达到表面光滑、平整、无任何痕迹。

（5）蒸汽养护

为了有效地达到混凝土清水效果并且加快模板周转，采用蒸汽养护。构件成型后用苫布将构件严密包裹，通汽养护。构件外露表面采取措施防止冷凝水挟带杂质污染颜色。

蒸汽管道布置在模板两端，每端各一根，对于板长大于10m的看台板需在模板中间增设一根管道。要避免蒸汽直吹构件，尽量使蒸汽在构件周围均匀循环。

看台板采用统一的蒸汽制度：静停1h＋升温3h＋恒温6h＋降温4h，升温速度控制在15℃/h，最高温度不大于60℃，出模的构件温度与大气气温之间的温差不超过20℃，每小时测温一次。

（6）构件缺陷处理

构件表面色差，脱模、储存、运输及安装过程中产生的缺陷必须经过处理才能进行下一道工序，不具备处理条件或缺陷处理不到位时作报废处理。几种常见缺陷的处理方案如下。

缺陷种类：蜂窝、气泡、麻面、裂缝、缺棱掉角、表面不平、颜色不一及污染。

1）查明问题原因，找出缺陷产生的原因，为以后生产合格产品制定新方案；

2）对于影响结构受力和耐久性的关键部位，作报废处理；

3）具体修理方法：清理表面灰渣—清水浸润—刷界面剂—用专用修补剂修补至外观、色差符合验收标准；

4）修补要求：采用专用修补剂，确保材料在有效期内。

**6. 构件拆模、翻转、临时堆放**

（1）构件拆模

构件在混凝土强度达到35MPa时出模，拆模前必须将支撑、紧固件及所有固定预埋件的螺栓去除，拆模后模板堆放时应避免挤压变形。

（2）构件翻转

由于工程采用反打工艺生产看台板，起吊后需翻转，将看台板（L形、U形、T形或平板）置于软物上缓慢翻转，对于截面复杂、跨度较大的板，宜采用翻转台或者其他辅助平台。翻转方案如图4-40、图4-41所示。

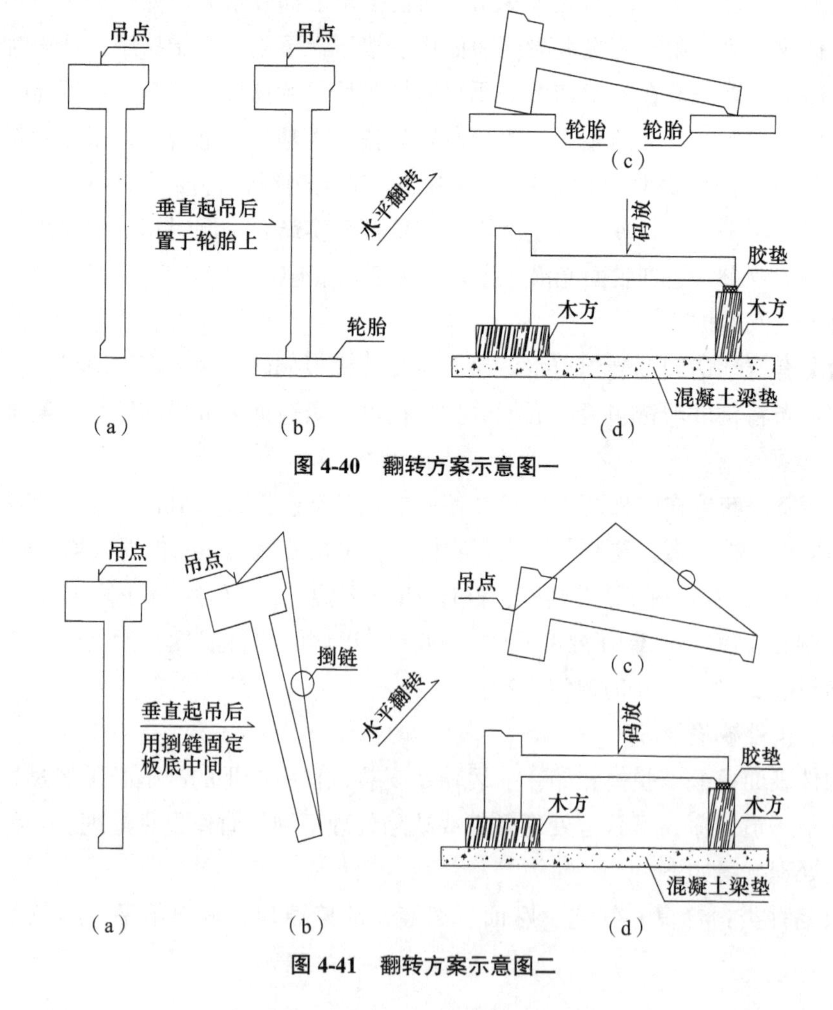


图4-40 翻转方案示意图一



图4-41 翻转方案示意图二

（3）临时堆放

为防止看台板在堆放时损坏，有以下要求：

1）预制看台板装卸车时，要防止吊带与板之间产生相对滑动；

2）相同型号的平板可堆垛码放，每垛不得超过 4 块，T 形板要制作专用堆放区；

3）每垛最下面的一块用长方形混凝土垫块垫高，其他板间可用 10cm 的木方垫起，木方与板的外表面用不污染板表面的材料隔离；

4）板在起吊及码放时，慢起慢落，并防止板与其他物体相碰撞；

5）每垛板的垫木要上下对齐，并且每块垫木垫实，不允许出现虚角或挑头的情况；

6）在卸车时进行检查，发现损坏、不合格的板应单独码放。看台板码放方式如图 4-42 所示。

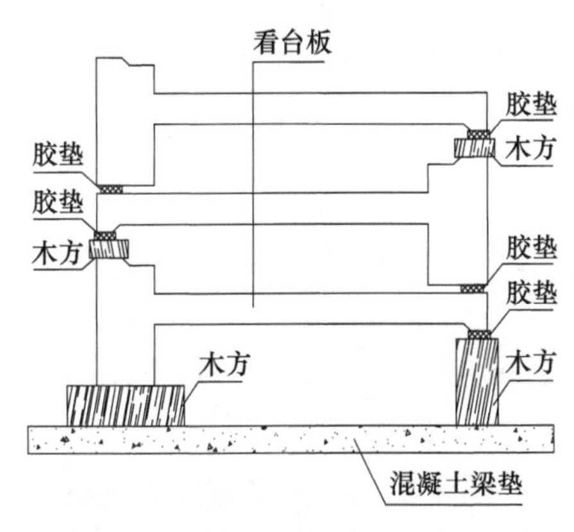

图 4-42 构件存放示意图

**7. 预制看台板安装施工技术**

（1）看台板安装质量要求

确保看台板安装后整体为清水混凝土外观效果，具体尺寸允许偏差如表 4-10 所示。

**看台板安装尺寸允许偏差**　**表 4-10**

| 结构阶梯梁及预埋尺寸允许偏差（mm） | |
| --- | --- |
| 轴线位置 | 10 |
| 宽度尺寸 | ±5 |
| 表面平整度 | 3 |
| 预埋件 | 10 |
| 预留孔中心线位置 | 10 |
| 安装施工主要尺寸偏差要求（mm） | |
| 板缝宽度 | ±5 |
| 通长缝直线度 | 3 |
| 接缝高差 | ±3 |
| 看台顶标高 | ±10 |
| 板中心与轴线距离 | 5 |

（2）看台板安装顺序

预制看台板由每层的第一排开始安装，分区分段逐排向场外方向安装。

（3）安装工艺

安装工艺流程：施工准备—测量放线—结构基层处理—安放支座—看台起吊—连接孔灌浆—安装就位—构件找正—质量检查。

1）测量放线：由于本工程的施工特点和质量要求，测量直接影响整个工程的安装质量，构件安装前必须依照现浇混凝土结构交接的测量基准点（线）对全部轴线、每步标高进行放线，在踏步斜梁上弹出径向轴线、预制看台后背边缘线、底部标高线和锚固螺栓中心线。

2）结构基层处理：根据测量弹出的中心线、标高线、锚固螺栓中心线复核看台踏步梁，混凝土面高于设计标高处需剔凿至板底 −5mm 处，混凝土面低于设计标高处应浇筑细石混凝土到设计标高，要求处理后标高偏差 ±10mm，锚固预留孔中心偏差超出 ±15mm 的要扩孔或重新打孔，轴线偏差或踏步梁胀模超 30mm 的要剔凿处理。

3）看台吊装：

① 吊装方法。构件起吊前，应确认所有连接点已经断开，防止构件拉伤或磕碰，超过 3m 长的构件一般采用图 4-43 所示装置起吊。

根据预制看台重量、吊车回转半径，选用满足工况要求的汽车吊吊装，主吊点采用一对 $\phi$30、长 4m 的钢丝绳，随后用 3t 捯链在构件中间寻找平衡。如图 4-44 所示。

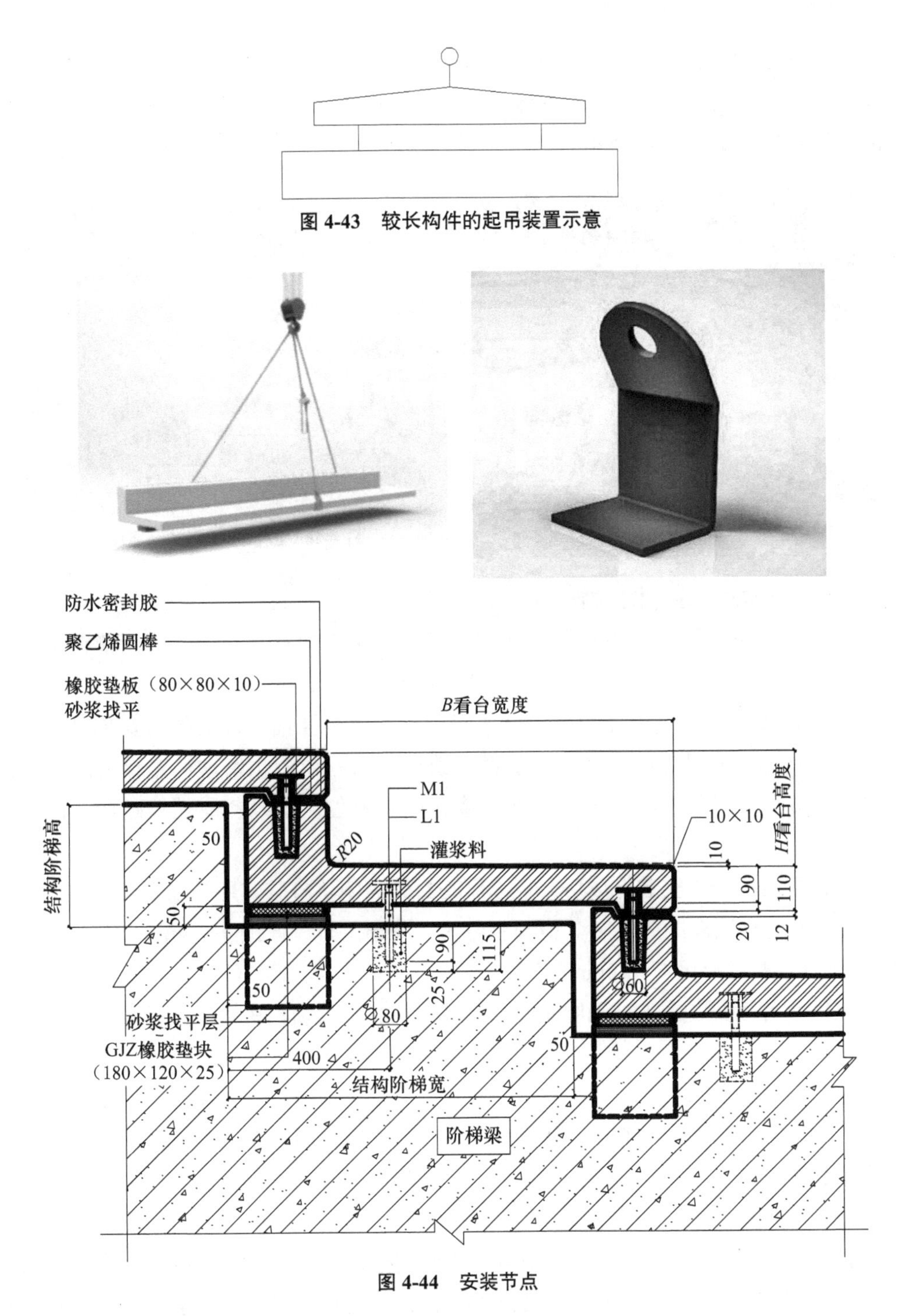


**图 4-43　较长构件的起吊装置示意**

**图 4-44　安装节点**

② 构件吊至相应位置，按轴线就位、测量找正。安装时，第一排看台板需全部吊装，随后统一找正、调整板缝，确保构件位置准确、板缝均匀后再将构件重新吊起灌浆，灌浆料需填满孔洞，灌浆完毕后重新落下，再精确找正、就位，后排只需依据前排看台进行调整。如图 4-45 所示。

③ 吊装过程的成品保护。构件起吊时采用软吊带，吊装完毕后，满铺 18mm 厚木胶板，防止钢结构施工时焊渣、油漆等污染构件板面，钢结构施工时要另外覆盖阻燃布。如图 4-46 所示。

图 4-45 构件吊装

图 4-46 胶板覆盖保护示意图

4）看台板安装技术控制：

① 起重设备将看台板水平吊起就位后，若梁支座存在高差，使用薄钢板调整，板边用厚度为 10mm 的橡胶块均匀支垫在前排看台上。

② 看台板是通过销杆与结构梁或看台梁的灌浆孔锚固连接的，安装时先在灌浆孔中填入按配合比拌好的灌浆料，销杆已与看台板预留埋件连接就绪，当看台板吊起缓缓落下时，销杆对准灌浆孔插入就位。灌浆料应随拌随用，以防凝固。

③ 看台板分层安装完成后，板缝用密封胶封闭，打胶前用毛刷清理干净板缝灰尘，边角有破损的先修补。横向板缝宽 12mm，打胶厚度 4～6mm；纵向板缝宽 20mm，打胶厚度 7～10mm。

④ 看台板安装施工过程中应注意成品保护，不得损伤棱角，不得污染清水混凝土面。

5）预制栏板安装：

先搭设好现浇看台底模，保证底模平整，支撑牢固，在底模弹出栏板内外两侧位置控制线，沿位置控制线粘贴 10mm×20mm 密封条。

每块预制栏板设两道支撑，支撑杆一端利用已安装的第二步预制看台板通风孔固定，另一端与预制栏板吊母相连，调节支撑杆长度保持预制栏板的稳定和垂直。支撑杆与风孔采用两侧钢管夹持固定，夹持钢管不得与预制看台接触，两者之间需垫方木。

栏板间的竖向板缝采用泡沫棒填塞封堵，防止漏浆。浇筑混凝土前做好成品保护，安装好的预制看台板用苫布覆盖，栏板内侧粘贴塑料布覆盖，防止浇筑混凝土时遗散、飞溅造成污染。

现浇底板要求上、下都是清水面，底模的材料选择、混凝土质量、浇筑振捣、表面收平压光、混凝土养护等技术质量标准严格按照清水混凝土要求施工。

## 4.4　混凝土质量的控制施工

### 4.4.1　工程概况

**1. 混凝土工程概述**

本工程建筑体量巨大，混凝土浇筑量达到5万$m^3$，施工中涉及多项特殊工艺，如大体积混凝土浇筑施工、预制清水混凝土等，混凝土结构质量要求较高，各部位混凝土构件等级要求如表4-11所示。混凝土结构除了受到混凝土原材料的影响，也受到结构设计和施工等方面因素的影响，从混凝土的制备、生产、运输、浇筑、养护等各方面对混凝土进行施工控制，提高混凝土质量，保证结构的使用性能。部分结构的混凝土浇筑如图4-47所示。

**构件等级要求**　　**表4-11**

| 构件类别 | 强度等级 | 抗渗等级 |
|---|---|---|
| 基础垫层 | C15 | — |
| 基础、首层梁板、外墙、外墙柱 | C30～C35 | P6 |
| 剪力墙、柱 | C30～C50 | — |
| 梁、板 | C30～C40 | — |
| 水池、水箱 | C30 | P6 |
| 构造柱、圈梁、门窗过梁 | C25 | — |

图4-47　一层梁板柱混凝土浇筑及浇筑效果

**2. 施工工艺流程**

混凝土工程的施工工艺流程见图4-48。

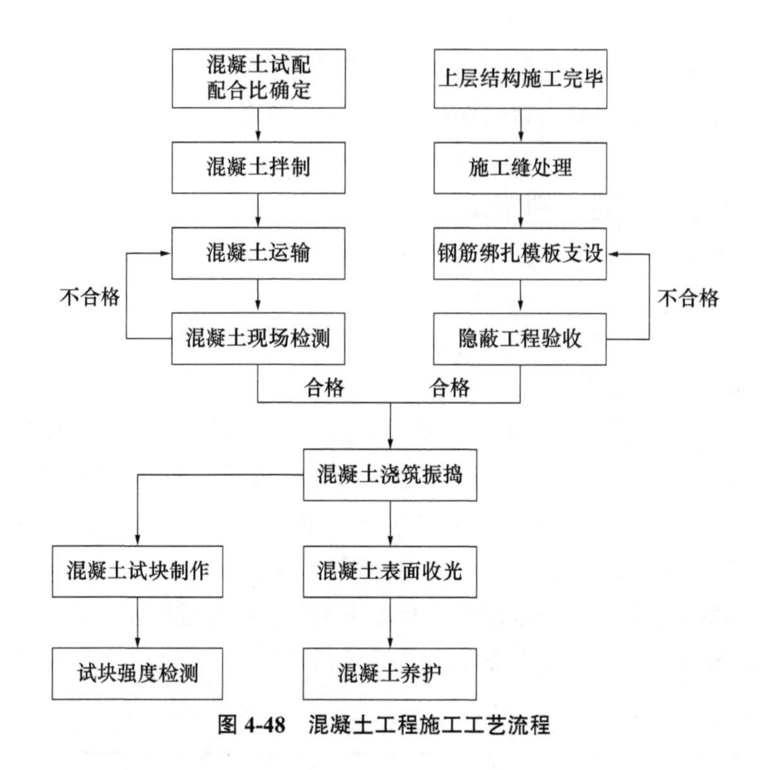


图 4-48　混凝土工程施工工艺流程

### 4.4.2　混凝土的材料控制

现场混凝土全部采用商品混凝土，混凝土采用罐车运至施工现场。每次浇筑混凝土前，根据设计要求确定各种混凝土强度等级以及外加剂的要求，经试配确定配合比，满足要求后方可投入现场施工使用。

商品混凝土搅拌站按照技术指标要求及有关规范、标准进行混凝土试配工作，并按配合比要求进行备料工作。混凝土主要技术指标如下：

（1）对混凝土和易性的要求

混凝土搅拌站根据气温条件、运输时间、运输道路的距离、混凝土原材料（水泥品种、外加剂品种等）变化、混凝土坍落度损失等情况来适当地调整原配合比，确保混凝土浇筑时的和易性能够满足施工生产需要，确保混凝土供应质量。混凝土拌合物的均匀性应符合《混凝土结构工程施工质量验收规范》GB 50204—2015 中的各项规定。混凝土搅拌完毕后，应在搅拌地点取样检测其坍落度，同时还应观察拌合物的黏聚性和保水性。

由于榆林地区气候温差变化较大，要求混凝土搅拌站提供不同温度下、单位时间内的坍落度损失值，根据混凝土浇筑情况随时调整混凝土罐车的供应频率。试验员负责对当天施工的混凝土坍落度实行抽测，坍落度应满足不同位置的不同需求，并做好坍落度测试记录。如遇不符合要求的，退回搅拌站，严禁使用。

（2）对混凝土初凝时间的要求

为了保证混凝土浇筑不出现冷缝，施工过程中根据现场实际情况和环境温度对混凝土搅拌站提出具体的初凝时间要求，商品混凝土的初凝时间保证在3～4h。

（3）对浇筑工作协调的要求

为确保预拌混凝土供应及时，现场混凝土工程连续施工，做好施工现场工序流程、混凝土运输时长之间的协调，尽量减少混凝土的空歇时间。

### 4.4.3　混凝土的运输与泵送

**1. 运输控制**

（1）混凝土运输车搅动行驶时，最高车速不得高于50km/h。在运输过程中应保持混凝土的均匀性，避免分层离析、泌水、砂浆流失和坍落度变化等现象发生。若运输到场后发生混凝土离析，在浇筑前进行二次搅拌。

（2）运输道路尽可能平坦且运距尽可能短，减少混凝土转运次数，或不转运。混凝土从搅拌机出机后到浇筑完毕的延续时间不宜超过规定，在初凝之前浇筑完毕。根据《混凝土结构工程施工规范》GB 50666—2011的规定，延续时间应符合表4-12中的时间要求。

（3）使用混凝土搅拌运输车时，先将配好的混凝土干料装入混凝土筒内，在接近现场时再加水拌制，这样就可以避免由于长途运输而引起的混凝土坍落度损失。

**混凝土的延续时间规定**　　表4-12

| 气温 | 延续时间（min，采用混凝土搅拌运输车） | |
|---|---|---|
| | ≤C30 | ＞C30 |
| ≤25℃ | 120 | 90 |
| ＞25℃ | 90 | 60 |

**2. 混凝土的泵送**

本工程采用输送泵为主、塔吊辅助的方式浇筑混凝土。混凝土施工前，合理安排泵车与混凝土运输车的到场时间，泵车在施工前30min内到场。

混凝土泵启动后，应先泵送适量的水以湿润混凝土泵的料斗活塞及输送管的内壁等直接与混凝土接触部分，经送水检查确认混凝土泵和输送管无异物后，泵送与混凝土相同配合比的水泥砂浆润滑管道，润滑用的水泥砂浆应分散布料，不得集中浇筑在固定一处。混凝土泵送应连续进行，如必须中断时，中断时间不得超过混凝土的延续时间。若输送管被堵塞，重复进行反浆和正浆，逐步吸出混凝土，重新搅拌后再次泵送。汽车泵浇筑环向梁如图4-49所示。

图 4-49 汽车泵浇筑混凝土

泵管的布置原则为先远后近，在浇筑中逐渐拆管。布置水平管时，混凝土浇筑方向与泵送方向相反；布置向上垂直管时，混凝土浇筑方向与泵送方向相同。混凝土泵的位置距垂直管应有一段水平距离，其水平管的长度与垂直高度的比值为 1∶4。垂直管布置用抱箍固定在柱或墙上，逐层上升到顶，并保持整根垂直管在同一铅垂线上。

### 4.4.4 混凝土的浇筑

#### 1. 基础混凝土浇筑

体育场地下车库底板混凝土等级为 C35，抗渗等级为 P6，为保证结构质量，需从原材料选择、试验、配合比设计和混凝土施工控制着手，优选出满足设计要求，且水化热相对较低、收缩小、泌水少、施工性能良好的混凝土，严格控制混凝土的搅拌、运输、浇筑及养护，从而保证混凝土内实外光，控制结构不出现温度收缩裂缝，钢筋和预埋件不出现渗水通道。

（1）输送泵遵循“同步浇捣，同时后退，分层堆积，逐步到顶，循序渐进”的布送工艺。

（2）底板混凝土在浇筑时分 2～3 层浇筑，每一层混凝土振捣在自然形成的坡面上进行，振捣移动距离不得大于振动半径的 1.5 倍，振捣时一定要将振动棒伸至下一层 50mm 左右。加深部位分两至三次浇捣，避免漏振而影响混凝土的施工质量。

（3）混凝土养护采取定时向底板面喷水并用塑料膜覆盖的方法，养护时间不少于 14d。

**2. 墙、柱混凝土浇筑**

（1）剪力墙施工

剪力墙混凝土采用分层浇筑方法，首先在底部浇筑50～100mm相同配合比水泥砂浆，用标尺杆控制分层高度，每层500mm。墙体混凝土分层连续浇筑到板底，且高出板底30mm（待拆模后进行施工缝处理，剔凿掉20mm，使之露出石子为止）。

墙体混凝土浇筑完后，将上口甩出的钢筋加以整理，用木抹子将墙顶表面混凝土找平，高低差控制在10mm以内。并在拆模后进行养护，以控制混凝土温度和收缩裂缝，保证混凝土质量。对拉螺杆部位采用高一个强度等级并掺微膨胀剂的减石子砂浆修补，并保持与混凝土面色泽一致，同时，必须加强预留预埋的工作，限制在施工完毕后进行如预埋线槽、线盒等的剔凿，以减少对混凝土外观的影响。

（2）柱施工

柱子混凝土采用分层进行浇筑，分层厚度不大于600mm。柱子浇筑至高于梁底标高2cm，当有梁钢筋锚入柱子时，浇筑过程中需保证柱子留出钢筋锚固所需高度。

柱子浇筑首先在根部浇筑厚为10～20mm的相同配合比水泥砂浆后，再浇筑混凝土。如果混凝土落差大于2m，应在布料管上接一软管，伸到柱模内，或在柱模板侧壁预留下料入口，保持下料高度不超过2m。采用振动棒进行振捣时，混凝土振点应从中间开始向边缘分布，且布棒均匀，层层搭扣，并应随浇筑连续进行。振动棒的插入深度要大于浇筑层厚度，插入下层混凝土中50mm，使浇筑的混凝土形成均匀密实的结构。先后两次浇筑的间隔时间不超过30min，第二次浇筑前，要将下层混凝土顶部的100mm厚的混凝土层重新振捣，以便使两次浇筑的混凝土结合成密实的整体。振捣过程中避免撬振模板、钢筋，每一振点的振动时间，应以混凝土表面不再下沉、无气泡逸出为止，一般为20～30s，要避免过振发生离析，振动棒抽出，振捣过程中要使振动棒离混凝土的表面保持不小于50mm的距离。

除上部振捣外，下部要有人随时敲打模板检查，振捣时注意钢筋密集及洞口部位不得出现漏振、欠振和过振。为保证混凝土密实，混凝土表面应以出现翻浆、不再有显著下沉、不再有大量气泡上泛为准。

混凝土振捣采用赶浆法，保证新老混凝土接槎部位粘结良好，当柱与梁板混凝土强度等级相同时，柱头部位混凝土与梁板混凝土一同浇筑。当柱混凝土强度等级高于梁板时，节点区混凝土强度等级同下层柱。当不同部位混凝土强度等级有差异时，采用钢丝网分隔，浇筑时应先浇筑高强度等级、后浇筑低强度等级混凝土。混凝土施工中保证不出现施工冷缝。

（3）柱头节点施工

柱头水平施工缝留设在距梁底上 30mm 处（待拆模后，剔凿掉 20mm，使之露出石子为止，使结构施工完后，施工缝为不可见）。由于本工程部分位置梁板混凝土与柱混凝土强度等级有区别，先用塔吊浇筑柱头处高性能的混凝土，在混凝土初凝前再浇筑梁板混凝土，并加强混凝土的振捣和养护，从而确保梁柱节点区的混凝土强度等级与下柱一致。浇筑混凝土前对柱头钢筋予以保护，用塑料膜将钢筋包裹 1m 高左右，防止混凝土污染钢筋。柱头节点处混凝土浇筑如图 4-50 所示。

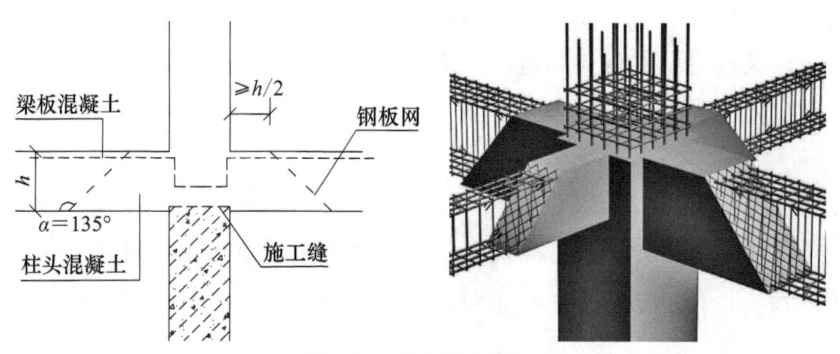


**图 4-50　柱头节点施工**

**3. 梁板混凝土浇筑**

梁板混凝土同时浇筑，浇筑方向由一端开始用“赶浆法”，即先浇筑梁，根据梁高分层浇筑成阶梯形，当达到板底位置时再与板的混凝土一起浇筑，随着阶梯形不断延长，梁板混凝土浇筑连续向前推进。要求随铺随振随压，并在浇筑完毕后，用木抹子抹平。对大跨度梁需注意分层浇筑，以保证混凝土质量。梁板混凝土浇筑如图 4-51 所示。

**图 4-51　梁板混凝土浇筑**

浇筑板的虚铺厚度应略大于板厚，用铁耙子摊平，振动棒插入下层混凝土100mm并振捣密实，平板振动器垂直浇筑方向来回振捣，振捣完毕后，混凝土面按事先柱筋上的标高点（设计标高＋0.5m）拉线尺量后，用2m长刮杠找平，木抹子抹平压实，待混凝土表面收水后初凝前，应进行二次搓平、压水，用提浆机二次收面。浇筑板混凝土时人工用铁耙铺摊混凝土（堆积高度必须控制在50cm内），以防在输送管出料口堆积过高超重将平台模板压垮或变形，并引起堵管。

每次浇筑完混凝土，应将流淌及掉落的砂浆、混凝土及时回收使用，并用水将地面冲洗干净。梁板与剪力墙柱交界混凝土面要在终凝后进行凿毛并及时清理完毕。为降低拆管频率，输送管前端接软管以便布料，但每次浇筑前进长度控制在4m内，以满足连续浇筑要求。

不同等级混凝土的浇筑因梁柱接头混凝土强度不同，当相差1个强度等级时柱头混凝土按梁板混凝土等级浇筑。当混凝土强度等级相差2个及以上等级时，为确保柱接头强度，要求先将柱周边不小于50cm且不小于$h/2$的位置内用密目钢丝网隔开，先浇筑完毕该区域内的混凝土，再泵送梁板混凝土。施工过程中注意柱头混凝土浇筑不能过于超前，以免出现冷缝。

**4. 施工缝处混凝土浇筑**

施工缝处必须待已浇筑混凝土的抗压强度不小于1.2MPa且不少于留置施工缝后48h，才允许继续浇筑。留置施工缝处的混凝土必须振捣密实，其表面不磨光，并一直保持湿润状态。在继续浇筑混凝土前，施工缝混凝土表面必须进行凿毛处理，剔除浮动石子，并彻底清除施工缝处松散游离的部分，然后用压力水冲洗干净，充分湿润后，刷1∶1水泥砂浆一道。浇筑之前先预铺50mm厚的相同配合比水泥砂浆，再进行上层混凝土浇筑。混凝土下料时要避免靠近缝边，缝边人工插捣，使新旧混凝土结合密实。柱根部施工缝施工如图4-52所示。

图4-52　柱根部水平施工缝处

**5. 后浇带混凝土浇筑**

本工程体育场设有后浇带，后浇带混凝土应采用微膨胀混凝土，其强度等级应比两侧混凝土提高一级，最小限制膨胀率应符合表4-13要求。

结构后浇带限制膨胀率规定　　表4-13

| 结构部位 | 限制膨胀率（%） | 结构部位 | 限制膨胀率（%） |
|---|---|---|---|
| 梁板结构 | ≥0.015 | 桩基础地板 | ≥0.020 |
| 墙体结构 | ≥0.020 | 屋面板 | ≥0.020 |
| 后浇带位置 | ≥0.015 | 基础及屋面板后浇带 | ≥0.030 |

沉降后浇带应在主体封顶30d后方可浇筑，施工后浇带宜在两侧混凝土龄期45～60d之间再浇筑。梁、板钢筋通过后浇带时不得切断，后浇带宜采用密目收口网。在补浇后浇带前，被后浇带打断的梁板在本跨内的模板不得拆除，待补浇混凝土的强度达到设计强度后方可拆除。后浇带混凝土浇筑前，应将两侧混凝土表面凿毛、清理干净，界面处刷水泥浆，在湿润状态下进行浇筑。后浇带在未浇筑混凝土前，必须用木板将后浇带封盖，外抹水泥砂浆封严，防止掉入杂物。

后浇带混凝土的养护时间不得少于28d。施工期间后浇带两侧构件应妥善支撑，确保其在施工阶段的承载力和稳定性。

**6. 防水混凝土浇筑**

本工程基础、首层梁板、外墙、外墙柱混凝土抗渗等级为P6，为保证结构自防水质量，需从原材料选择、试验、配合比设计和混凝土施工控制等方面着手，优选出满足设计强度等级、抗渗等级和耐久性，且水化热相对较低、收缩小、泌水少、施工性能良好的防水混凝土，严格控制混凝土的搅拌、运输、浇筑及养护，从而保证混凝土内实外光，控制结构不出现温度收缩裂缝，钢筋和预埋件无渗水通道，保证结构具有良好的自防水功能。

（1）严格控制防水混凝土的配合比设计。

（2）严格控制防水混凝土的坍落度，组织好施工程序，严格控制防水混凝土运输及停放时间。

（3）混凝土的浇筑采取分层斜向推进的办法，振动时需将振动棒伸至下一层50mm左右。

（4）加强防水混凝土同条件养护及标准养护试块工作。

（5）混凝土养护采取定时向墙面喷水并用塑料膜覆盖的方法，养护时间不少于14d。

（6）为减少对混凝土的扰动，保证混凝土结构自防水性能，池壁墙体模板拆除时间推迟在混凝土浇筑后7d进行，模板拆除后及时张挂麻袋，浇水养护，至少14d。

### 4.4.5 混凝土的养护与保护

**1. 混凝土的养护措施**

对已浇筑完毕的混凝土，不论何种气候条件，梁、板、柱、楼梯均需养护，使水泥的水化作用正常进行，防止产生收缩裂缝，保证已浇筑的混凝土在规定龄期内达到设计要求的强度。施工单位根据施工对象、环境、水泥品种、外加剂以及对混凝土性能的要求，按照具体的养护方案执行养护规定。

掺膨胀剂或掺合料的混凝土浇筑完毕后，及时用薄膜和纤维毯覆盖并在初凝以后浇水保潮养护，维持混凝土表面湿润。冬季浇筑混凝土时，应养护到具有抗冻能力的临界强度后才能撤出养护措施，同时模板和保温层应在混凝土冷却到5℃才可拆除，当混凝土温度与外界温差大于20℃时，对拆除后的混凝土进行临时覆盖，使其缓慢冷却。

（1）大体积混凝土养护

保温养护是大体积混凝土施工的关键环节，优良的养护措施能够提高混凝土的抗裂能力，达到防止或控制温度裂缝的目的。通过在混凝土内部埋设温度传感器测定混凝土的内外温差，最终控制大体积混凝土内外温差在设计要求的范围值以内。构件的混凝土养护如图4-53、图4-54所示。

**图4-53 塑料薄膜包裹桩养护**

**图4-54 基础混凝土浇水养护**

（2）剪力墙、柱混凝土养护

剪力墙和柱作为竖向结构，竖向蓄水能力差，容易造成水化热不足。适当延长剪力墙和柱的拆模时间，在拆模后经检查无缺陷后，对混凝土进行浇水养护，必要时也可以采取带模浇水养护的方式，利用模板提高潮湿度。在柱模拆除后，对柱用塑料薄膜包裹，也可以在顶部放置水桶进行滴水养护，使结构保持湿润。

（3）楼板、梁、楼梯混凝土养护

对于楼板、梁和楼梯结构，其养护方式通常为覆盖浇水，覆盖材料主要为塑料薄膜或纤维毯，其养护时间不少于14d。混凝土养护过程中，如发现遮盖不足，以致表面泛白或出现干缩细小裂缝时，要立即仔细加以遮盖。当混凝土强度超过$1.2N/mm^2$以后，方能允许上人。混凝土楼板养护如图4-55所示。

图4-55　混凝土楼板养护

**2. 混凝土的成品保护**

在混凝土构件浇筑养护完毕后，为了避免后续施工对成品造成污染和损坏，需对构件进行成品保护。

混凝土浇筑完成，将散落在模板上的混凝土清理干净，并按方案要求进行覆盖保护。混凝土面上临时安装施工设备应垫板，并做好防污染覆盖措施。楼层混凝土面上按作业程序分批进场施工作业材料，分散均匀，尽量轻放，避免集中堆放。禁止重锤重物直接击打混凝土面，在楼面上搭设承重架时，在立管下应加垫板或底座。

### 4.4.6　混凝土试块的留置与检验

**1. 试块制作取样要求**

混凝土入模前，在现场混凝土出料口随机取样制作混凝土试块，同条件试块上应注明部位、留置时间，有见证取样的试块不少于30%。

试块的取样应符合规定，每拌制100盘且不超过100盘的相同配合比的混凝土，取样不得少于1次。每工作班拌制的同一配合比的混凝土不足100盘时，取样不得少于1次。当连续浇筑混凝土超过$1000m^3$时，同一配合比的混凝土每$200m^3$取样不得少于1次。同一楼层、同一配合比的混凝土取样不得少于1次。混凝土取样如图4-56所示。

图 4-56　混凝土试块取样

**2. 试块留置**

（1）标养试块

每次取样留置两组，一组用于 28d 强度试验，一组备用，如图 4-57 所示。为考虑结构实体检验，按照规范要求对每种强度等级的混凝土进行留置。

图 4-57　标准化同条件试块箱

（2）同条件试块

同条件试块仅供拆模参考，每次浇筑顶板混凝土时根据现场要求留置试块，同条件试块上应注明部位、留置时间，放在相应构件的附近位置。

**3. 混凝土试件养护要求**

（1）试件要养护好并及时送到试验室进行试验，同时要求试验室出具强度试验报告。一旦发现混凝土强度达不到要求，立即采取措施进行补救，情况严重的，需会同设计等有关单位进行研究解决。

（2）标养试块要在现场标养室进行养护。

（3）同条件养护试块要放在钢筋笼内，置于取样的顶层。

### 4.4.7 混凝土质量保证措施

**1. 质量通病及预防措施**

（1）麻面

原因分析：1）模板面粗糙，隔离剂漏刷，粘有杂物，模板表面未湿润，振捣时气泡未排出；2）垫块位移或垫块漏放，间距过大；3）钢筋过密，粗骨料阻碍水泥砂浆不能充满钢筋周围。

预防措施：1）清模，刷好隔离剂，模板用清水充分湿润，按操作规程振捣；2）确保混凝土保护层厚度；3）合理考虑粗骨料。

（2）露筋

原因分析：1）混凝土离析；2）主筋保护层垫块错位，导致钢筋紧贴模板；3）振动棒碰移钢筋或振捣不实。

预防措施：1）优化混凝土配合比，规范运输；2）钢筋垫块放置要符合设计规定的保护层厚度，同时间距合理。

（3）蜂窝

原因分析：1）配合比不准或计量错误；2）混凝土搅拌时间短，未拌匀或振捣不实；3）下料不当，未设溜槽串筒；4）模板缝隙过大，导致水泥浆流失。

预防措施：1）控制混凝土的配合比以及搅拌时间，振捣密实，下料时设置溜槽串筒；2）模板安装前清理模板表面及模板拼缝处的水泥浆，使接缝严密，当接缝过大时必须填封。

（4）缝隙、夹渣

原因分析：1）模板严重位移、漏振；2）施工缝处理不得当。

预防措施：1）浇筑混凝土前进行全面检查，清除模板杂物及垃圾；2）严格执行预防措施，在模板适当位置开孔以清除杂物。

（5）孔洞

原因分析：钢筋较密的部位混凝土被卡，未经振捣就继续浇上层混凝土。

预防措施：严格分层或分次下料，按规定正确使用振动棒，特殊部位可采用小直径振动棒，严防漏振。

（6）缺棱掉角

原因分析：1）投料不准确，搅拌不均匀，出现局部强度过低；2）拆模过早或用力不当。

预防措施：1）控制投料质量，把握混凝土搅拌时间；2）控制拆模时间，拆模后对棱角进行保护。

（7）表面平整度差

原因分析：1）混凝土振捣后未使用拖板或刮尺抹平，使混凝土板厚度不准确；2）混凝土未达到强度就上人操作或运料。

预防措施：1）振捣后应按规定使用拖板或刮尺进行抹平；2）混凝土强度达到 1.2MPa 后才允许在混凝土面上进行操作。

（8）轴线位移

原因分析：1）模板支设不牢固；2）门洞口模板及预埋件固定不牢靠，混凝土浇筑方法不当，造成门洞口和预埋件位移较大。

预防措施：1）位置线要弹准确，及时调整误差，以消除误差累计；2）防止振动棒冲击门口模板，预埋件坚持门洞口两侧混凝土对称下料。

现浇结构尺寸允许偏差，见表 4-14 所列。

**现浇结构尺寸允许偏差　　表 4-14**

<table>
<tr><th rowspan="2">项次</th><th rowspan="2" colspan="3">项目</th><th colspan="2">允许偏差（mm）</th><th rowspan="2">检验方法</th></tr>
<tr><th>国家标准</th><th>项目标准</th></tr>
<tr><td rowspan="4">1</td><td rowspan="4">轴线位移</td><td colspan="2">基础</td><td>15</td><td>10</td><td>尺量检查</td></tr>
<tr><td colspan="2">独立基础</td><td>10</td><td>10</td><td>尺量检查</td></tr>
<tr><td colspan="2">墙、柱、梁</td><td>8</td><td>5</td><td>尺量检查</td></tr>
<tr><td colspan="2">剪力墙</td><td>5</td><td>5</td><td>尺量检查</td></tr>
<tr><td rowspan="2">2</td><td rowspan="2">标高</td><td colspan="2">层高</td><td>±10</td><td>±5</td><td>水准仪</td></tr>
<tr><td colspan="2">全高</td><td>±30</td><td>±30</td><td>水准仪</td></tr>
<tr><td>3</td><td>截面尺寸</td><td colspan="2">—</td><td>+8，−5</td><td>±5</td><td>尺量检查</td></tr>
<tr><td rowspan="3">4</td><td rowspan="3">垂直度</td><td>层高</td><td>≤ 5m</td><td>8</td><td>5</td><td>2m 靠尺<br>标准检测</td></tr>
<tr><td>层高</td><td>> 5m</td><td>10</td><td>8</td><td>2m 靠尺<br>标准检测</td></tr>
<tr><td colspan="2">全高（$H$）</td><td>$H$/1000 且≤ 30</td><td>$H$/1000 且≤ 30</td><td>经纬仪</td></tr>
<tr><td rowspan="2">5</td><td rowspan="2">电梯井</td><td colspan="2">井筒长宽对定位中心线</td><td>+250</td><td>+200</td><td>尺量检查</td></tr>
<tr><td colspan="2">井筒全高垂直度</td><td>±30</td><td>±30</td><td>铅垂线</td></tr>
<tr><td>6</td><td colspan="3">表面平整度</td><td>8</td><td>3</td><td>尺量检查</td></tr>
<tr><td>7</td><td colspan="2">预埋设施中心线位置</td><td>预埋管</td><td>5</td><td>3</td><td>尺量检查</td></tr>
</table>

**2. 季节性施工质量保证措施**

（1）雨期施工措施

连续浇灌的混凝土工程，应注意天气预报，合理安排班次，防止遇上大雨，影响混凝土工程质量。浇筑完的混凝土要视天气情况覆盖保护。

1）及时掌握天气预报，合理安排现浇混凝土施工工序，做好防雨和养护措施工作。

2）需连续浇筑混凝土的工程，应事先做好防雨措施，并定时测定骨料含水量，及时调整混凝土配合比，严格调整配合比，严格控制坍落度，确保混凝土质量。

3）加强对模板支撑系统、构件堆放支撑部位的检查，其支脚必须坚实牢固，必要时加大承压面积，以防止支撑变形下沉、倾斜。

4）混凝土浇筑前必须清除模板内的积水。

5）不得在中雨以上进行混凝土浇筑，遇雨停工时应采取防雨措施。继续浇灌前应清除表面松散的石子，施工缝应按规定要求进行处理。

6）混凝土初凝前，应采取防雨措施，用塑料薄膜保护。

7）浇筑混凝土时，如突然遇雨，做好临时施工缝后方可停工。雨后继续施工时，先对结合部位进行技术处理后，再进行浇筑。

（2）冬期施工措施

1）混凝土搅拌场地应尽量靠近施工地点，以减少材料运输过程中的热量损失，同时也应正确选择运输用的容器。

2）混凝土浇筑前，应清除模板和钢筋上，尤其是新老混凝土交接处（如梁柱交接处）的冰雪及垃圾。

3）浇筑前了解商品混凝土中掺入抗冻剂的性能，并做好相应的防冻保暖措施。

4）分层浇筑混凝土时，已浇筑层在未被上一层的混凝土覆盖前，不应低于计算规定的温度，也不得低于2℃。

5）重点工程或上部结构要连续施工的工程，应采取有效措施，以保证混凝土达到预期所要的强度。

6）现场应留设同条件养护的混凝土试块作为拆模依据。

7）做好冬期施工时的保温措施。

第 5 章

# 钢结构工程施工技术

## 5.1 钢结构工程概述

### 5.1.1 工程概况

榆林市体育中心（体育场）采用钢桁架屋盖联合金属铝镁锰屋面，体育场钢结构为径向主桁架及环向桁架的空间桁架结构形式，最高点标高为 47.0m，平面最大外包投影尺寸为 328m×241m，最大跨度为 50.85m。整个屋盖的空间桁架除檩条外均由钢管构件焊接而成，最大截面规格为 $\phi$1100×40，最小为 $\phi$180×10，连接节点均为相贯节点。檩条为 H 型钢，截面规格为 HN700×300×13×21，所有钢构件采用 Q345 钢材和 Q355 钢材，总设计用钢量约 7200t。屋盖罩棚为主次桁架结构，立面桁架支座设置于混凝土柱顶，上部桁架下弦支座设置于混凝土柱顶及混凝土环向梁顶，荷载通过混凝土构件传递至基础。钢屋盖结构如图 5-1 所示。

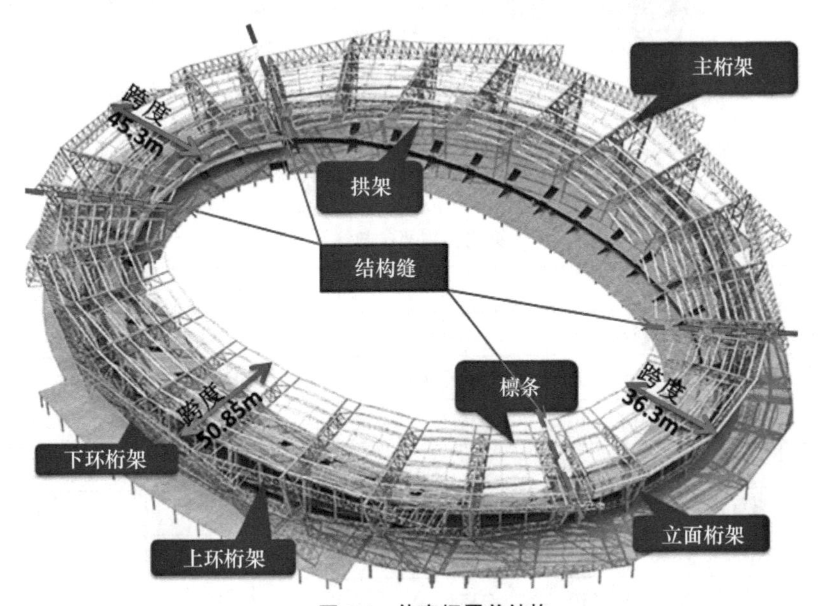


图 5-1 体育场屋盖结构

本工程施工工期要求紧，在保证结构质量的前提下尽可能缩短工期，合理规划钢结构的安装方案十分重要。按照施工组织总体设计，钢结构与混凝土结构进行部分搭接施工，混凝土工程施工过程中，各钢构件进行场外拼装，在环向叠合梁施工的同时开始钢结构的吊装工作。因此，确定钢结构总体安装方案、协调钢结构安装与混凝土结构施工的关系，对保证各项分部工程顺利施工具有重要意义。

### 5.1.2 钢结构单元

本工程钢罩棚由主桁架、环桁架、拱架、檩条和墙架组成，安装单元如图 5-2 所示。主桁架为“7”字形结构，共计 30 榀，在球节点位置作为安装点断开（球节点带在主桁架上），分为立面主桁架和水平主桁架。环桁架分为下环桁架和上环桁架，共计 2 道，分别为 26 榀。拱架共计 188 榀，檩条共计 180 根，墙架共计 610 组。钢构件主要参数见表 5-1。

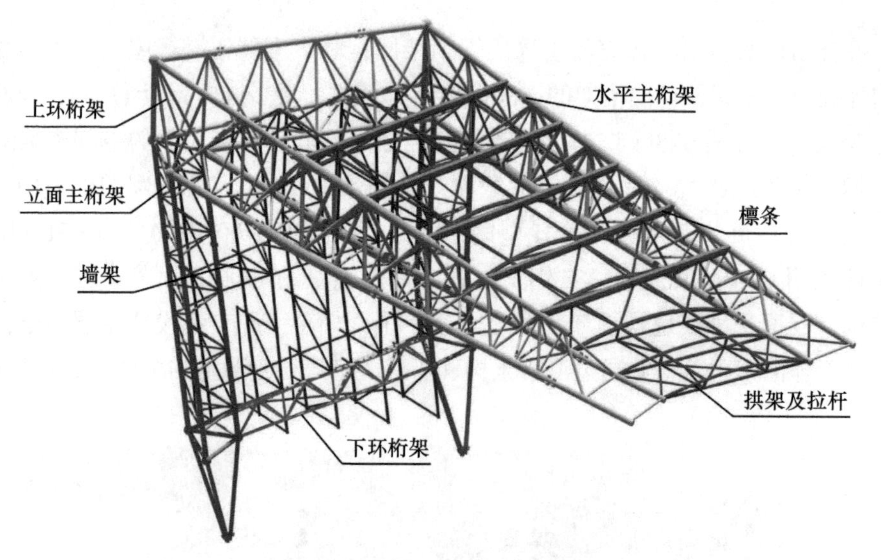


图 5-2 体育场钢结构安装单元

钢构件主要参数 表 5-1

| 构件名称 | 截面规格 | 材质 | 数量 | 最大长度（m） | 单钩最大重量（t） |
| --- | --- | --- | --- | --- | --- |
| 立面主桁架 | $\phi$450×24～$\phi$180×10 | Q355C、Q345C | 30 | 33.8 | 26.7 |
| 水平主桁架 | $\phi$1100×40～$\phi$180×10 | Q355C、Q345C | 30 | 50.85 | 98.2 |
| 下环桁架 | $\phi$377×16～$\phi$180×10 | Q355C | 26 | 24.2 | 14.1 |
| 上环桁架 | $\phi$550×26～$\phi$180×10 | Q355C | 26 | 32.6 | 50.8 |
| 拱架 | $\phi$345×16～$\phi$180×10 | Q355C | 188 | 32.3 | 5.4 |
| 檩条 | HN700×300×13×24 | Q355C | 180 | 28.6 | 5.6 |
| 墙架 | $\phi$345×16～$\phi$180×10 | Q355C | 610 | 25 | 24.2 |

## 5. 1. 3　总体部署

**1. 施工总平面布置**

在施工总平面布置时，尽量减少施工用地，平面布置紧凑合理又便于施工；合理组织现场运输，保证运输方便通畅；合理利用机械，保证机械满足安装需要。施工区域的划分和场地的确定，应符合建筑与安装施工流程要求，减少专业工种和各工程之间的干扰，以及对交通和毗邻财产的干扰。

本工程中，钢结构采用工厂钢管加工、现场组拼吊装的方式施工，在工地现场拼装不但方便钢构件与其他材料构件的连接，也很大程度上节省了运输费用，从而降低工程造价。

在施工中，整个施工场地被分为钢构件堆场、拼装场地和吊机路线三大板块。由于体育场水平主桁架重量大，长度长，为满足大型吊机吊装需求，根据现场实际情况，需在体育场整个内场和外场高看台位置布置拼装场地。在体育场首层平面沿外轮廓线设置 12m 宽的环形吊机行走道路，外场道路供 80t 履带吊和 300t 履带吊行走和吊装。在首层体育场内设置 22m 宽的弧形行走道路，供 180t 履带吊和 500t 履带吊行走和吊装。钢结构施工平面布置图如图 5-3 所示。

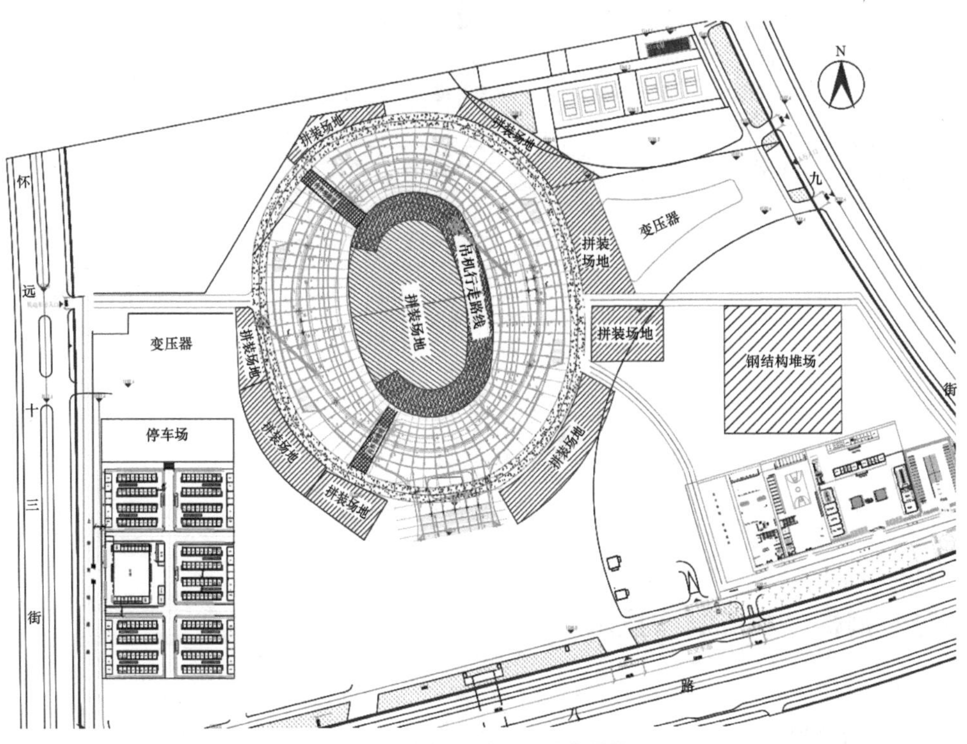


**图 5-3　钢结构施工平面布置图**

**2. 安装方案**

钢结构所有构件都采用工厂钢管加工、现场组拼后吊装的方式施工，在场内拼装水平主桁架和拱架，在场外拼装立面主桁架和环向桁架。根据现场塔吊位置，为便于吊装，总体按照从外到内、先主后次的吊装顺序组织吊装。

体育场钢结构施工划分为两大施工区，由低区向高区同步组织吊装施工。钢构件的安装顺序遵循埋件安装、胎架转换梁及支撑胎架安装、立面主桁架安装、下环桁架安装、水平主桁架安装、上环桁架安装、拱架及檩条安装的顺序完成，安装时进行构件之间的焊接。在整个屋盖结构安装、焊接完成并经过第三方检测合格后，开始屋盖结构支撑胎架的卸载工作。由于墙架主要作用为形成屋面造型，故最后进行墙架的安装。钢结构的施工工艺流程如图 5-4 所示。

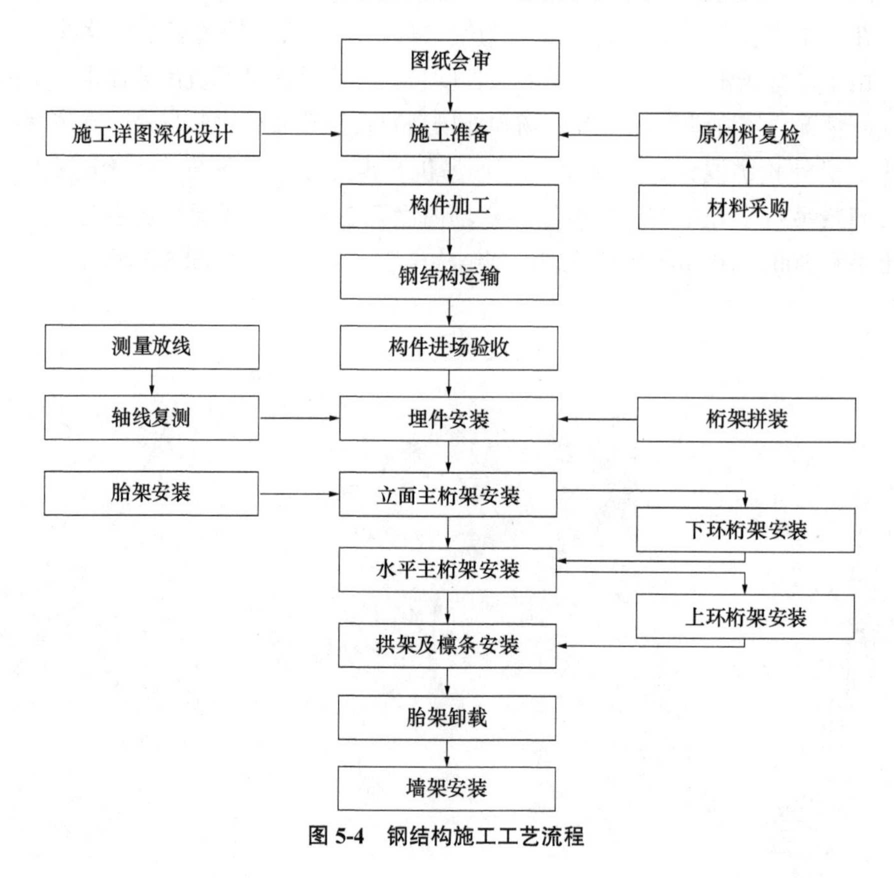


图 5-4　钢结构施工工艺流程

## 5.2　钢构件加工制作技术

### 5.2.1　工程背景

榆林市体育中心（体育场）钢结构为径向主桁架及环向桁架的空间桁架结构

形式，立面主桁架、水平主桁架、上环桁架和下环桁架均采用三角形空间桁架，弦杆及腹杆均为钢管构件。钢管连接节点有球节点、相贯节点和变截面节点三种形式，直缝管材质均为Q355C，无缝管材质为Q345C，球节点、埋件等板材材质为Q355B，其总体用钢量约7200t。钢结构的整体安装效果如图5-5所示。

图5-5 钢结构整体安装效果

本工程屋盖钢结构中，存在大量钢管加工，与钢管相贯节点的几何信息正确与否是相贯线切割质量保证的重要条件。桁架杆件皆为圆钢管，且连接节点均为相贯节点，采用合理的切割设备、切割工艺来确保钢管的相贯线切割精度将是体育场钢结构屋盖工程质量的重点。由于各空间桁架尺寸较大，无法整榀出厂，且运输中可能会对桁架产生质量影响，故钢管进场后进行现场组拼吊装。所有空间桁架结构拼装根据设计方案和工程定位测量数据设置拼装胎架，桁架拼装过程的精度和质量以及拼装胎架的精度都是影响钢构件的重点。

### 5.2.2 钢管工厂加工制作技术

在空间桁架现场拼装前，预先在工厂内对各钢管进行加工处理，主要加工内容为对钢管进行相贯口切割、直缝管加工和弯曲加工，制作的精度直接影响空间桁架拼装，继而影响整个钢结构屋盖的质量。

**1. 钢管相贯口切割**

本工程主桁架腹杆和弦杆间相贯连接，腹杆钢管相贯口采用数控相贯线切割机加工成型，如图5-6所示。采用最新的六轴全自动数控钢管相贯线切割机，实现多重相贯线的切割和坡口的开设，采用 CNC 控制系统，配置等离子切割机，几乎适应所有材质和各种厚度的管材。该设备建立 TEKLA 模型编制钢管的下料切割程序，将数据导入操作系统进行自动切割，保证了管件从下料切割到组装焊接层层把关，从而使整个加工过程可控性得到明显提高，质量得到保证。

图 5-6 钢管相贯线切割实例

**2. 钢管冷弯构件加工制作**

本工程主桁架下弦杆和拱架上弦杆为弯曲杆件，对于空间弯曲钢管，如何进行加工和加工后的精度如何检测是本工程的重点和难点。

对于钢管的平面弯曲，工厂使用油压顶弯机进行弦杆的机械冷弯。

弯管前先按钢管的截面尺寸制作专用靠模和压模，靠模和压模采用厚板制作，压模与顶压机传力装置用焊接连接，靠模与固定装置焊接连接，靠模和压模的开档尺寸根据试验数据确定。操作时，将钢管放置于靠模上，顶压机移动压模将钢管抱紧，随后顶压机通过传动装置传力给钢管，将钢管顶弯。钢管的逐步顶弯过程如图 5-7 所示。顶压机传动装置后撤，钢管可移动自如，作业方便，既控制了变形、保证了质量，又提高了工效。

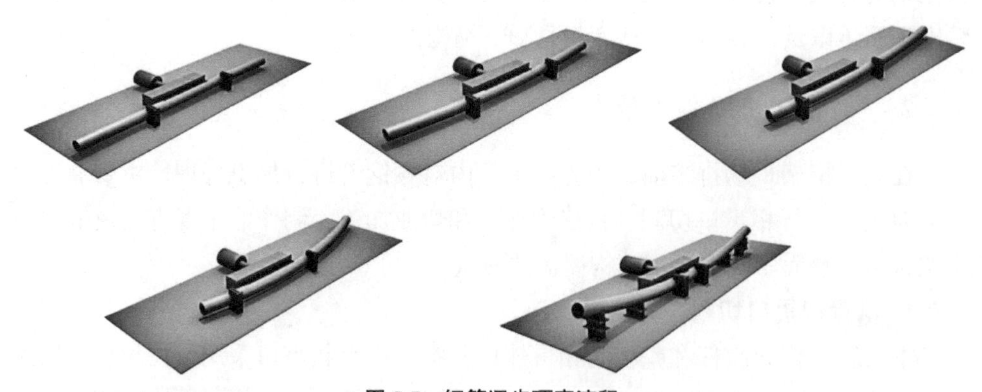

图 5-7 钢管逐步顶弯流程

### 3. 直缝管的加工

体育场钢屋盖的空间桁架结构均由钢管构件组成，钢管中包括无缝钢管和直缝管。直缝管加工过程中，截面尺寸、焊接质量、变形和外观控制等都是影响直缝管质量的关键因素。

直缝管在加工前应先对钢板原材进行矫平，防止钢板不平而影响切割质量，并进行钢板的预处理。随后进行钢板预弯，预弯是成型前的直接准备工序，其目的是消除钢板直边。预弯完成后采用大型油压机进行压管，根据板料规格、材料等设定折弯压力、上模规格、下模开口、折弯深度、步长等参数，生成程序即可进行折弯成型。为减小成型钢管的应力，以及为后续合缝焊接提供方便，采用O成型机模具分段、强制圆整，使开口缩小40mm左右。成型后的开缝管在专用合缝机上零间隙对接，并连续用自动 $CO_2$ 气体保护预焊打底。当钢板较厚时，打底前采用火焰预热。预焊清理后的钢管可先后进入内缝和外焊焊接工序，该工序为双丝自动埋弧焊，焊接过程全程监控，电控调节焊缝跟踪。焊接后变形弯曲的钢管需经过校直后才能达到标准允许的直线度，校直后的钢管进入整形工序，钢管由O形模具强制精确整形，以达到较高的圆度和直度。加工过程如图5-8所示。

钢板预弯

钢管压弯

钢管成型收口

合缝预焊

图5-8 直缝管加工（一）

外侧焊接

圆度精准

**图 5-8 直缝管加工（二）**

### 5.2.3 主桁架拼装

**1. 立面主桁架**

立面主桁架为三角形管桁架，主弦杆截面规格为 $\phi$450×16，腹杆为 $\phi$203×12、$\phi$180×10，每根主弦杆连接处设置一个 $\phi$800×20 的球形节点，根部三根弦杆通过一个 1/4 的 $\phi$900×30 球节点相贯焊接在 5.4m 平台处的预埋件上，顶部后装的两根杆件为 $\phi$180×10，其一端与球相贯，一端与立面桁架弦杆相贯，直接进行安装。

立面主桁架拼装时采用倒拼法拼装，在主弦杆下部设置 3 组拼装胎架，根部 3 根弦杆汇集处单独设置一个定位胎架。拼装时，先将水平的三根主弦杆的端头控制点坐标投放在支撑胎架的钢板上，然后将三根主弦杆依次吊装至胎架上进行拼装，用线坠对点，调整准确后用电焊进行临时固定。对于倾斜汇集于四分之一球节点的三根弦杆，拼装时用全站仪先定位最下侧的一根弦杆的空间坐标，然后将四分之一球节点拼装在该根倾斜的弦杆上，控制节点的直角边坐标，随后依次安装剩余的两根弦杆。然后安装竖向腹杆，因斜向腹杆与竖向腹杆存在部分隐蔽焊缝，故安装竖向腹杆时，需配置一名焊工跟随焊接隐蔽焊缝部分。待竖向腹杆的隐蔽焊缝焊接完成后，开始安装斜向腹杆，最后进行剩余焊缝的焊接。焊接前，在焊缝周边位置搭设活动式脚手架，方便焊工操作。立面主桁架具体拼装流程如图 5-9 所示。

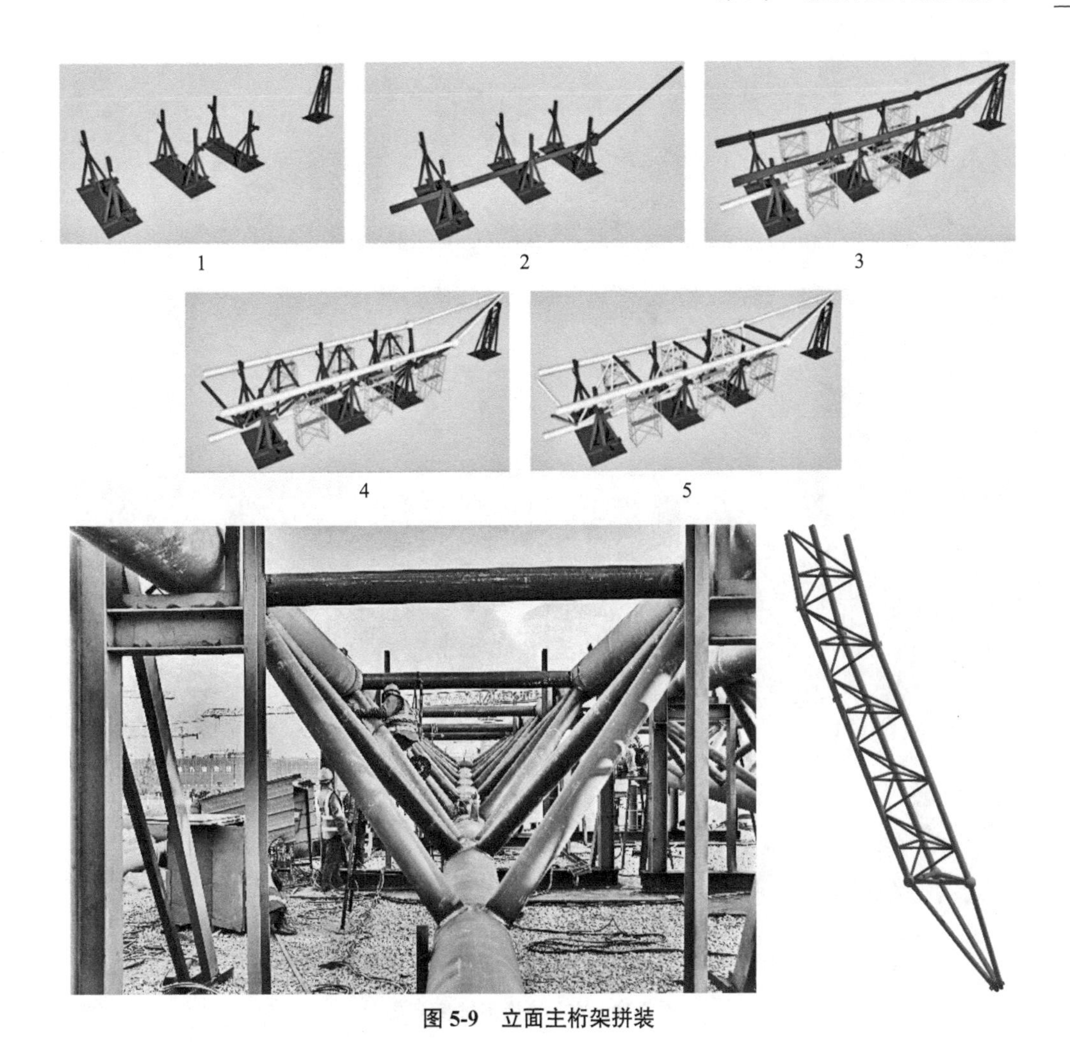


图 5-9 立面主桁架拼装

**2. 水平主桁架**

水平主桁架为三角形管桁架，宽度分为5m和3m两种规格。主弦杆截面规格为$\phi$500×26～$\phi$1100×40，腹杆为$\phi$180×10～$\phi$450×16，长度为36.7～50.85m，最重构件达98.2t，最大悬挑长度为29.8m，最小悬挑长度为19.5m。每榀主桁架根部设置4个$\phi$900×30的焊接球。

水平主桁架采用正拼法拼装，每根主弦杆下部设置2组支撑胎架，两侧弦杆胎架底部铺设钢板，中间弦杆胎架底部支设预制混凝土块。拼装时，先将水平两根主弦杆的端头控制点坐标投放在支撑胎架的钢板上，根据空间坐标完成两根主弦杆上不同直径的钢管焊接，随后拼装主弦杆间的水平腹杆。完成后，根据全站仪定位最上侧主弦杆的空间坐标，并加设一组安装胎架。最后进行斜向腹杆的安装，同时完成隐蔽部分的焊接。水平主桁架的后支座由两根$\phi$200×20的钢管组成倒三角形支撑，地面拼装时需将其一起拼装，方便高空就位焊接，故底部两根主弦杆的支撑胎架要高出地面约3m。水平主桁架具体拼装流程如图5-10所示。

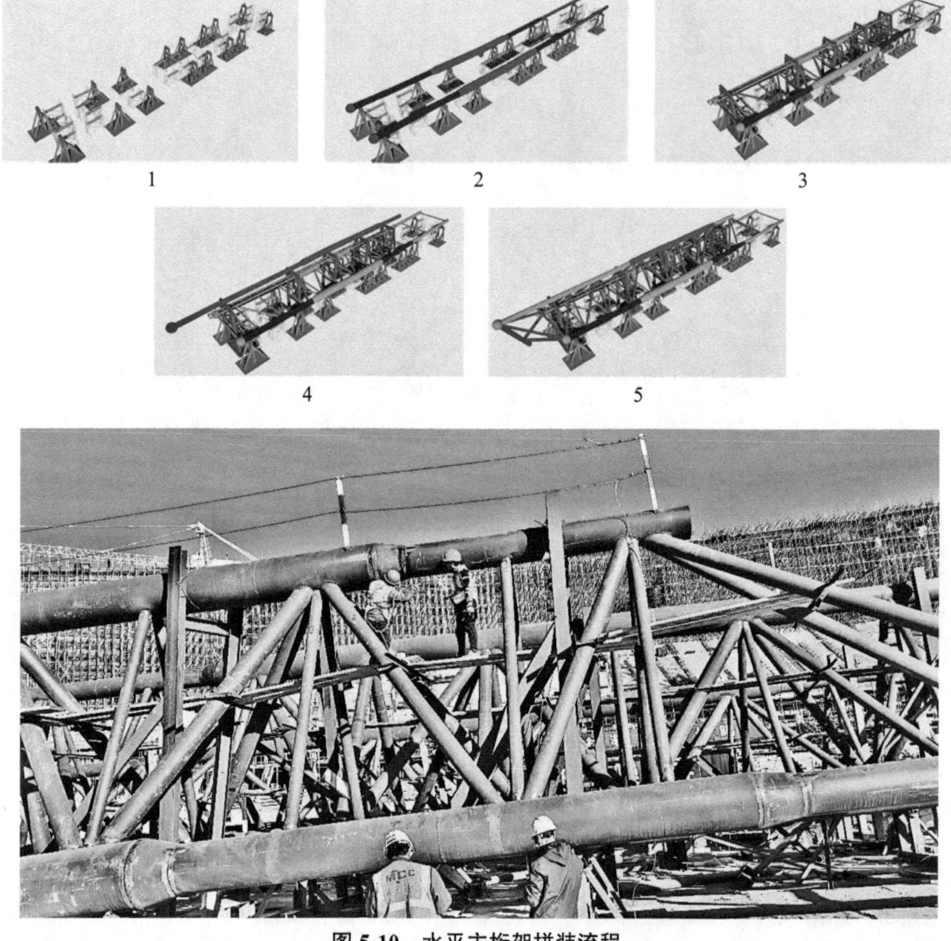


图 5-10 水平主桁架拼装流程

### 5.2.4 环桁架拼装

#### 1. 上环桁架

上环桁架共计26榀，均为三角形桁架，分带造型和不带造型两种。主弦杆截面规格为$\phi$402×16～$\phi$550×26，腹杆为$\phi$180×10～$\phi$245×14，腹杆长度为28.1～30.3m，内侧主弦杆两侧各设置一个变径大小头。

为方便桁架的地面拼装，将其长边放平，每根弦杆底部设置两组支撑胎架。拼装时先将主弦杆端头控制点投放到拼装钢板上，然后拼装底部平面弦杆间的腹杆。对上部主弦杆进行空间定位，最后安装顶部主弦杆与下部主弦杆之间的腹杆。拼装顺序与其他桁架一致，先安装一面腹杆，待隐蔽焊缝焊接完成后拼装斜腹杆。焊接时，下部两根主弦杆上的焊缝，焊工直接站于地面即可焊接；上部主弦杆的焊缝，在拼装腹杆前需搭设好活动脚手架。上环桁架具体拼装流程如图5-11所示。

图 5-11　上环桁架拼装流程

**2. 下环桁架**

当立面主桁架安装完成 2榀后，及时进行下环桁架的安装。下环桁架共计 26 榀，均为三角形桁架，主弦杆截面规格为 $\phi$273×14～$\phi$377×16，腹杆为 $\phi$180×10～$\phi$219×12，外侧主弦杆两侧各设置一个 $\phi$272～$\phi$377 的变径大小头，端头直接相贯焊接在球节点及立面桁架主弦杆上。

下环桁架采用正拼法拼装，每根主弦杆下部设置 2 组支撑胎架。其拼装方法与上环桁架拼装一致，均为先安装底部两根主弦杆，然后安装两弦杆之间的平面腹杆。待定位安装完第三根主弦杆后，开始斜向腹杆的安装。焊接时，下部两根主弦杆上的焊缝，焊工直接站于地面即可焊接；上部主弦杆的焊缝，在拼装腹杆前需搭设好活动脚手架。下环桁架具体拼装流程如图 5-12 所示。

图 5-12 下环桁架拼装流程

### 5.2.5 拱架及檩条拼装

拱架为平面桁架，共计 188 榀。上弦弧形杆件截面规格为 $\phi345\times16$，下弦为 $\phi245\times16$，腹杆截面规格为 $\phi180\times10$。檩条为 H 型钢，共计 180 根，截面规格为 HN700×300×13×21，长度为 18～28.6m。拱架和檩条通过拉杆连接，拉杆截面规格为 $\phi203\times12$，拉杆与拱架相贯焊接，与檩条通过安装螺栓和焊接连接。

为方便安装和控制桁架的精确度，在平面桁架拼装完成后将其两两组成一个吊装单元。拱架两端头与主桁架直接相贯焊接，下部弦杆通过插板固定在上部弧形杆上，不与主桁架焊接。拉杆与檩条通过螺栓临时连接，调整好位置后将耳板周围进行焊接。檩条单根最重 5.6t，与拱架同时安装，安装前先在主桁架的上弦杆上用全站仪定位安装点，然后将檩条的腹板直接与主桁架的上弦杆进行焊接。拱架、檩条如图 5-13 所示。

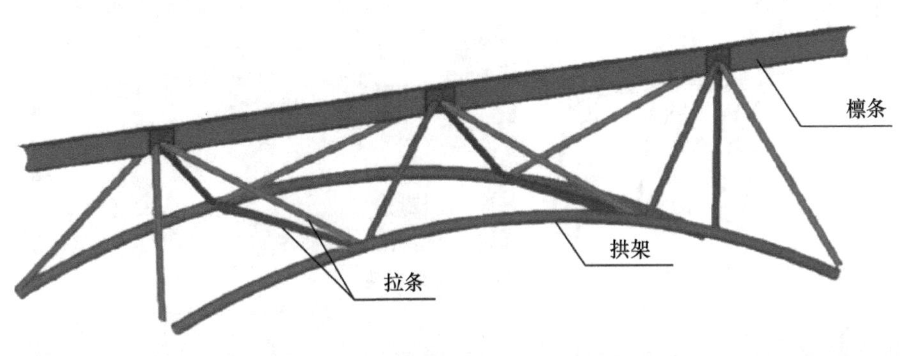

图 5-13　拱架及檩条

### 5.2.6　墙架拼装

墙架为平面管桁架结构，共计 610 榀，形成墙面特殊造型的支撑结构框架。主弦杆截面规格为 $\phi245\times16\sim\phi345\times16$，腹杆为 $\phi180\times10$，构件的最大长度为 25m，弦杆与腹杆间采用相贯焊接。

墙架分为单片单元和多片单元两种类型。拼装时，在主弦杆下设置四组拼装胎架，每组由六榀 HW200 型钢梁组成。对主弦杆定位完毕后，安装弦杆间的腹杆形成单片平面结构。对于多片单元，按照空间定位进行拼装，通过中间两道横向平面支撑连接形成整体，拼装完成后对墙架两端点坐标位进行复测。墙架拼装流程如图 5-14 所示。

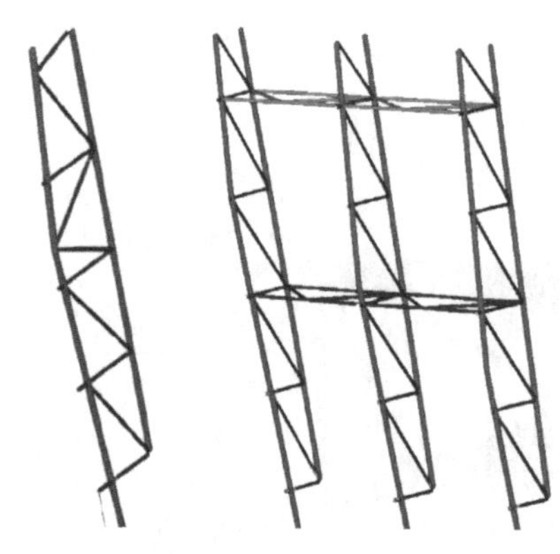

图 5-14 墙架拼装

## 5.3 钢结构安装技术

### 5.3.1 工程背景

榆林市体育中心（体育场）钢结构工程为主桁架及环向桁架的空间桁架结构形式，总用钢量约 7200t。钢结构所有空间桁架均采用工厂钢管加工、现场组拼吊装的方式，最大单体空间桁架重量达 98.2t，水平主桁架向场内悬挑 29.8m。整个钢屋盖设置四条结构缝，将屋盖分为两个高区和两个低区，吊装时同步由低区域向高区域行进，在同一区域内，遵循先主结构后环结构的安装原则。

在本工程中，钢屋盖空间桁架类型较多，拼装精度要求高，焊接工作量大。安装时单个吊装单元重量大，构件安装高度高，空间精度要求较严格。各桁架在高空进行焊接，需保证吊装精度。因此，需对整个钢结构的安装过程进行研究分析。

### 5.3.2 机械设备选择与布置

#### 1. 施工机械选择

体育场的钢构件主要采用汽车吊、履带吊进行卸车、吊装。钢结构安装采用的主要机械如表 5-2 所示。

施工机械选用表　　表 5-2

| 机械名称 | 规格型号 | 数量（台） | 主要工作性能 | | 提升构件 |
|---|---|---|---|---|---|
| | | | 臂长（m） | 最大作业半径（m） | |
| 汽车吊 | QY25 | 4 | $L=20$ | 40 | 地面拼装 |
| 汽车吊 | XCT100 | 2 | $L=64$ | 40 | 预埋件安装 |
| 履带吊 | QUY80 | 4 | $L=58$ | 26 | 构件拼装卸车、胎架安装拆除 |
| 履带吊 | QUY260 | 2 | $L=47+36$ | 34 | 内场拱架檩条单元 |

续表

| 机械名称 | 规格型号 | 数量（台） | 主要工作性能 | | 提升构件 |
|---|---|---|---|---|---|
| | | | 臂长（m） | 最大作业半径（m） | |
| 履带吊 | QUY300 | 2 | $L=48+36$ | 34 | 立面主桁架 |
| | | | | 38 | 下环桁架 |
| | | | | 30 | 上环桁架 |
| | | | | 30 | 外场拱架檩条单元 |
| | | | | 28 | 墙架 |
| 履带吊 | QUY500 | 2 | $L=48+30$ | 42 | 水平主桁架 |

**2. 吊机平面布置**

安装时，在体育场外进行立面主桁架、上环桁架、下环桁架的拼装与吊装，水平主桁架分两部分，12 榀在场外组拼吊装，剩下 18 榀在场内组拼吊装，拱架和檩条也根据定位分别在内外场进行吊装，墙架在场外吊装。吊机的场内外平面布置图如图 5-15、图 5-16 所示。

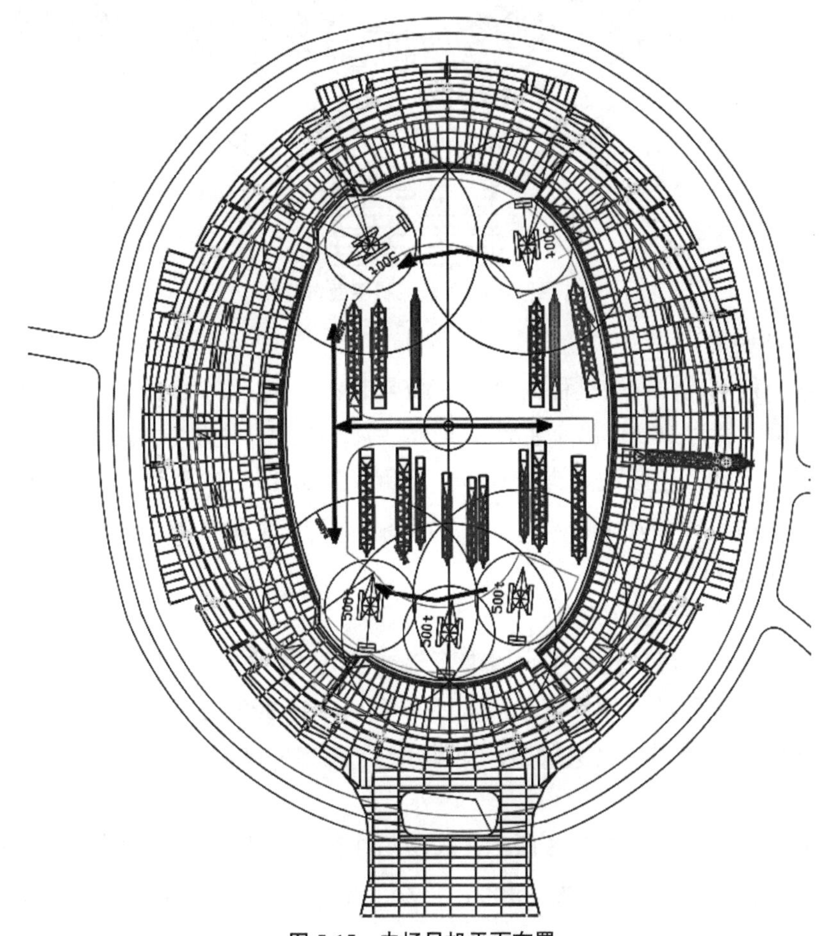

**图 5-15　内场吊机平面布置**

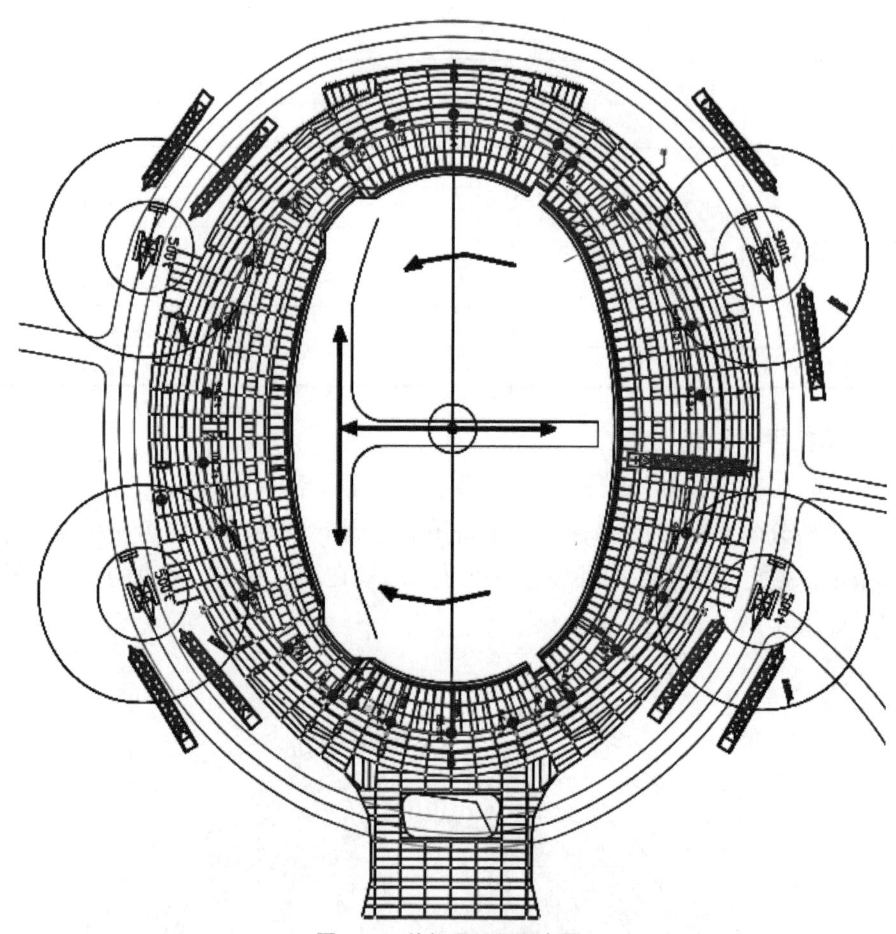


**图 5-16　外场吊机平面布置**

### 3. 吊机验算

以本工程钢结构安装过程的 QUY500t 履带吊为例，该吊车的最大作业半径为 42m，超起半径为 16m。吊车主臂重 41t，副臂重 11t，主机重 150t，履带重 70t，转台压重为 120t，超起配重为 250t，钩头钢丝绳重 10t，其外形尺寸如图 5-17 所示。验算当吊机的行走道路承载力、吊装最大构件重量为 98.2t 时的地基承载力和吊机抗倾覆性能。

（1）行走道路承载力验算

履带吊行车及吊装过程中，履带下部铺设路基箱，平面尺寸为 2m×6m，路基箱下部地面为砂地，用水沉砂后利用碎石填充约 300mm 并压实，最后在碎石上满铺路基箱。据现场提供数据，地基承载力按 130kPa 考虑。吊机在道路上行走时，考虑构件重量为 0。

根据计算数据，如图 5-18 所示。履带吊在行车过程中，履带下部最大压应力约为 69kPa，最小压应力约为 55kPa，均小于地基承载力 130kPa，地基承载力满足行车要求。

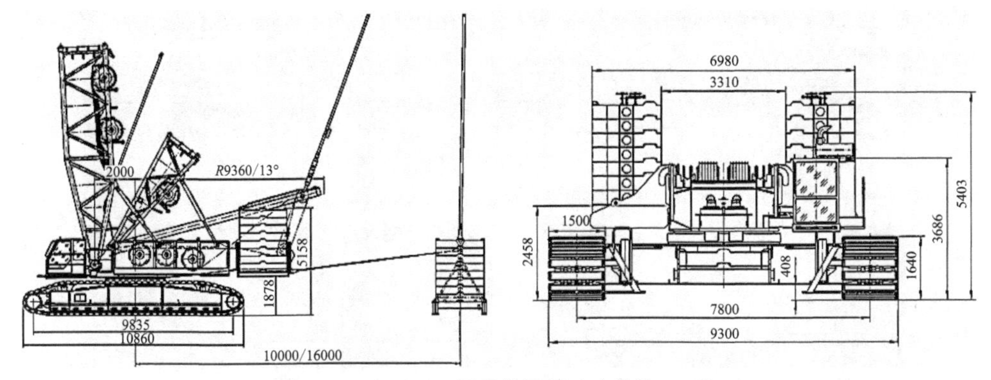


图 5-17　QUY500 吊机外形尺寸（单位 mm）

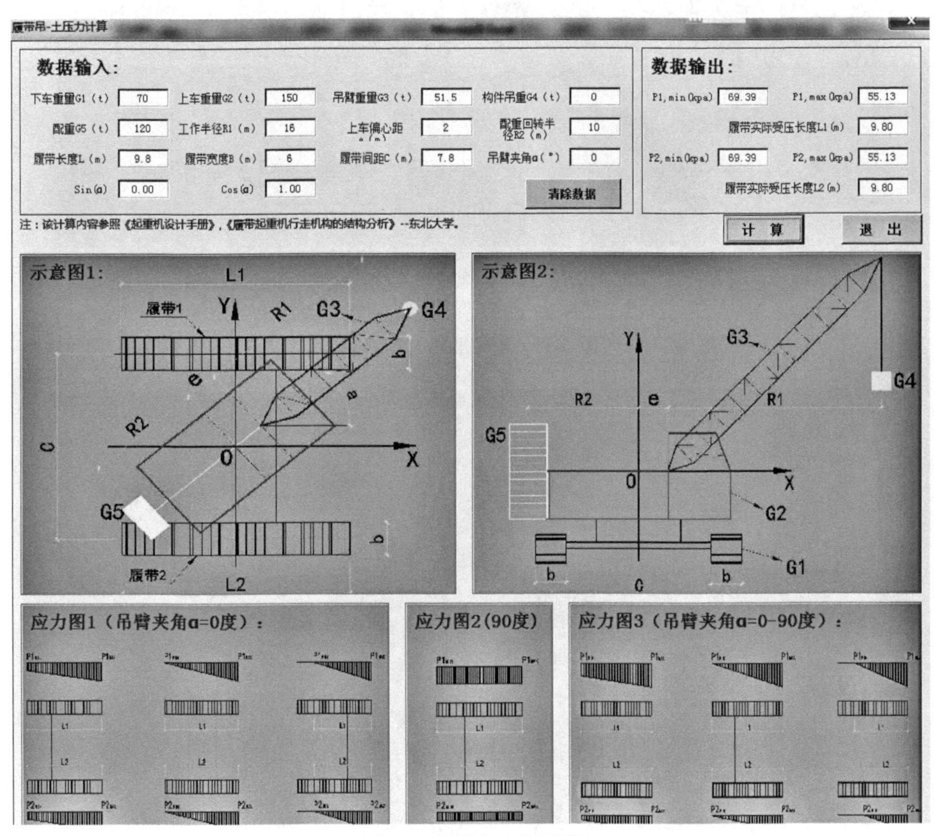


图 5-18　行车工况验算

（2）吊装工况验算

由于吊装单元中最大构件重达 98.2t，为保持在吊装过程中的平衡，需加大配重到 370t，因此对吊装最大构件时的地基承载力进行验算十分重要。按吊臂与行车方向之间角度不同，分别验算 45° 和 90° 工况下地基压应力，如图 5-19、图 5-20 所示。根据程序运算结果，吊装时最大压应力约为 70kPa，最小压应力约为 64kPa，均小于地基承载力 130kPa，地基承载力满足吊装工况要求。

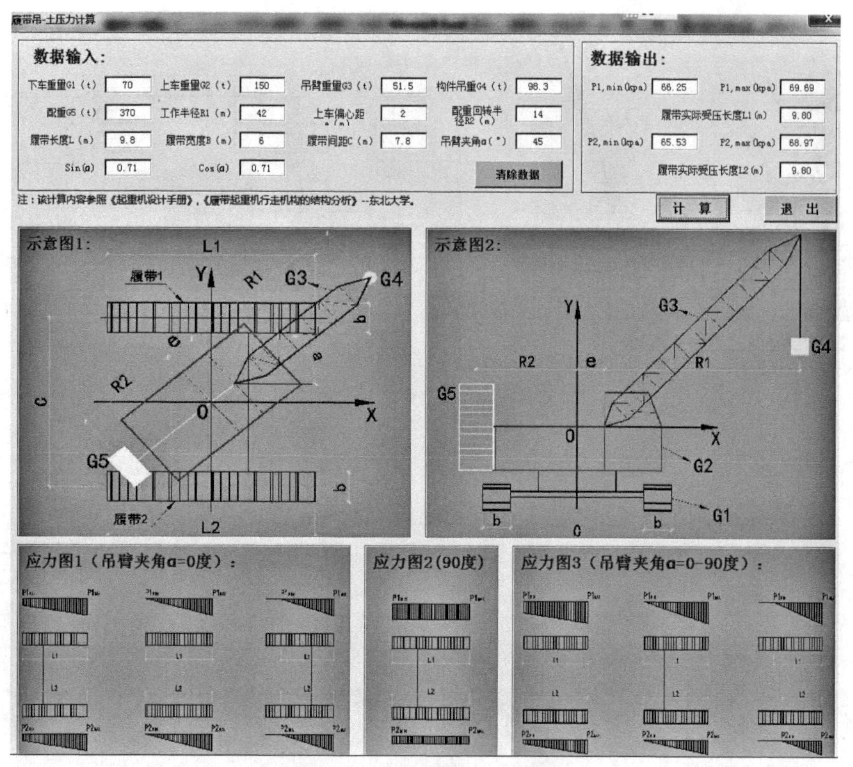


图 5-19　45° 吊装工况验算

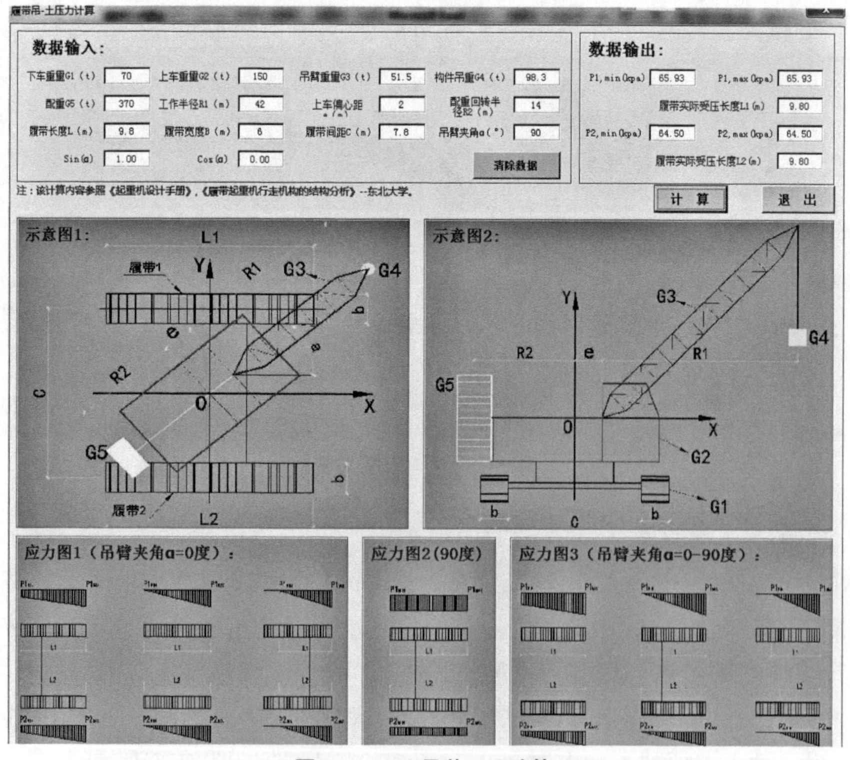


图 5-20　90° 吊装工况验算

（3）吊机抗倾覆验算

起重机在吊装高看台区域的水平主桁架时需接长起重臂，为保证起重机的稳定性，确保在吊装中不发生倾覆事故，需进行整个机身在作业时的稳定性验算。当起重臂与行驶方向垂直时，起重机的稳定性最差。验算后，若不满足要求，则应采用增加配重等措施。履带吊的受力如图 5-21 所示。

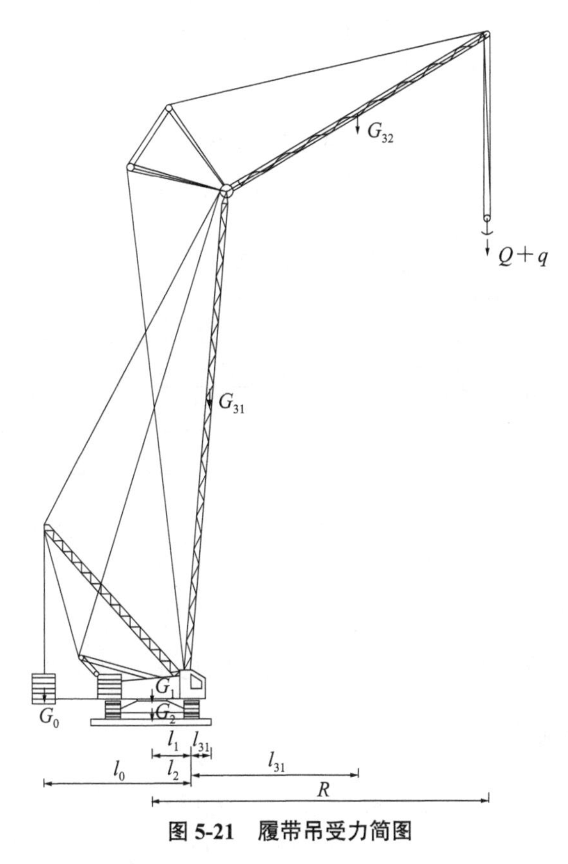


**图 5-21　履带吊受力简图**

本工程计算时仅考虑吊装荷载，不考虑附加荷载，则起重机的稳定性安全系数 $K_2$ 计算公式为：

$$K_2=\frac{M_{\mathrm{r}}}{M_{\mathrm{OV}}}=\frac{G_1l_1+G_2l_2+G_0l_0-G_3l_3}{(Q+q)(R-l_2)}\geqslant 1.4$$

式中　$G_1$——起重机机身可转动部分的重力（kN）；

$G_2$——起重机机身不转动部分的重力（kN）；

$G_3$——起重臂重力（kN）；

$G_0$——平衡重的重力（kN）；

$Q$——吊装荷载（包括构件重量和索具重量，kN）；

$q$——起重滑车组的重力（kN）；

$R$——$G_2$ 重心至吊装荷载的距离；

$l_0$——$G_0$ 重心至履带中点的距离；

$l_1$——$G_1$ 重心至履带中点的距离（地面倾斜影响忽略不计，m）；

$l_2$——$G_2$ 重心至履带中点的距离（m）；

$l_3$——$G_3$ 重心至履带中点的距离（m）。

其中，$G_3l_3 = G_{31}l_{31} + G_{32}l_{32}$，$G_{31}$ 为主臂重力，$l_{31}$ 为主臂重心至履带中点的距离；$G_{32}$ 为副臂重力，$l_{32}$ 为副臂重心至履带中点的距离。

在本工程中，参数取值如表 5-3 所示。

**抗倾覆计算参数取值**　　表 5-3

| 参数 | 取值（kN） | 参数 | 取值（m） |
|---|---|---|---|
| $G_0$ | 2500 | $l_0$ | 19.9 |
| $G_1$ | 1200 | $l_1$ | 3.9 |
| $G_2$ | 1200 | $l_2$ | 3.9 |
| $G_{31}$ | 410 | $l_{31}$ | 2.3 |
| $G_{32}$ | 110 | $l_{32}$ | 26.2 |
| $Q+q$ | 982 + 100 | $R$ | 40 |

经计算得 QUY500 起重机在吊装最大构件时候的稳定安全系数为：

$$K_2 = \frac{M_r}{M_{OV}} = 1.42 > 1.4$$

故履带吊抗倾覆性满足要求，认为履带吊的工作状态为安全。

### 5.3.3　预埋件及桁架安装

根据现场场地条件、吊机搭配及施工任务的分工情况，整个钢结构体系按照先主后环的原则进行安装。先进行预埋件安装和胎架的搭设，胎架作为安装阶段立面主桁架的受力支撑，其定位精度至关重要。桁架的安装从立面主桁架开始，当安装两榀后，为保证结构的整体性，下环桁架开始安装，两者同步交叉进行。随后开始安装水平主桁架，与下环桁架相同，在安装两榀后，开始安装上环桁架，两者同步交叉进行，最后进行拱架和檩条的安装。当所有主要构件安装完毕后，进行支撑胎架的卸载工作，最后完成墙架的安装。

**1. 预埋件安装**

预埋件是指对后续施工起支撑或连接作用的构件。本工程共有多种预埋件，主要分为两类：一类是正式构件预埋件；另一类是胎架转换梁预埋件，对构件起到支撑作用。如图 5-22 所示。正式预埋件分别为 5.4m 底部预埋件、13.1m 柱侧预埋件、柱顶预埋件和梁顶预埋件，柱顶预埋件标高和梁顶预埋件标高均根据混凝土构件标高而定，所有预埋件板材均采用 Q335B。

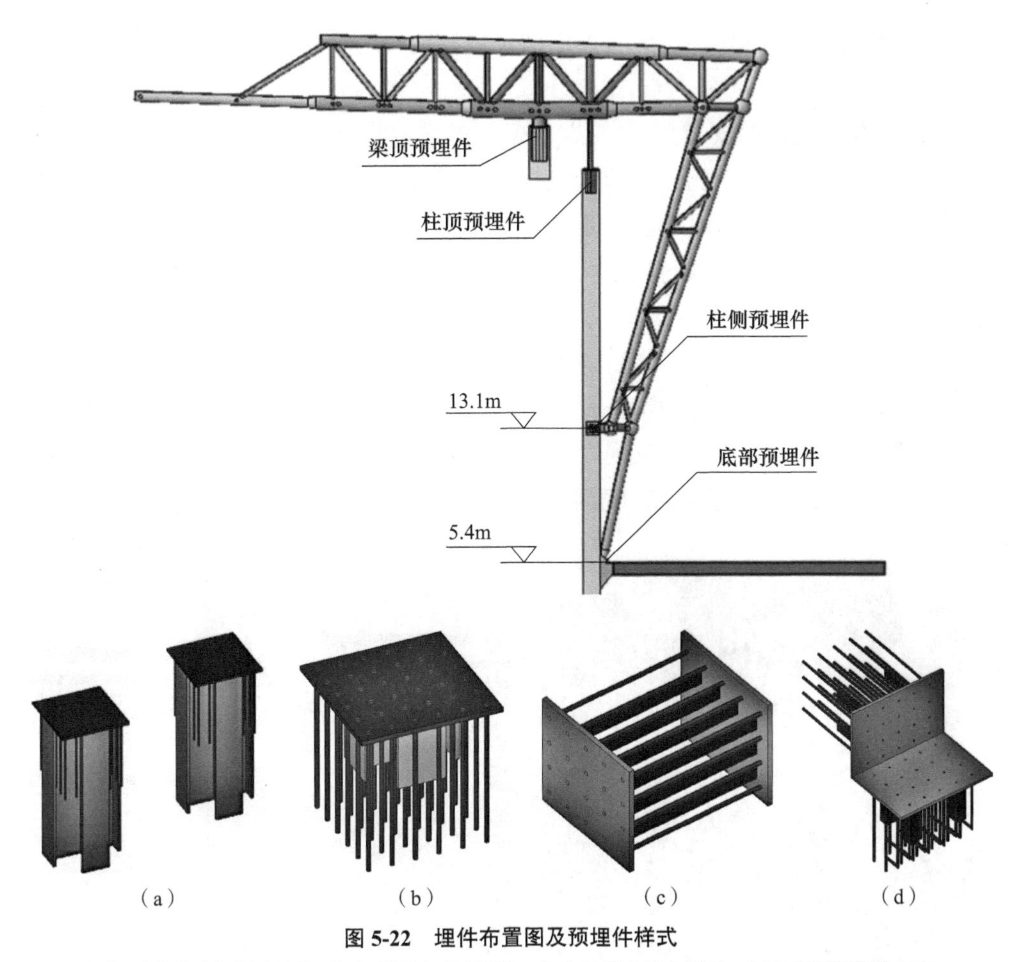


**图 5-22　埋件布置图及预埋件样式**

（a）环形梁顶支座预埋件；（b）柱顶支座预埋件；（c）柱侧支座预埋件；（d）底部预埋件支座

支座预埋件在柱和梁混凝土浇筑时预先埋设进结构内部，选用 XCT100 型 100t 汽车吊，吊装时站位于外圈环形通道上，最远作业半径 40m，起重量 2t，安装高度为 35m。

柱顶和梁顶预埋件的安装相对容易，在土建柱和梁钢筋绑扎及梁柱模板封模后进行预埋，按照土建轴线中心点放置在柱顶和梁顶后，采用全站仪进行预埋件中心坐标及标高的校核，对偏差进行调整后，将预埋件直接焊接固定在钢筋笼上，防止混凝土浇筑时预埋件偏移。

柱侧预埋件施工需在柱模板封模前进行预埋，由于预埋件重量大及钢筋密集，安装较为困难。柱钢筋绑扎完成，要对柱钢筋笼进行位置及垂直度的校正，并采取临时固定措施，保证其位置及垂直度在封模后无偏差，再进行预埋件的安装。柱侧预埋件安装时先临时点焊在钢筋笼上，在校核完成后，再焊接牢固。因柱竖向钢筋及箍筋较密，预埋件在校核过程中如有偏差，位置难以调整，所以先在柱钢筋笼上用全站仪定出预埋件下边线的中心点，临时焊接钢筋头用以标记，然后按此标记安放预埋件，此时预埋件位置控制较为精确，减少调整次数，节约时间。

**2. 立面主桁架的安装**

立面主桁架在单个施工队拼装完成10榀后开始安装。采用300t履带吊进行吊装，站位于外圈环形通道上，最大构件重26.7t，采用四点捯链，下部两点配置2个10t捯链，用以调整倾斜角度，最远作业半径34m。因立面桁架倾斜度较大，脱胎时采用80t履带吊进行配合，吊装钢丝绳设置在高于重心的水平腹杆与弦杆相贯节点，调节用的钢丝绳和捯链设置在斜撑连接的下节点球位置，钢丝绳长度提前计算好，然后缓慢起钩调至安装状态。经吊车吊至安装位置后，调整桁架到精确位置，测量人员经全站仪观察其定位，随后焊接工人开始工作，直到焊接完成，吊钩方可松开，支撑胎架开始工作。立面主桁架吊装示意如图5-23所示。

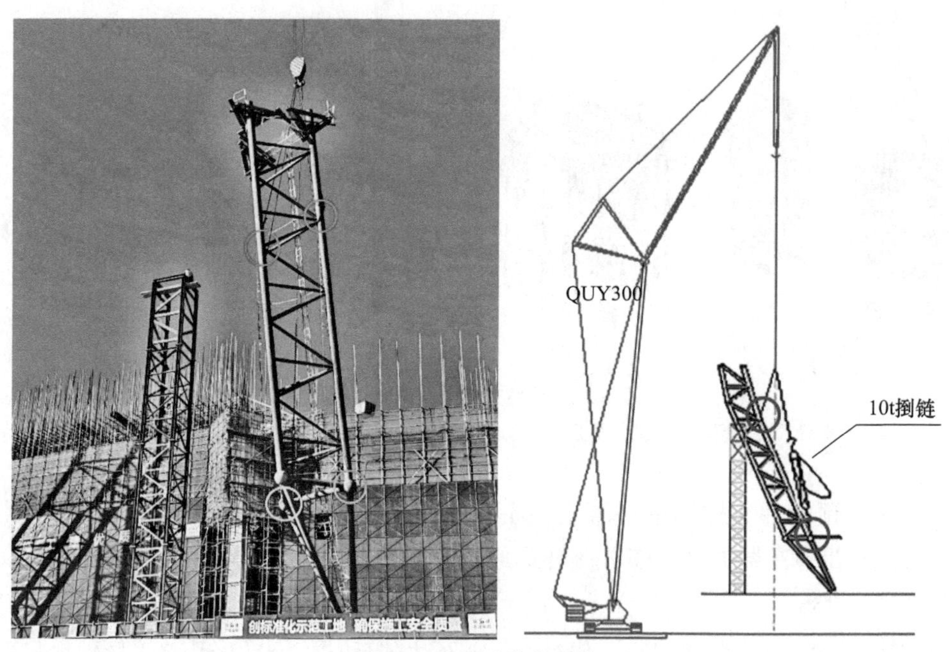


图5-23 立面主桁架吊装

**3. 下环桁架安装**

当安装完相邻两榀立面桁架后开始安装下环桁架，此后立面桁架与下环桁架的安装同步进行。下环桁架相对较轻，最重构件14.1t，使用300t履带吊进行安装，吊机站位于外侧环形通道上。吊装时因桁架主弦杆截面规格及长度不同，导致其重心不在中心位置，故吊装时采用四点吊，单侧配置2个10t捯链用以调整安装角度，所有吊点均设置在弦杆与腹杆的相关节点处。吊装至安装位置后，完成精准定位再开始与立面桁架进行焊接，焊接完成方可松开吊钩。下环桁架吊装如图5-24所示。

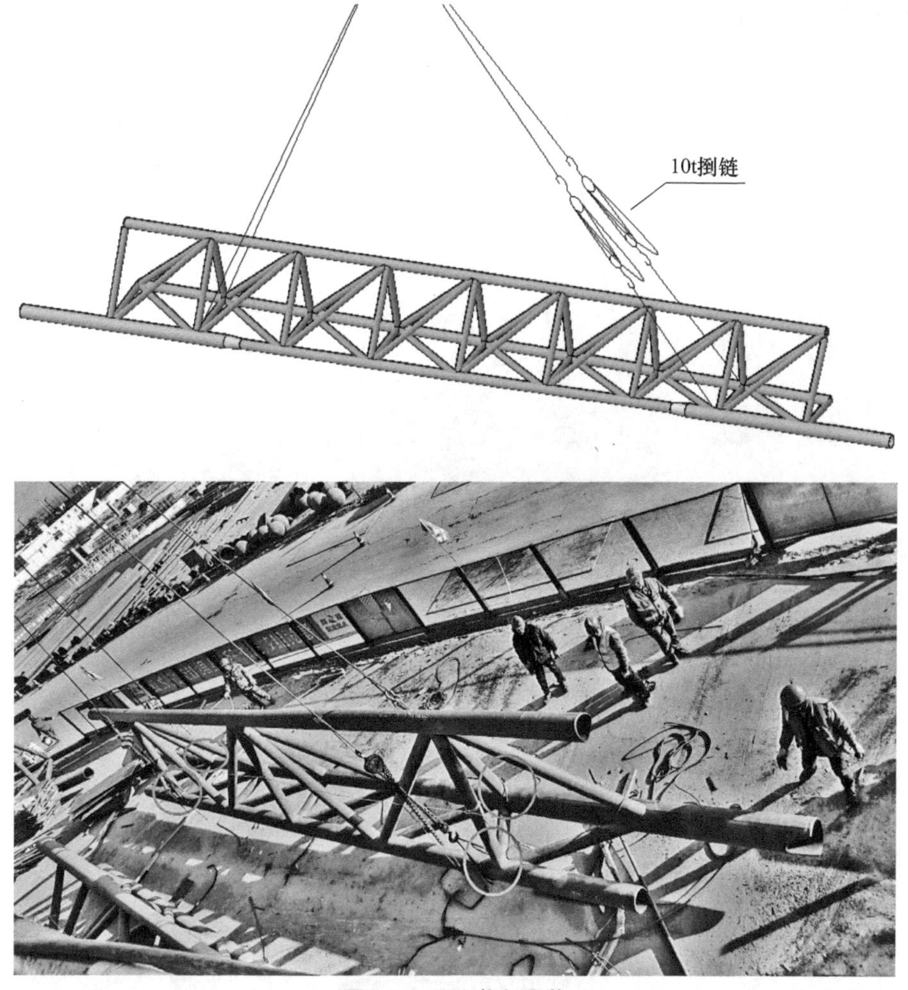


图 5-24 下环桁架吊装

**4. 水平主桁架的安装**

水平主桁架共 30 榀，每个施工队负责 15 榀主桁架，低看台位置的 9 榀布置在场内拼装及安装，高看台的 6 榀布置在外圈环形通道两侧拼装。每个施工队在拼装完成 5 榀后即可开始安装作业，最重构件 98.2t，作业半径约 40m，采用四点吊装，远离重心位置的 2 根平衡钢丝绳各配置 1 个 20t 捯链，用以安装过程中的调整处理。

地面脱胎起钩前，提前选定钢丝绳捆绑位置，并计算每根钢丝的长度，在地面即将其调整至安装状态，同时在下弦杆靠内场的封头板中心位置贴好反光片，用以就位过程中的测量。

立面桁架吊装前，在立面主桁架靠端头 1.2m 位置搭设焊接平台，并在立面桁架上部设置直爬梯，方便施工人员爬至操作平台。吊装至安装位置并精准定位后，待焊接工人完成水平主桁架与立面主桁架的球节点焊接，方可松开吊钩。水平主桁架吊装如图 5-25 所示。

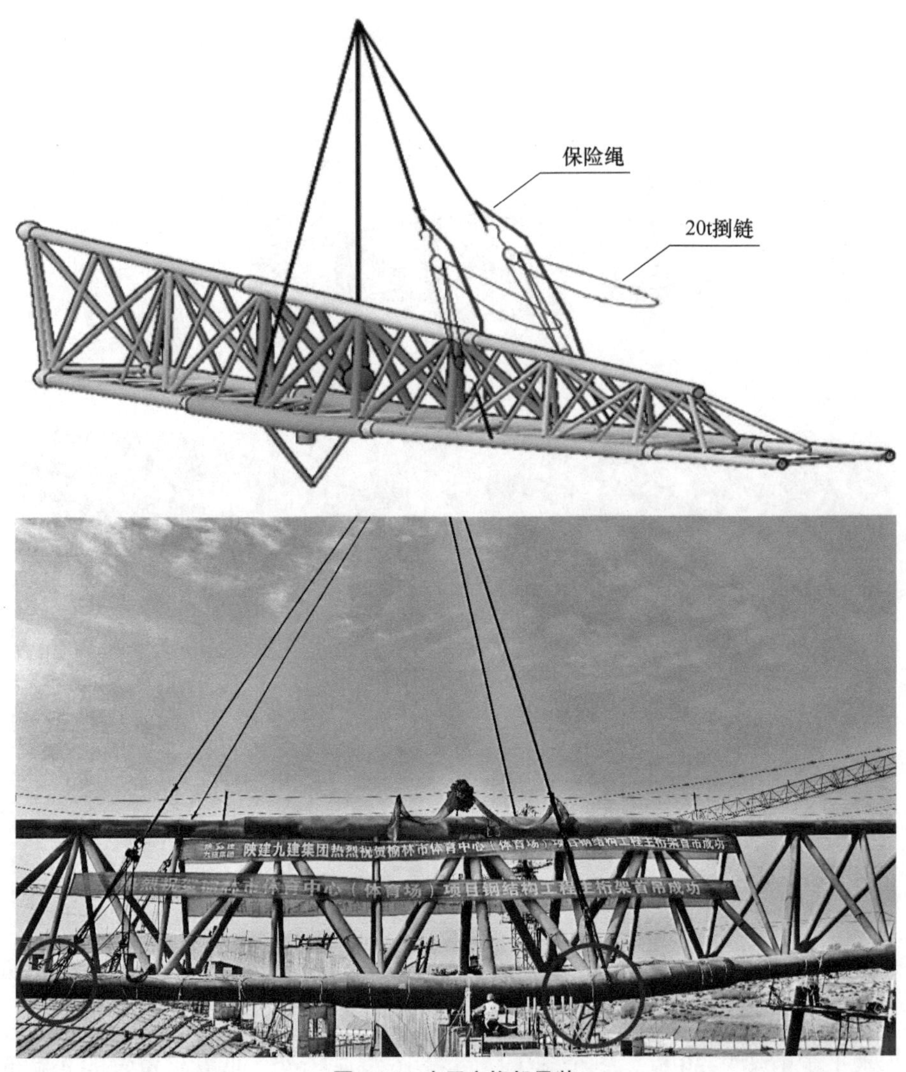


图 5-25　水平主桁架吊装

**5. 上环桁架的安装**

与下环桁架相同，每安装完成两榀水平主桁架后，及时安装上环桁架，形成稳定的结构体系，随后上环桁架与水平主桁架的安装同步进行。上环桁架带三角桁架的较重，采用 500t 履带吊进行安装，低看台桁架之间的桁架较轻，采用 260t 履带吊进行安装。吊机站位于外侧环形通道上，因桁架主弦杆截面规格及长度不同，导致其重心不在中心位置，故吊装时采用四点吊，单侧配置 2 个 10t 捯链（带三角桁架的上环桁架吊装配置 20t 捯链），用以调整安装角度。吊装至安装位置，待精准定位后与水平主桁架进行焊接，焊接完毕方可松开吊钩。上环桁架吊装如图 5-26 所示。

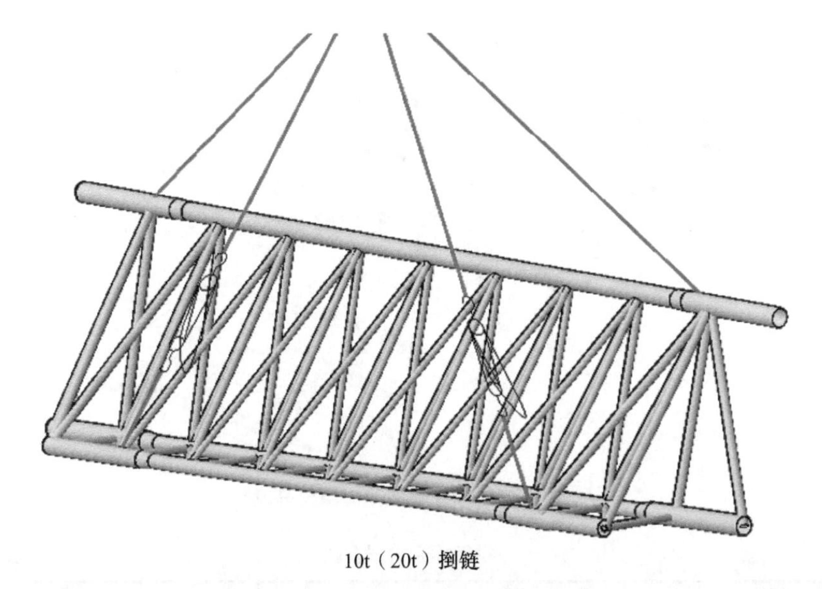

图 5-26　上环桁架吊装

**6. 拱架檩条的安装**

拱架檩条吊装单元由平面拱架、檩条及拉杆在地面拼装而成。檩条及拱架根据主桁架位置进行分段，分为 30 个区域，每个区域分为 4 个吊装单元，单元间的杆件散装。如图 5-27 所示。

拱架两端头与主桁架直接相贯焊接，下部弦杆通过插板固定在上部弧形杆上，不与主桁架焊接。相邻吊装单元安装完成后，及时进行中间的补档拉杆安装。檩条腹板与主桁架的上弦杆焊接连接，拉杆与檩条通过螺栓临时连接，调整好位置后将耳板周围进行焊接。拱架檩条单元的分段参数如表 5-4 所示。

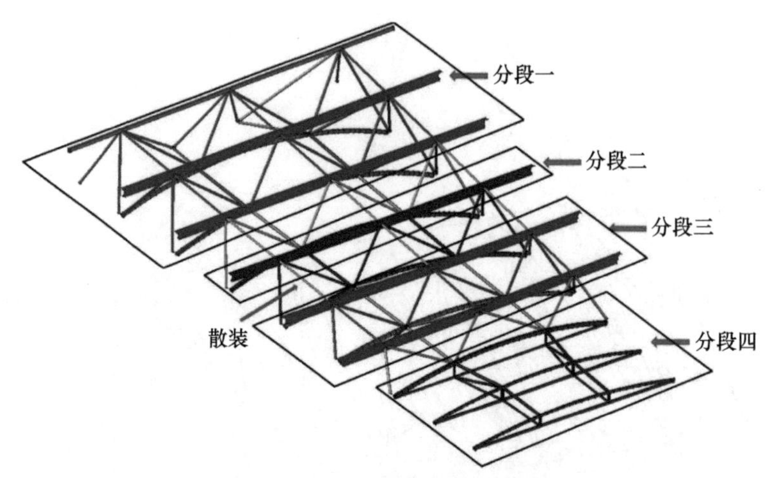


图 5-27 拱架檩条吊装单元分段

拱架檩条分段参数 表 5-4

| 构件名称 | 长度（m） | 单钩最大重量（t） | 吊机选择 | 作业半径（m） | 备注 |
|---|---|---|---|---|---|
| 分段一 | 27.51 | 32.48 | QUY300 | 30 | 外场吊装 |
| 分段二 | 25.97 | 15.23 | QUY260 | 34 | 内场吊装 |
| 分段三 | 25.41 | 16.57 | QUY260 | 25 | 内场吊装 |
| 分段四 | 18.51 | 13.05 | QUY260 | 15 | 内场吊装 |

拱架檩条安装流程如图 5-28 所示。

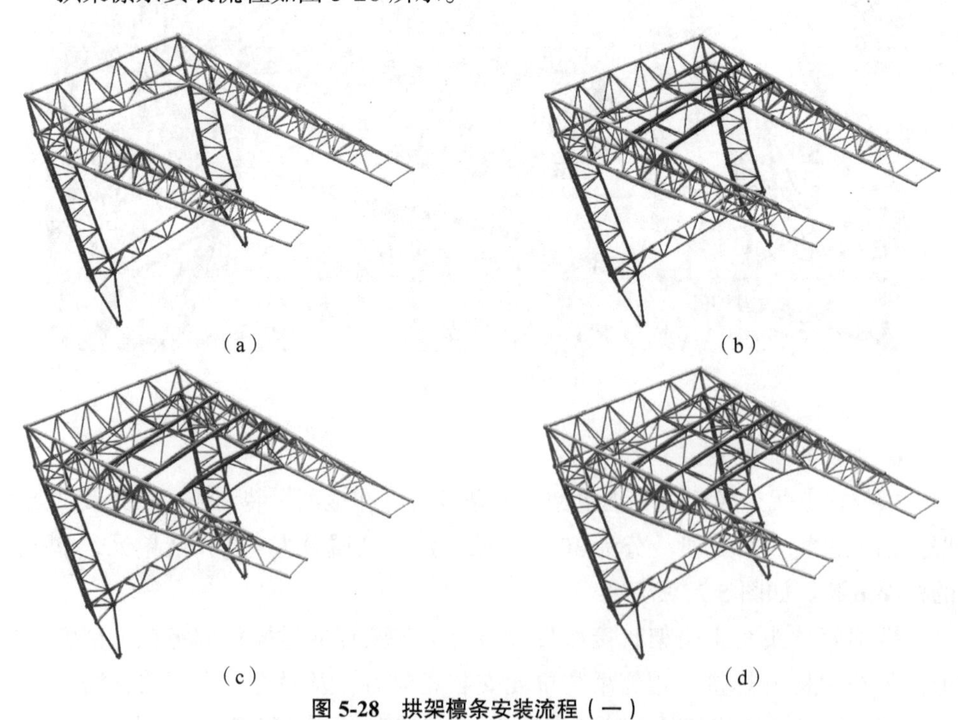


图 5-28 拱架檩条安装流程（一）

（a）水平主桁架及上环桁架安装；（b）外场吊装第一段拱架檩条单元；
（c）杆件补档及内场吊装第二段拱架；（d）内环杆件补档

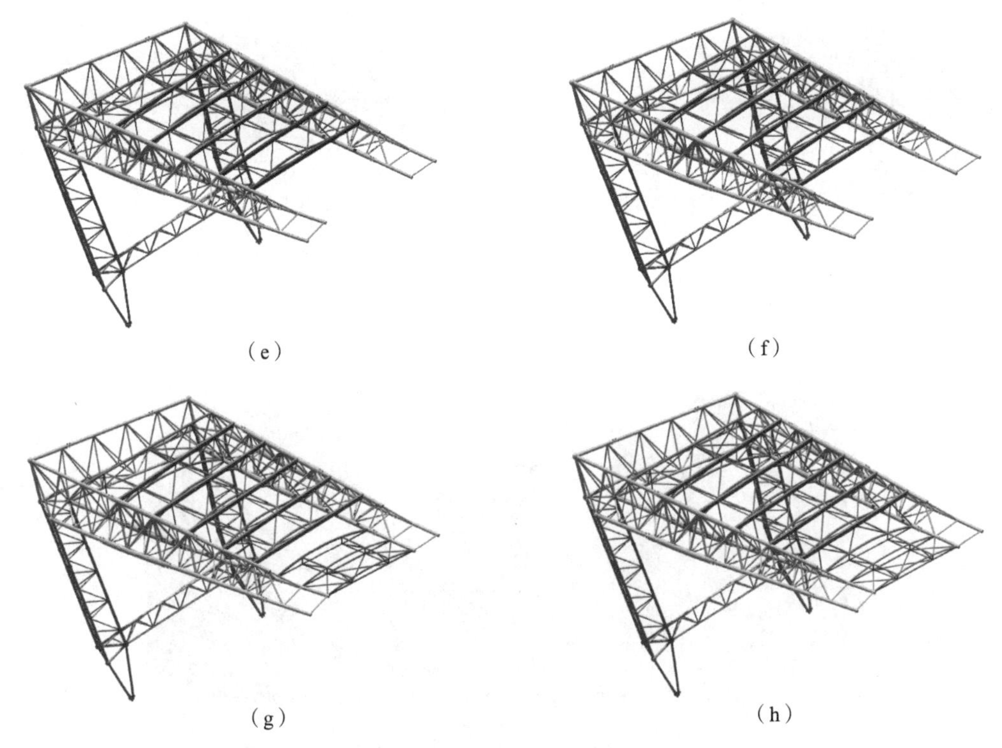

（e）　（f）

（g）　（h）

**图 5-28　拱架檩条安装流程（二）**

（e）内场吊装第三段拱架；（f）内环杆件补档；（g）内场吊装第四段拱架；（h）内环杆件补档

**7. 墙架的安装**

本工程屋面墙架由平面管桁架组成。施工时分为两种吊装形式，对于中间只有一道支撑的平面桁架，采用单片吊装方案。对于中间有两道支撑的桁架单元，在地面拼装成多片单元（2～3 片）后整体吊装。单片吊装单元最重为 7.09t，多片吊装单元最重为 24.2t。下部杆件在上部结构安装完成后进行散装，具体分段及吊装流程如图 5-29 所示。

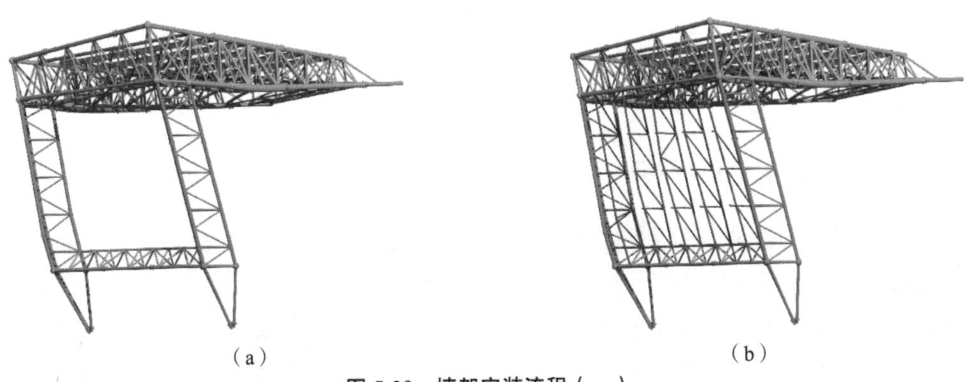

（a）　（b）

**图 5-29　墙架安装流程（一）**

（a）立面主桁架及上环桁架安装完成；（b）单片（多片）墙架吊装

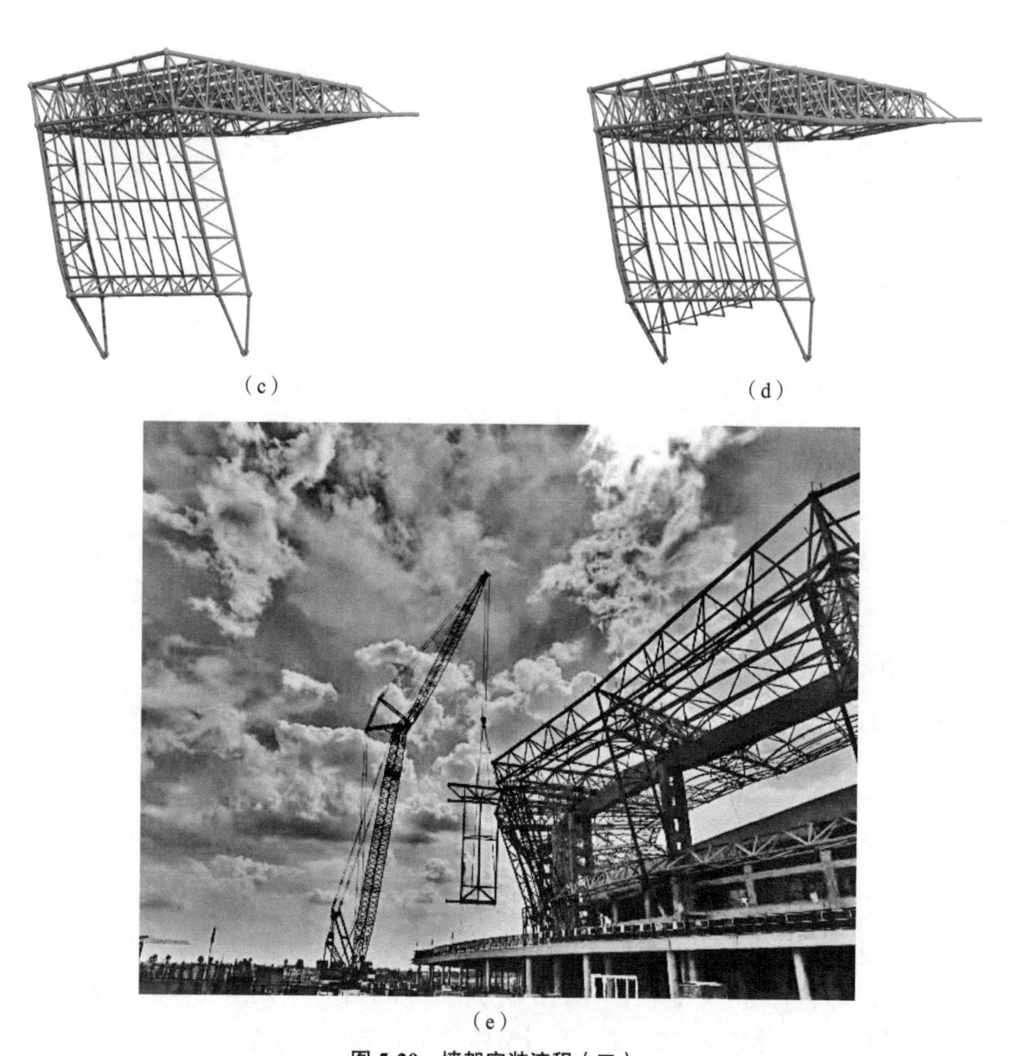

（c）　　（d）

（e）

**图 5-29　墙架安装流程（二）**

（c）补档杆件安装；（d）下部零散杆件安装；（e）墙架安装现场

墙架吊装采用 300t 履带吊跨外吊装，地面吊装前先调整构件角度，吊装到相应标高位置后，采用 20t 捯链配合履带吊先将墙架上部就位，再将墙架下部拉入就位。墙架就位时应使用捯链同时将其缓慢拉入上下环桁架之间，确保构件不发生变形。

### 5.3.4　结构安装全过程仿真分析

钢结构施工是从局部到整体的一个过程。在过程中，主要结构构件的形态和受力情况都存在不同。每个施工阶段中，由于施工条件和支撑情况的不同，结构边界条件和所受荷载等外在因素的作用也不相同。在整体结构施工完成前，每完成一个结构构件，该结构的受力情况均暂时处于某种平衡状态中。继续安装新的构件，又会产生新的变形和受力情况的变化，然后通过应力重分布，使得新结构再一次处于相对平衡的状态。

拟通过有限元分析的方法来对榆林市体育中心（体育场）工程钢结构施工全过程进行模拟，对构件和整体钢结构屋盖进行施工过程中的应力和变形数值分析，用以了解结构在施工荷载、自重、风力、温度等不利因素影响下所产生的应力应变及位移情况，从而掌握钢结构的施工状态和受力情况，为结构施工过程提供预警，加强施工过程中的质量及安全控制，并保证结构在后续使用过程中的安全性能。

**1. 分析模型**

采用 Midas Gen（2019 版）进行钢结构屋盖施工全过程的计算分析。具体计算设置为：

（1）计算模型

设定为一整体模型，不考虑墙架。支撑胎架用约束替代，并将结构构件、支座约束、荷载工况划分为 9 个施工步骤，根据施工步骤激活对应杆件。

（2）荷载工况

安装过程中主要考虑构件自重，设定为工况 DL，考虑节点重量及安装过程中动力效应，自重乘以 1.2 放大系数，荷载组合系数取 1.35。

统计近五年内榆林地区 1 月、11 月及 12 月气温，最低温度为 −26℃，最高温度为 19℃，体育场施工在 11 月至次年 1 月份，根据上述温度情况，施工过程中考虑系统温差 45℃，分为温升、温降两种工况计算，温度荷载组合值系数为 0.6。

考虑施工风荷载，基本风压按十年一遇（$0.25kN/m^2$）考虑；荷载工况为水平 $x$ 和 $y$ 方向的风荷载，即 $W_X$ 和 $W_Y$。风荷载组合值系数为 0.6。

（3）边界条件

支撑架与主结构构件连接处简化为铰接处理。

**2. 计算结果及分析**

《钢结构设计标准》GB 50017—2017 中对受弯桁架的容许挠度值要求为 $[v_T]=l/400$，其中 $l$ 为桁架的对应高度或跨度。组成钢桁架的钢管采用 Q345C 和 Q355C，其抗拉强度设计值为 310MPa。

（1）第一阶段

第一阶段施工为两榀立面桁架的吊装，两桁架之间不设连接，在胎架的支撑下单独工作。为简化计算过程，胎架对桁架的支撑作用简化为约束，且立面桁架与 5.4m 处埋件、13.1m处埋件的连接也简化成铰接处理，应力位移云图如图 5-30 所示。

根据计算结果，杆件水平变形最大值为 0.47mm，发生在立面桁架顶部，变形控制值为 75mm，杆件变形远小于变形控制值，认为变形满足要求。桁架中杆件的最大压应力为 6.66MPa，发生在弦杆上，最大拉应力为 16.41MPa，发生在腹杆上，最大拉压应力的发生处均靠近弦杆与腹杆的相贯节点，且均小于 310MPa，可认为立面桁架单独工作时满足应力要求。

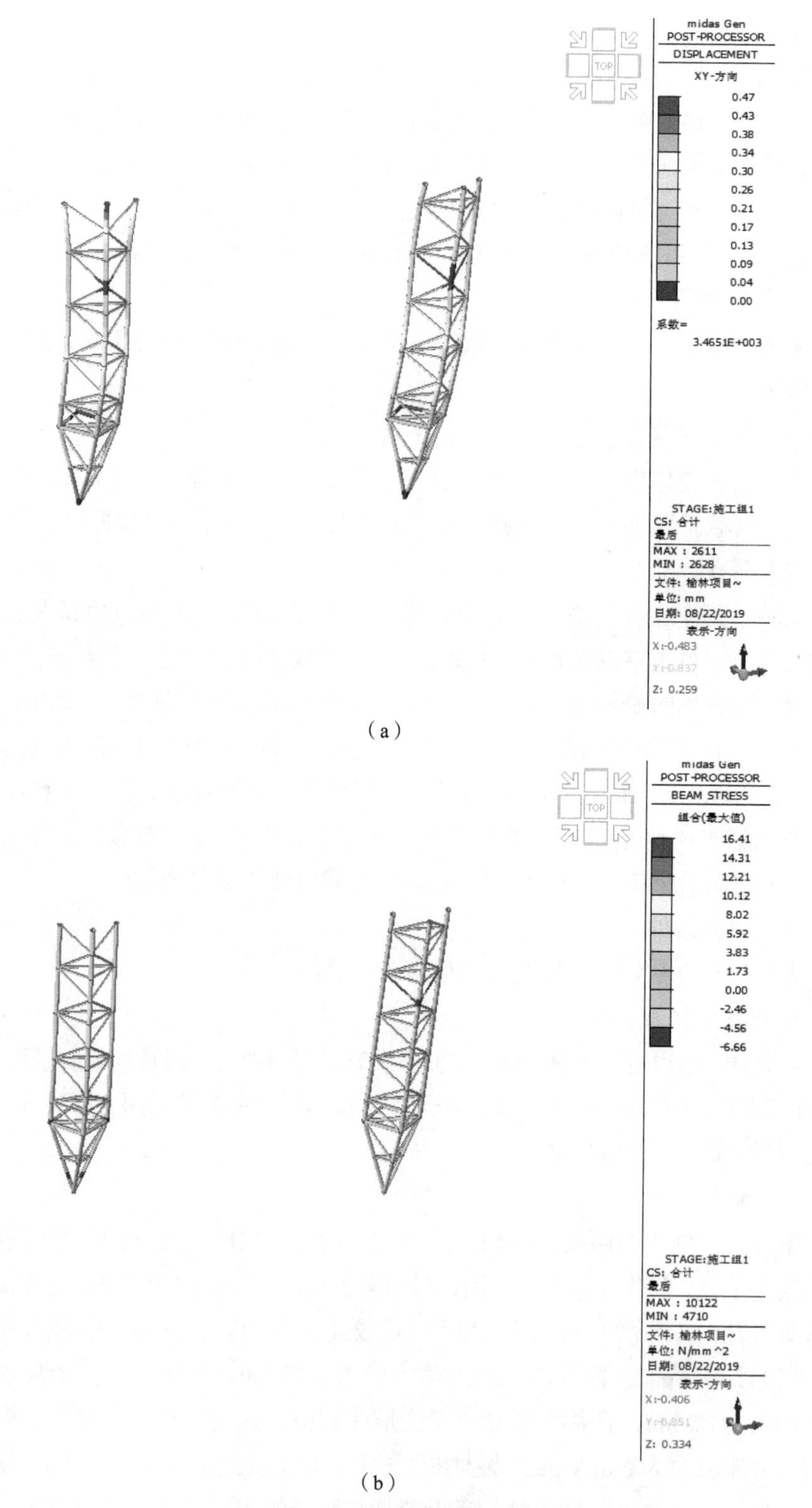


**图 5-30　第一阶段结构分析云图**

（a）*xy* 方向位移云图；（b）整体应力云图

（2）第二阶段

当安装完两榀立面桁架后开始安装第一榀下环桁架，此时结构之间已有受力和变形的变化，应力位移云图如图 5-31 所示。

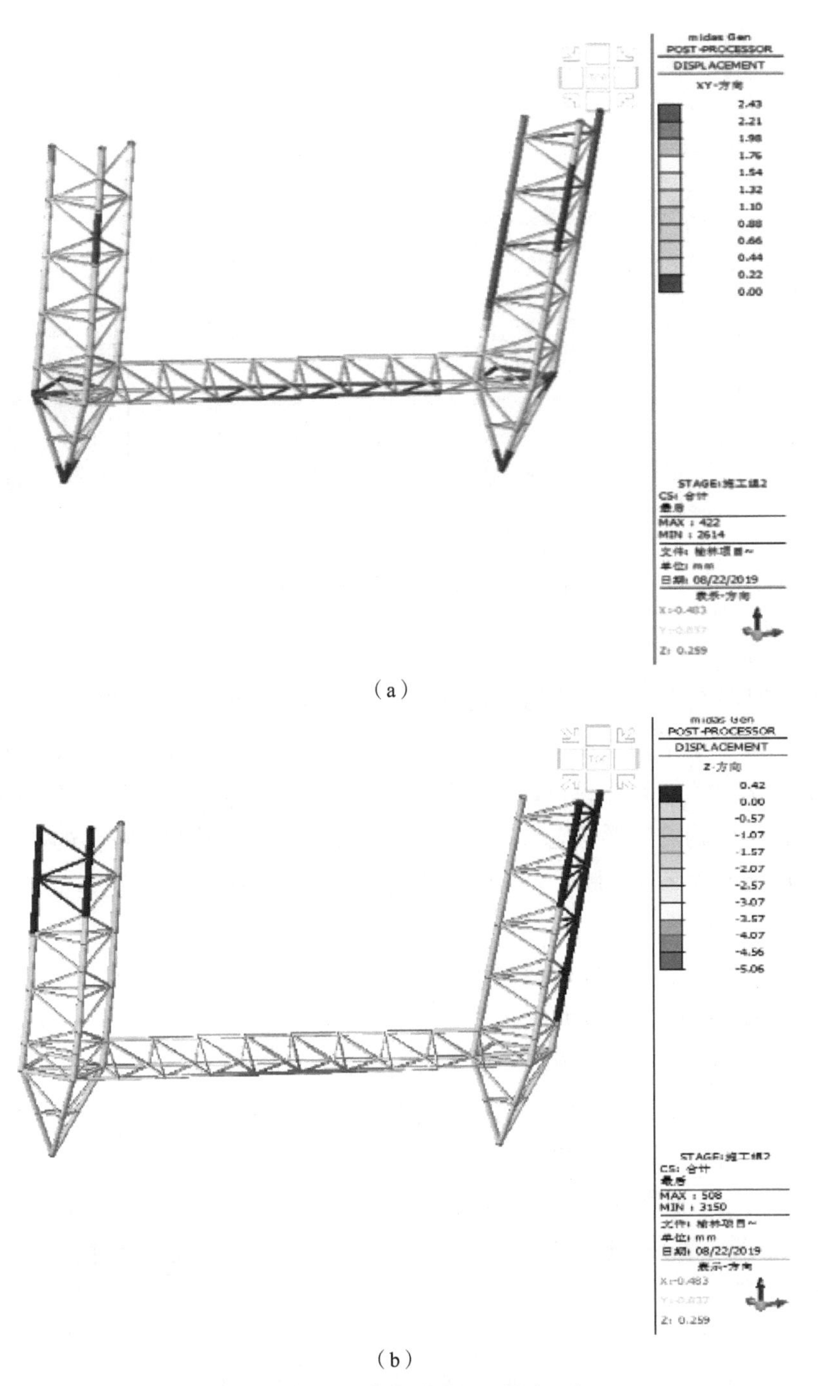


**图 5-31　第二阶段结构分析云图（一）**

（a）*xy* 方向位移云图；（b）*z* 方向位移云图

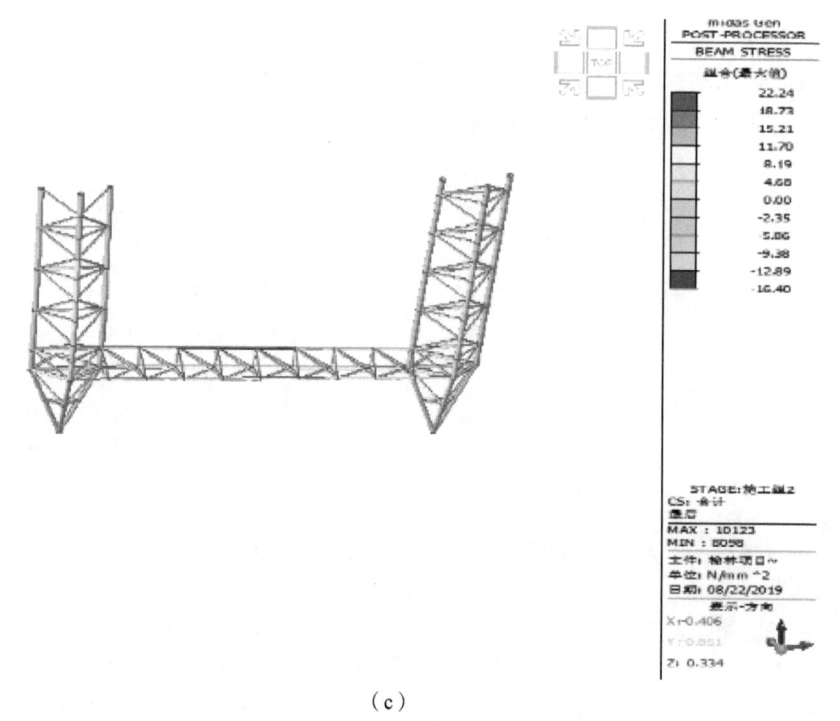


（c）

**图 5-31　第二阶段结构分析云图（一）**

（c）整体应力云图

根据计算结果，当立面桁架与下环桁架初步形成整体后，结构内部发生应力重分布。最大水平向变形为 2.43mm，发生在立面桁架的跨中，最大竖向变形为 5.06mm，发生在下环桁架的跨中。杆件的最大压应力为 16.4MPa，最大拉应力为 22.24MPa。结构的变形与应力符合要求。与第一阶段相比较，杆件的水平变形值由于环形桁架的荷载作用增大，杆件的最大拉压应力均呈增大趋势。

（3）第三阶段

随着立面桁架与下环桁架的逐步交叉安装，分析当四榀立面桁架与三榀下环桁架成整体后的情况，应力位移云图如图 5-32 所示。

根据计算结果，结构的最大水平向变形为 2.49mm，最大竖向变形为 5.02mm，与上一施工阶段一致，分别发生在最外侧立面桁架的跨中和下环桁架的跨中。杆件的最大压应力为 16.52MPa，最大拉应力为 23.55MPa。本阶段施工后杆件的受力和位移与上一阶段相差甚微，随着立面桁架及下环桁架的陆续安装，空间结构体系逐步完善，结构应力重分布后，桁架受力得到均匀分配，基本上结构的应力与位移趋于稳定。

（4）第四阶段

当立面桁架与下环桁架安装全部完成时，对此时的结构进行分析，应力位移云图如图 5-33 所示。

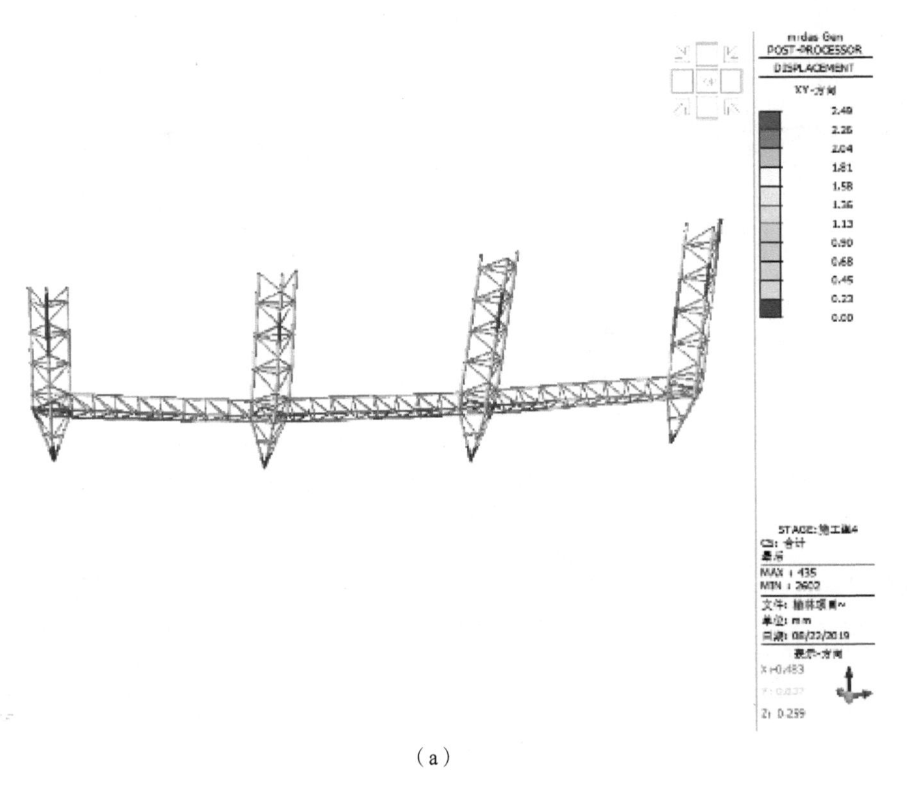


（a）

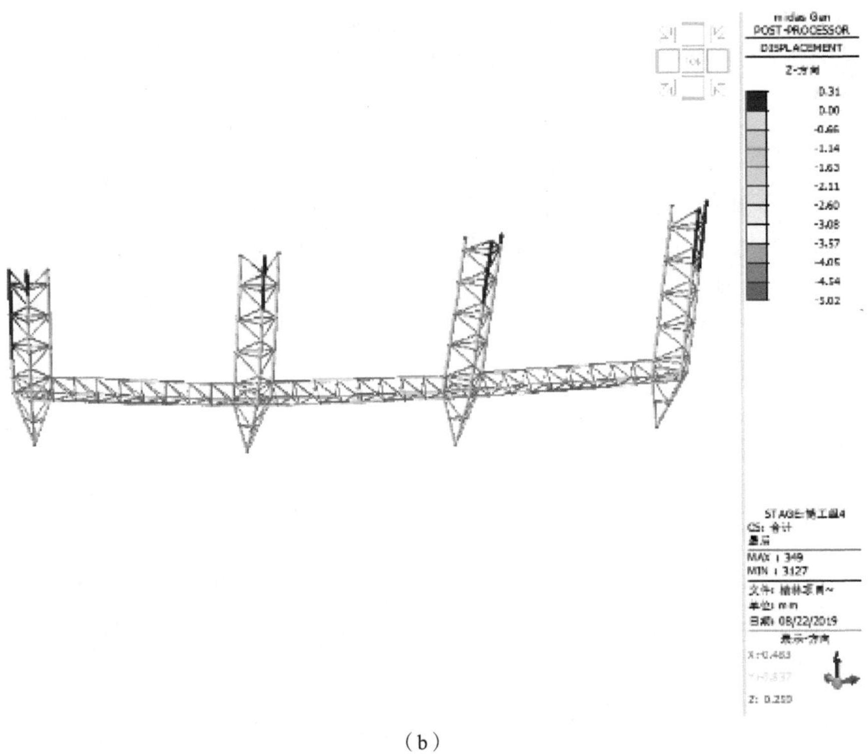


（b）

**图 5-32　第三阶段整体分析云图（一）**

（a）*xy* 方向位移云图；（b）*z* 方向位移云图

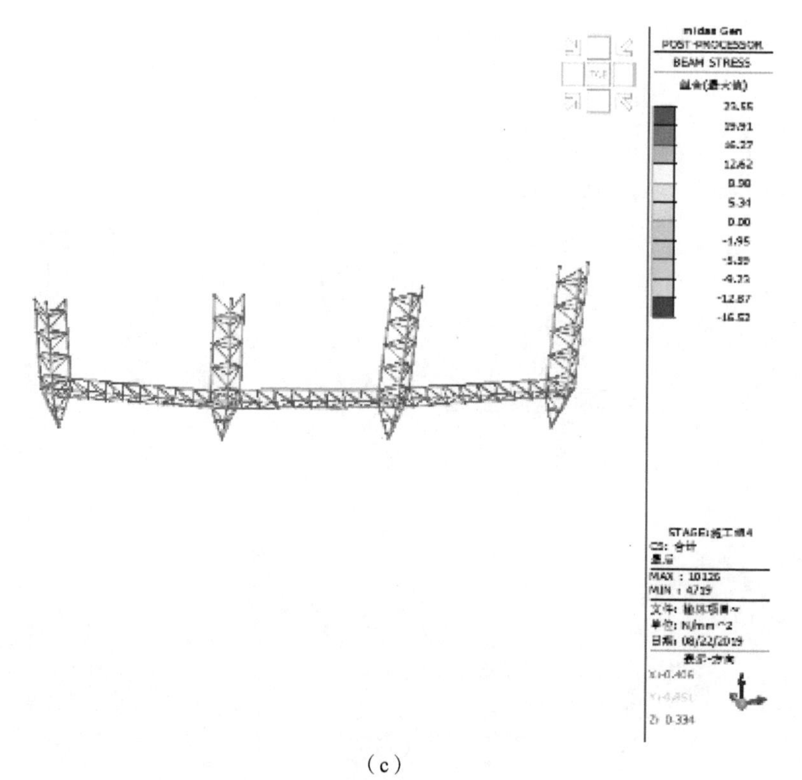


（c）

**图 5-32　第三阶段整体分析云图（二）**

（c）整体应力云图

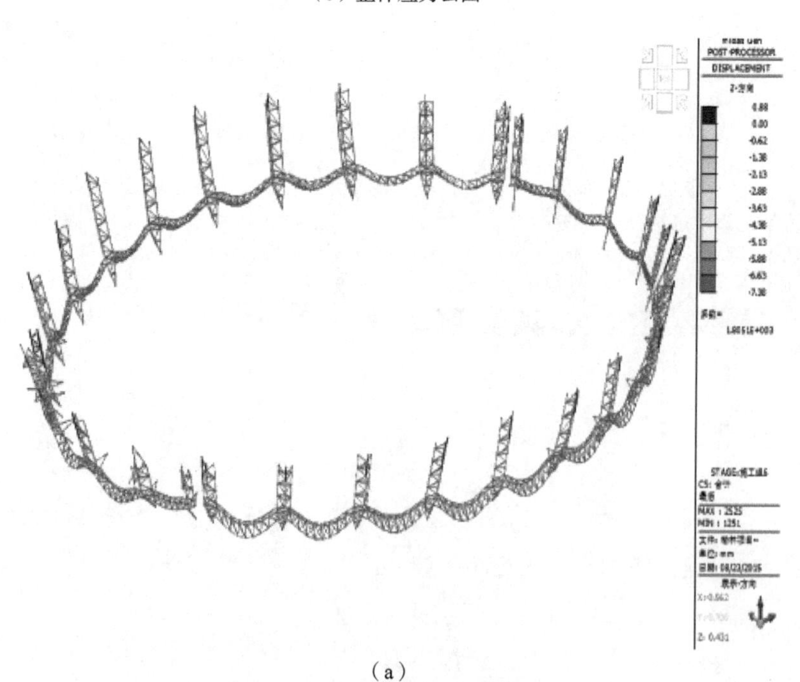


（a）

**图 5-33　第四阶段整体分析云图（一）**

（a）整体 $z$ 方向位移云图

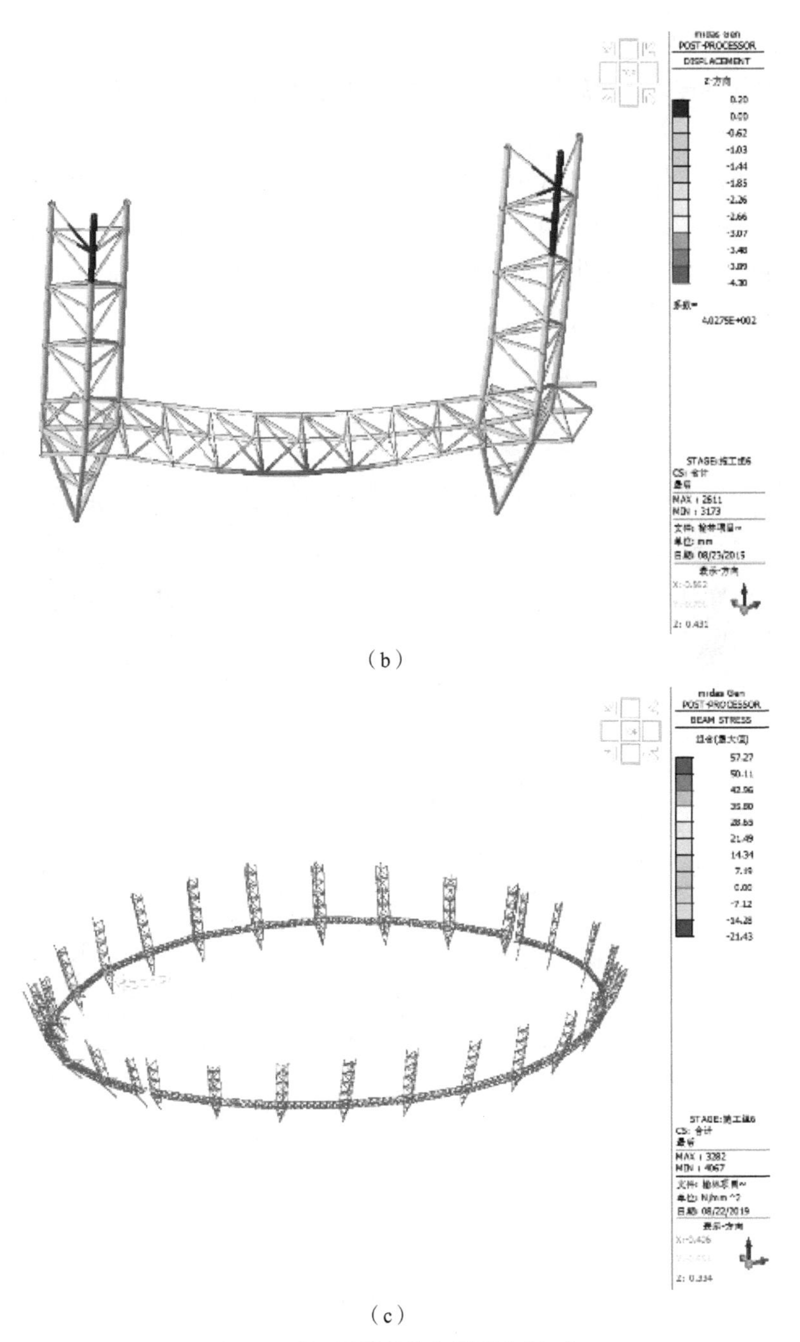


（b）

（c）

**图 5-33　第四阶段整体分析云图（二）**

（b）主结构细部变形；（c）整体应力云图

根据计算结果，环向桁架最大竖向变形约为 7.38mm，发生在下环桁架的跨中。杆件的最大压应力为 21.43MPa，最大拉应力为 57.27MPa。从第一阶段至第四阶段，所有变形最大值均发生在下环桁架跨中，故桁架的跨中位置较其他位置薄弱。

（5）第五阶段

下环桁架安装完毕后，开始进行水平主桁架的安装。应力位移云图如图 5-34 所示。

根据计算结果，当开始安装主桁架时，杆件竖向变形最大值为 19.88mm，发生在水平桁架端部。杆件最大压应力为 30.68MPa，最大拉应力为 57.27MPa。此时结构的最大挠度值发生了位置变化，在上环桁架的自重作用下，由于端部属于悬挑部分，则产生较大的挠度值。

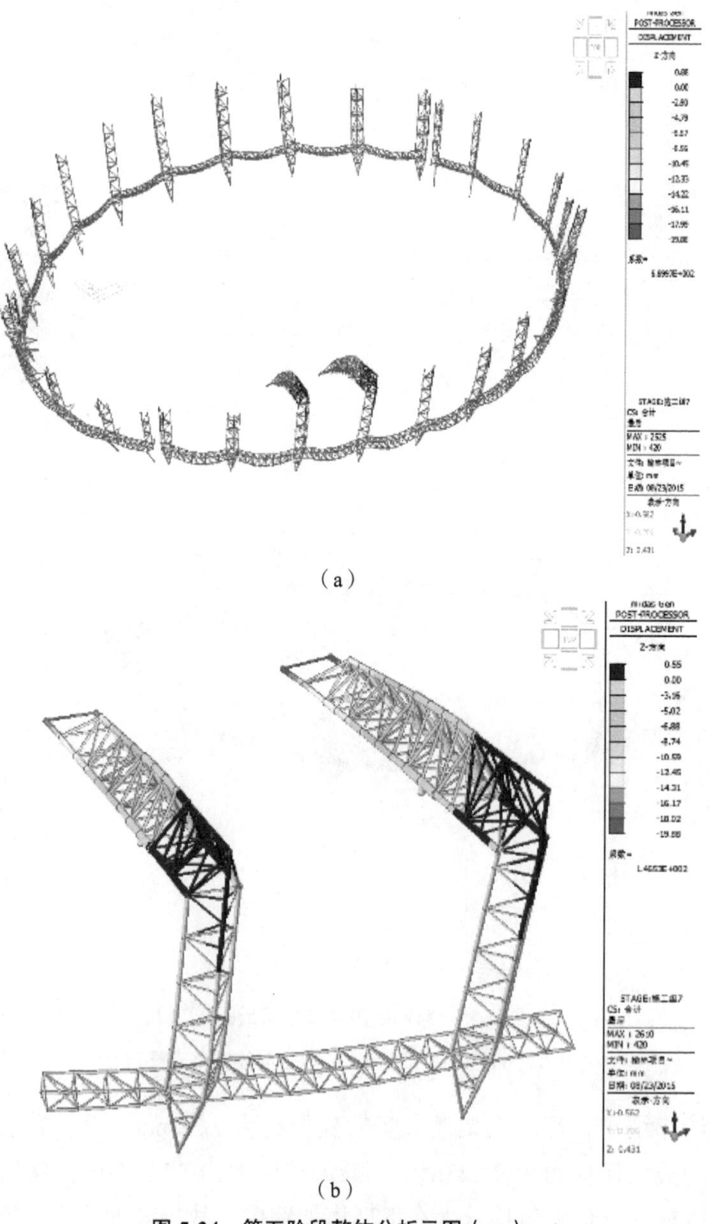


（a）

（b）

**图 5-34　第五阶段整体分析云图（一）**

（a）整体 $z$ 方向位移云图；（b）主结构细部变形

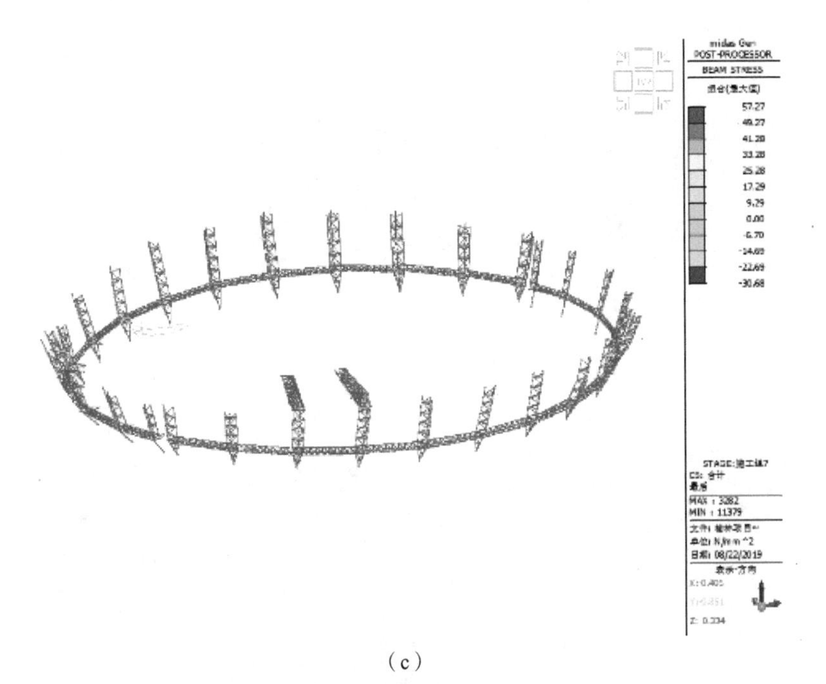


（c）

**图 5-34　第五阶段整体分析云图（二）**

（c）整体应力云图

（6）第六阶段

安装完两榀水平主桁架后，开始安装第一榀上环桁架，应力位移云图如图 5-35 所示。

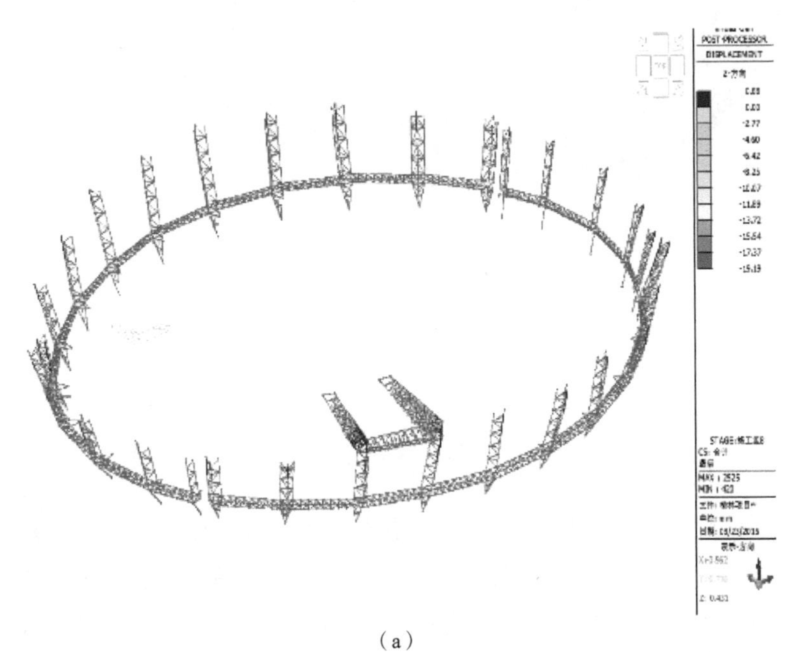


（a）

**图 5-35　第六阶段整体分析云图（一）**

（a）整体 $z$ 方向位移云图

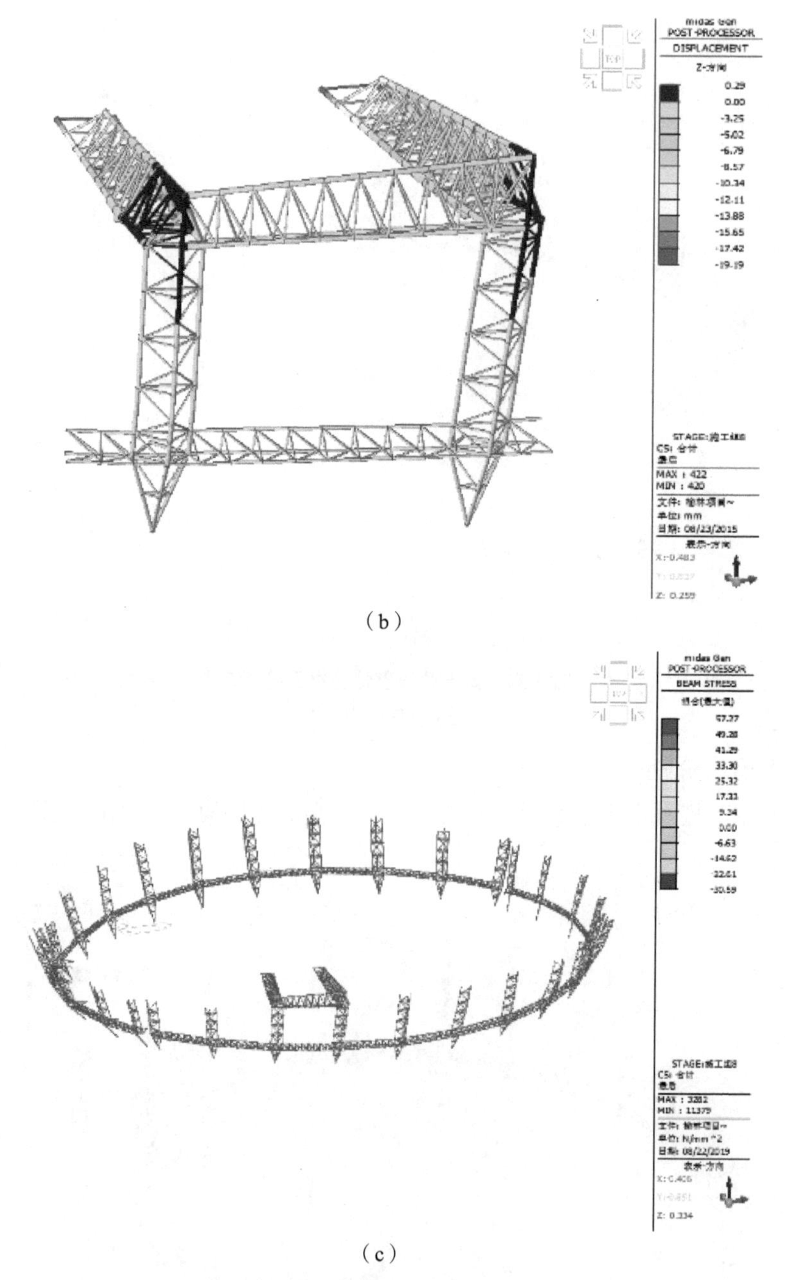


（b）

（c）

**图 5-35　第六阶段整体分析云图（二）**

（b）主结构细部变形；（c）整体应力云图

根据计算结果，杆件竖向变形最大值为 19.19mm，仍然在水平桁架端部。杆件最大压应力为 30.59MPa，最大拉应力为 57.27MPa。本阶段结构的变形和位移与上阶段基本相同，说明上环桁架的安装使结构发生应力位移重分布的变化较小。

（7）第七阶段

上环桁架安装一榀后，可对拱架和檩条进行安装，该阶段与实际施工有出入，但不影响对整体结构的分析，应力位移云图如图 5-36 所示。

根据计算结果，杆件竖向变形最大值为 34.85mm，在水平桁架端部，同时与水平连接的拱架弦杆端部也发生最大变形，是由于焊接使两桁架的节点成为一个位移点的原因。杆件最大压应力为 48.45MPa，最大拉应力为 57.27MPa，最大压应力比上一阶段增加，但拉应力无变化。

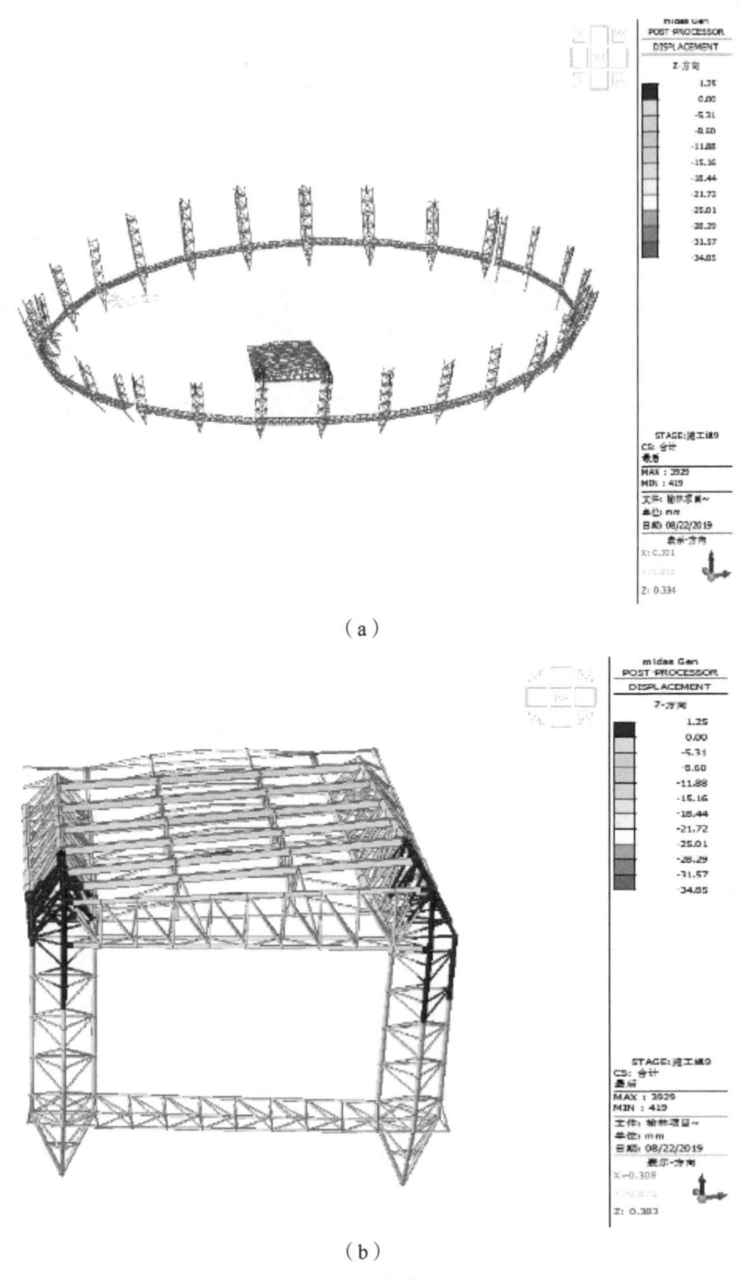


**图 5-36　第七阶段整体分析云图（一）**

（a）整体 $z$ 方向位移云图；（b）主结构细部变形

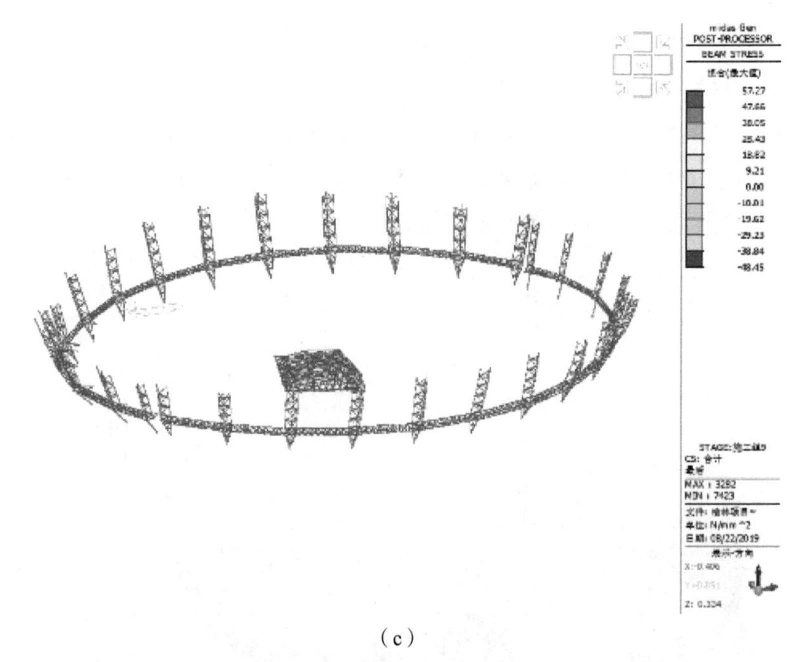


（c）

**图 5-36　第七阶段整体分析云图（二）**

（c）整体应力云图

（8）第八阶段

在本施工阶段，进行水平主桁架与上环桁架的交叉安装，应力位移云图如图 5-37 所示。

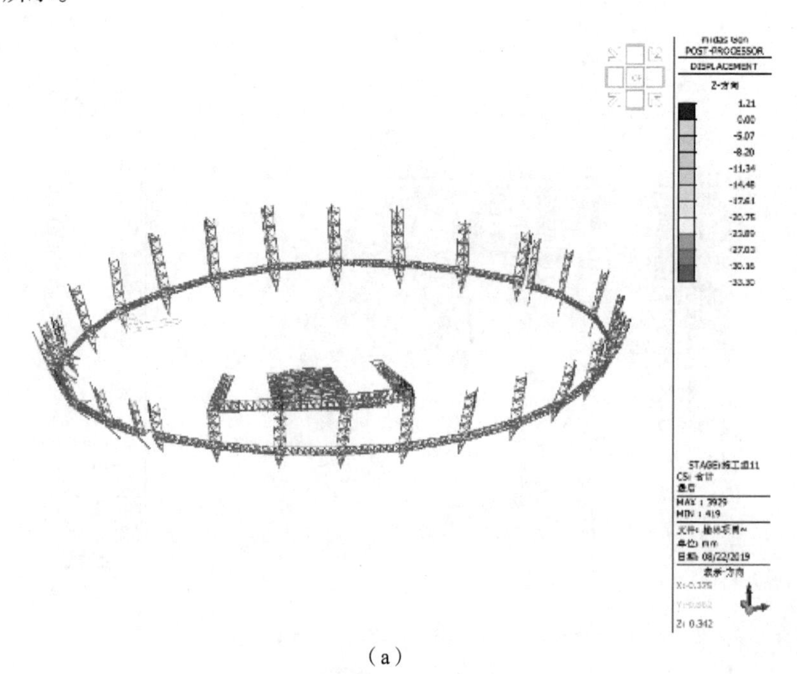


（a）

**图 5-37　第八阶段整体分析云图（一）**

（a）整体 $z$ 方向位移云图

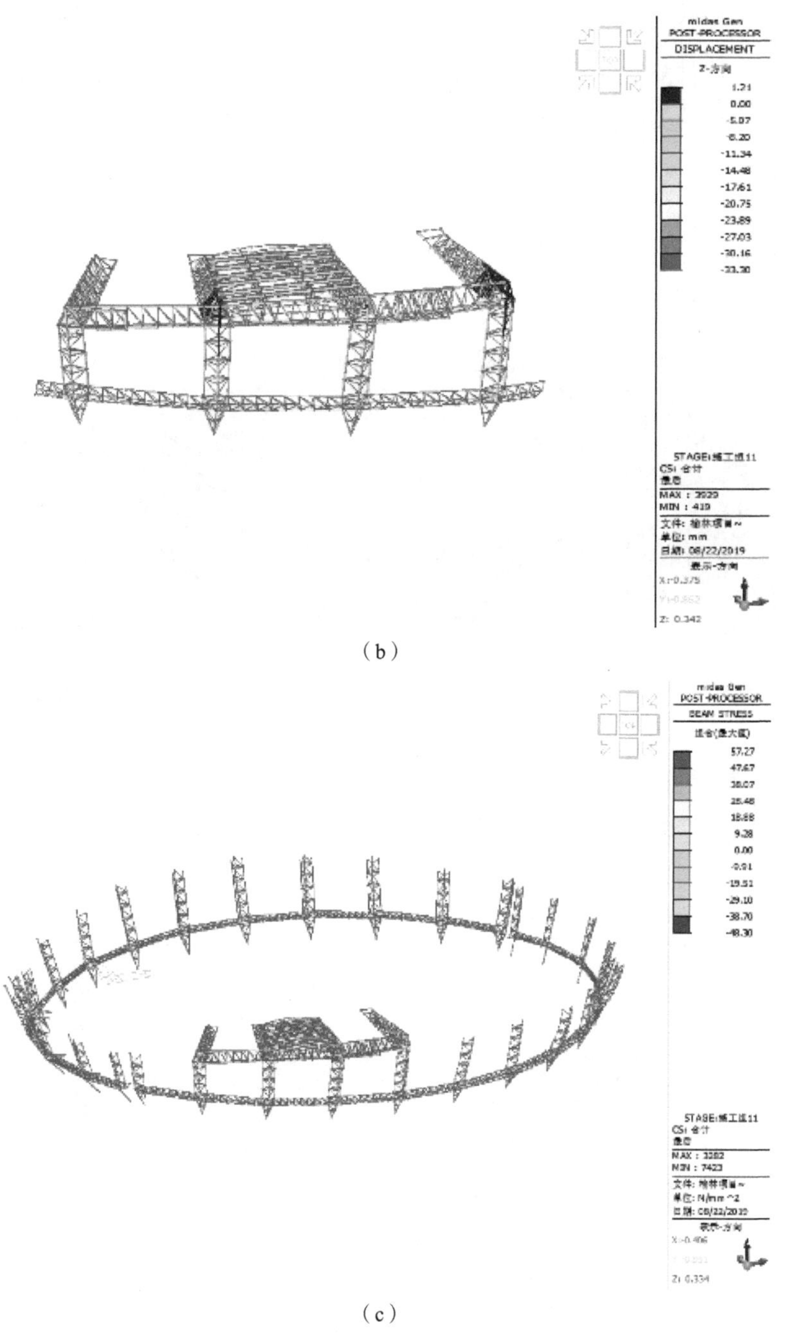


（b）

（c）

**图 5-37　第八阶段整体分析云图（二）**

（b）主结构细部变形；（c）整体应力云图

根据计算结果，杆件竖向变形最大值为 33.3mm，在水平主桁架端部。杆件最大压应力为 48.3MPa，最大拉应力为 57.27MPa。在该施工阶段，两桁架交叉安装，逐渐形成稳定的空间结构，实现了应力的稳定重分布。

（9）第九阶段

当所有构件安装完后，对结构进行分析，此时胎架对结构的支撑作用仍然存在，应力位移云图如图 5-38 所示。

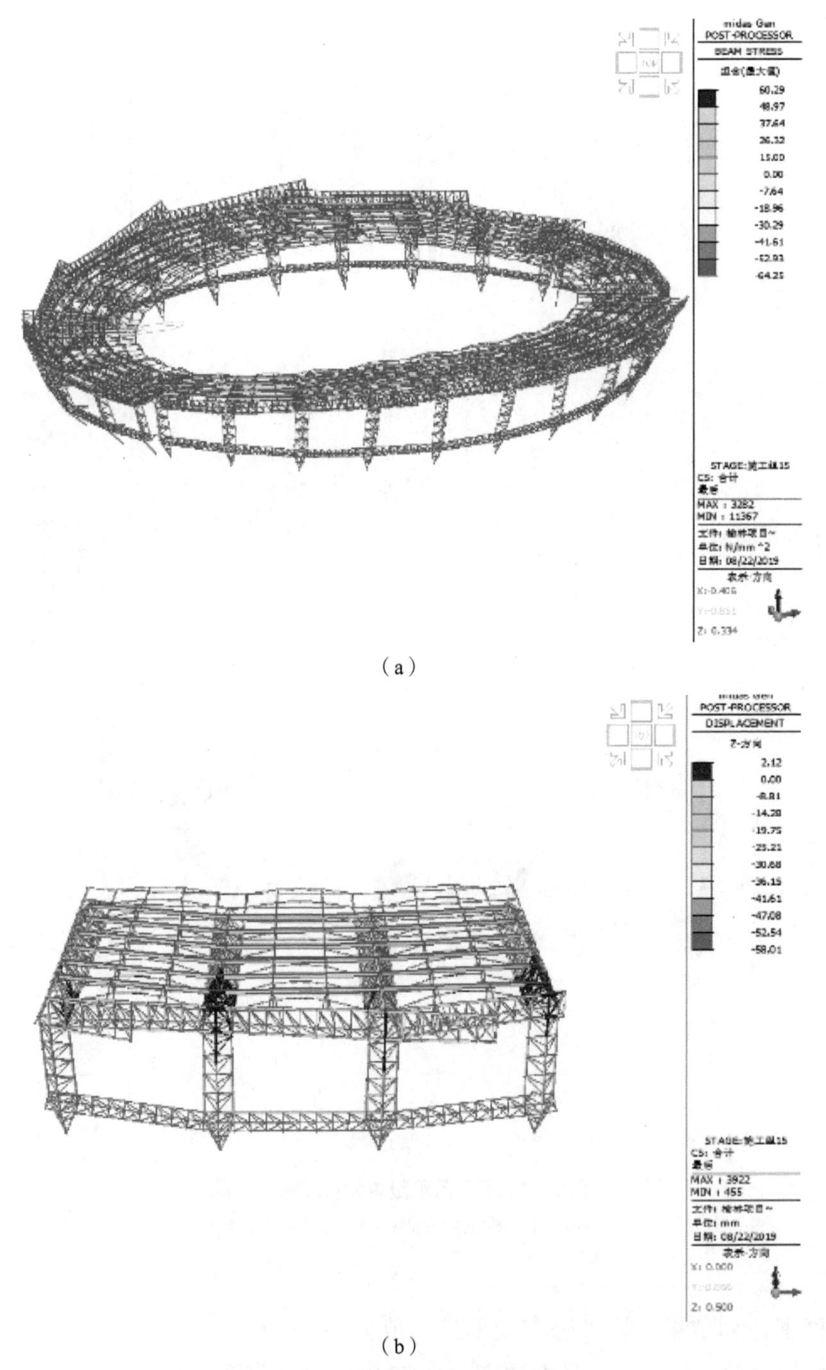

（a）

（b）

**图 5-38　第九阶段整体分析云图（一）**

（a）整体 $z$ 方向位移云图；（b）主结构细部变形

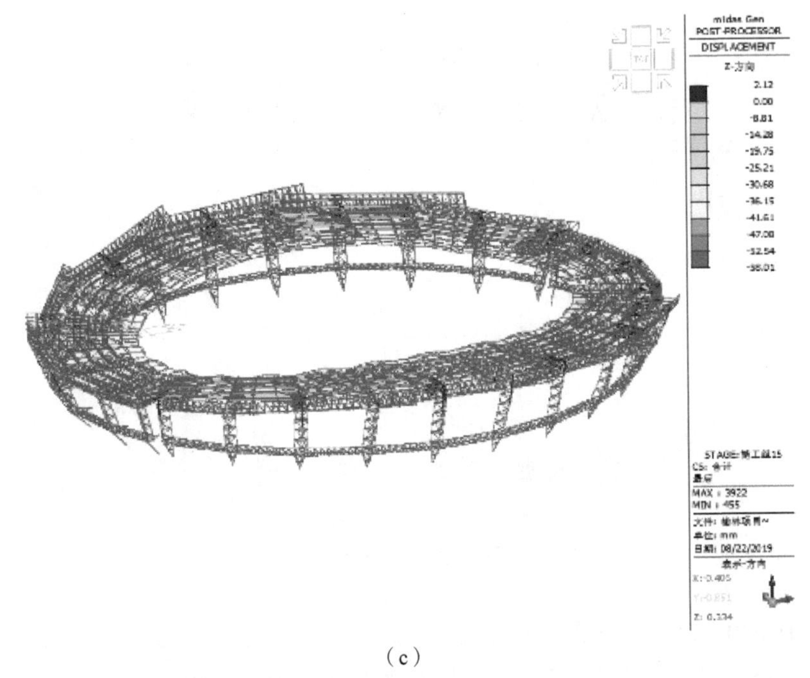


（c）

**图 5-38　第九阶段整体分析云图（二）**

（c）整体应力云图

根据计算结果，杆件竖向变形最大值为 −58.01mm，在水平主桁架端部。杆件最大压应力为 64.25MPa，最大拉应力为 60.29MPa。在整个施工过程中，空间结构的竖向最大挠度值均小于其桁架的容许挠度值，其应力也小于钢材的抗拉强度设计值。可认为在胎架的支撑作用下，整个空间结构的安装处于安全状态。

## 5.4　支撑体系的安装与卸载技术

### 5.4.1　工程背景

榆林市体育中心（体育场）钢结构工程设计用钢量约 7200t，结构由六种类型的空间桁架组成。在结构的安装中，共设计 30 榀胎架作为立面结构的支撑点，形成结构的支撑体系，承担钢结构的自重荷载。吊装结束后，通过支撑胎架的卸载实现受力体系的转换，所以支撑胎架的设计对于结构的受力性能至关重要。

### 5.4.2　支撑胎架的安装

**1. 支撑胎架的设计**

在立面桁架安装过程中，外侧搭设支撑架予以支撑，立面主桁架与支撑架支撑位置如图 5-39 所示。

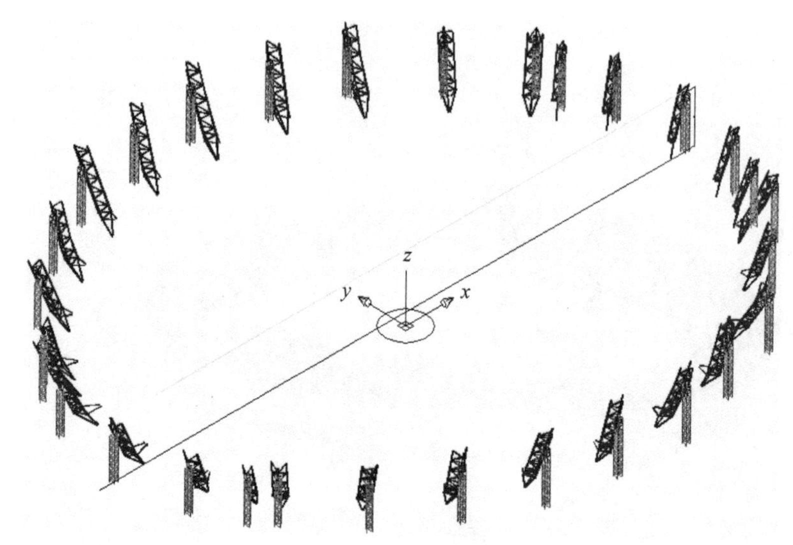


图 5-39 支撑架位置

整个体育场布置30榀支撑胎架，分为两种类型，24.35m标高的立面主桁架，31.85m标高的水平腹杆分别支撑在胎架上，通过$\phi$180×10圆管相贯连接。胎架由下部3节6m长的标准节和顶部转换节组成，标准节主肢规格为HW200×200×8×12，腹杆为∟100×12。转换节主肢为HW200×200×8×12，腹杆均为2[18a的槽钢，材质均为Q235B，胎架的平面尺寸为2m×2m。顶部转换节根据组成形式分支撑杆和调整段两种。胎架类型如图5-40所示。

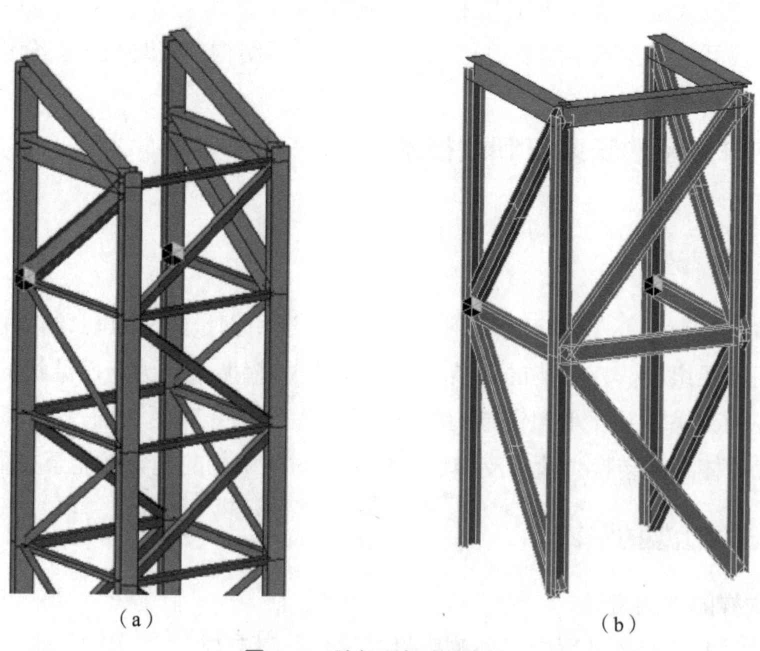

（a） （b）

图 5-40 胎架顶部连接做法

（a）第一类胎架顶部连接；（b）第二类胎架顶部连接

胎架下部设置胎架转换梁，布置在5.4m标高的二层平台，转换梁采用HW300型钢，转换梁与胎架通过10.9级高强度螺栓连接固定。由于胎架主肢为工字钢，胎架自重与立面桁架的荷载较大，若工字钢直接立于地面，可能引起既有混凝土结构的损坏，因此在主肢工字钢下设置转换梁，扩大混凝土结构的受力面积，起到保护结构的作用。本工程中，胎架的工字钢通过高强度螺栓固定在转换梁上，而转换梁通过预制埋件与混凝土梁连接，安装做法如图5-41所示。

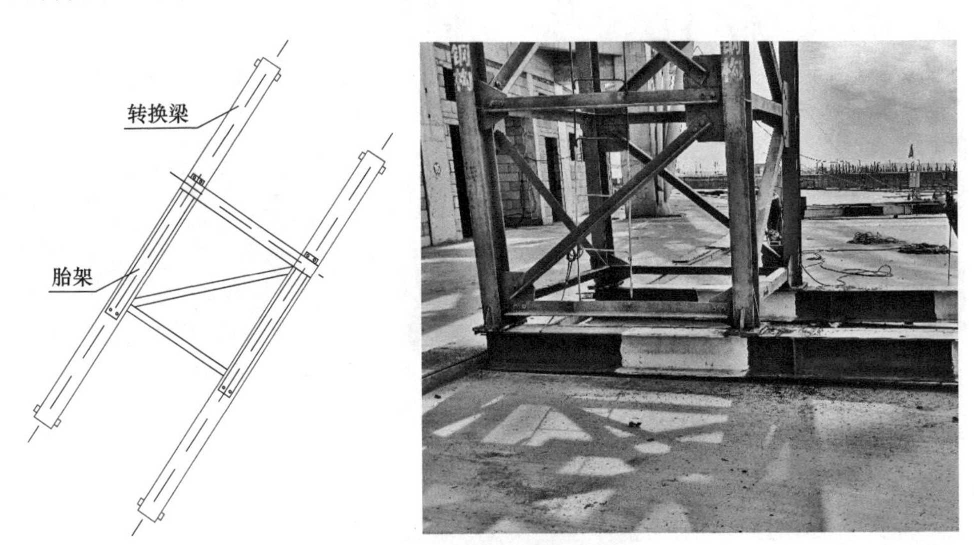


图5-41 胎架转换梁安装

**2. 支撑胎架的吊装**

支撑胎架及转换梁采用80t履带吊进行安装，站位于外圈环形通道上，因作业半径较大，每组胎架分两段吊装，最小作业半径16m，最大作业半径26m。胎架的标准节单重2.80t，调整段标准节单重2.94t。吊装时采用四点吊装，吊点设置于吊装胎架单元顶部的四个角点，如图5-42所示。

因支撑胎架水平荷载较大，立面桁架安装前，在胎架顶部向场心位置拉设2根$\phi$20缆风绳，缆风绳一端固定在胎架的顶部型钢上（开孔＋卡环），另一端固定在9.5m标高楼层梁上的预埋件上（焊接吊耳＋卡环），拉设示意如图5-43所示。

**3. 支撑胎架验算**

施工前，采用Midas Gen进行支撑胎架的验算。计算模型中，支撑胎架底部作用在转换梁上，转换梁截面为HW300×300×10×15，转换梁支撑在土建梁上，转换梁与土建梁连接处设置为铰接。根据支撑架作用位置，缆风绳与支撑架交点处简化为铰接处理。

安装过程中主要考虑构件自重，设定为工况DL，考虑节点重量及安装过程中动力效应，自重乘以1.2放大系数。主结构桁架在支撑架处产生的支撑作用，在计算模型中设置为活荷载LL-1。考虑安装过程中支撑架风荷载，基本风压按十

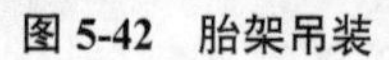

图 5-42 胎架吊装

图 5-43 缆风绳拉设

年一遇（0.25kN/m$^2$）考虑，荷载工况为水平 $x$ 和 $y$ 方向的风荷载，即 $W_x$ 和 $W_y$，风荷载组合值系数为 0.6。

将支撑架与主体钢结构整体建立模型，验算整个施工过程中支撑架受力性能及变形。计算分析模型如图 5-44 所示。

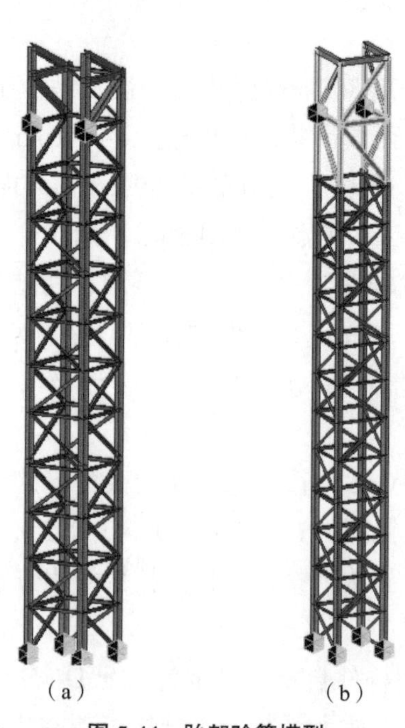

（a） （b）

图 5-44 胎架验算模型

（a）第一类胎架；（b）第二类胎架

根据图 5-45 计算结果，施工过程中支撑胎架水平向最大变形为 7.82mm，主要变形位于支撑架顶部转换节处，最大支撑架计算高度为 24m，根据《钢结构设计标准》GB 50017—2017，变形控制值约为 60mm，支撑架实际变形值远小于变形限值，满足设计的变形要求。

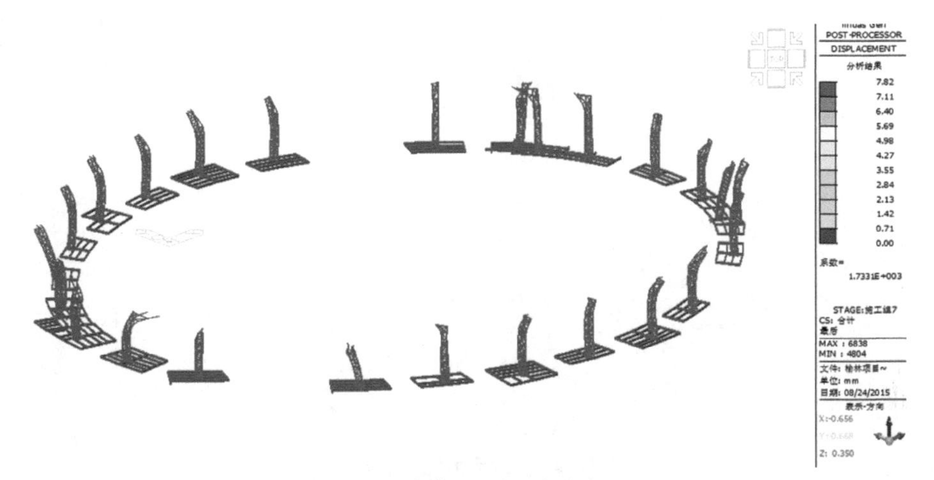


**图 5-45　支撑胎架水平向变形**

由图 5-46 计算结果，支撑架杆件最大应力比值约为 0.18，第一类支撑架杆件应力比最大值约为 0.10，第二类支撑架杆件应力比最大值约为 0.18，均小于 1.0，说明在自重荷载作用和风荷载作用下的胎架稳定性满足规范要求。

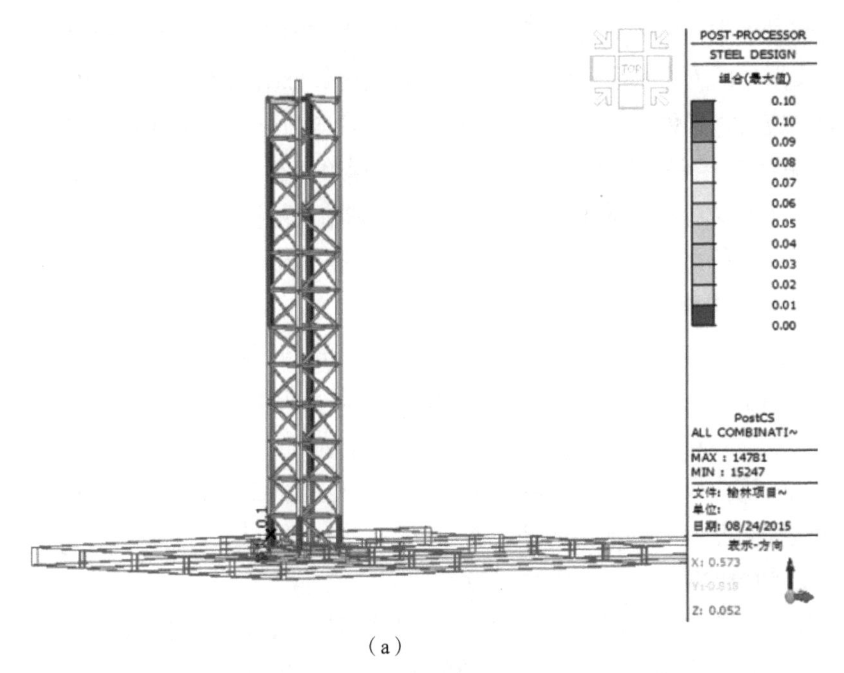


（a）

**图 5-46　胎架应力比细部图（一）**

（a）第一类胎架应力比

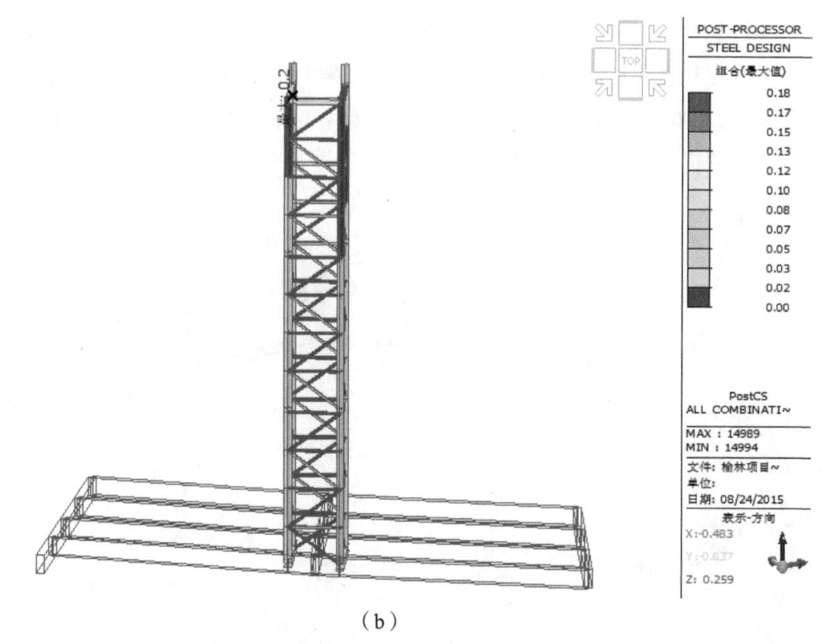


（b）

**图 5-46　胎架应力比细部图（二）**

（b）第二类胎架应力比

## 5.4.3　支撑胎架的卸载

钢结构胎架的卸载过程既是拆除支撑架的过程，也是结构体系的逐步转换过程，在卸载过程中，结构本身的杆件内力和临时支撑的受力均会发生变化。为了保证卸载时支撑架的受力不会发生过大的变化，同时保证结构体系的杆件内力不超过规定的容许应力，避免胎架内力或结构体系的杆件内力过大而出现破坏现象，卸载方案必须确保结构自身安全和变形协调、确保支撑胎架安全和便于现场施工组织及操作。

由于卸载中结构本身的杆件内力和支撑胎架的受力均会发生变化，所以必须在施工前进行严格的理论计算和对比分析，确保卸载过程中的受力和变形控制。

**1. 卸载方案**

施工过程中，待主桁架及屋盖外圈环向桁架安装结束后，进行屋盖主桁架的拱架及檩条安装，所有构件安装完毕后，拆除支撑胎架。

以屋盖结构缝为分区界线，将屋盖结构分为 4 个区。支撑胎架卸载时分区进行，同一区内同时进行卸载。卸载方式为火焰切割支撑点位置的管托，即立面主桁架腹杆与胎架上部连接的部位。

**2. 卸载验算**

支撑胎架的拆除前后是结构由施工状态完全过渡到服役状态。基于 Midas Gen 软件对卸载前后临时支撑胎架的反力以及卸载阶段的内力和位移进行分析，该分析中支撑胎架的卸载主要体现为取消胎架与立面桁架之间的铰接约束，但水平主桁架与梁顶埋件和柱顶埋件间的约束、立面主桁架与柱侧埋件和柱底埋件间的约束保留。支撑胎架卸载前后计算模型如图 5-47、图 5-48 所示。

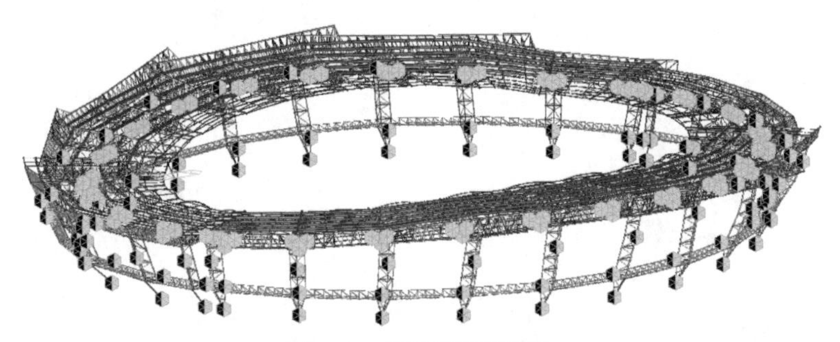

**图 5-47　卸载前计算模型**

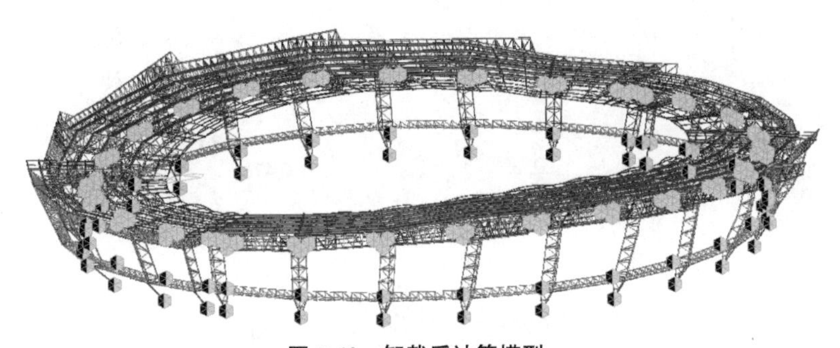

**图 5-48　卸载后计算模型**

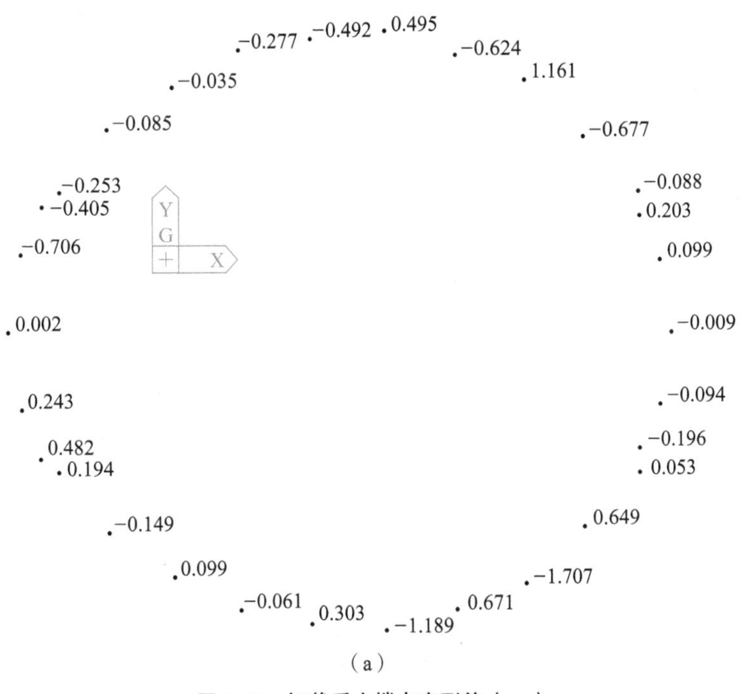


**图 5-49　卸载后支撑点变形值（一）**

（a）支撑点水平 $x$ 向变形值统计

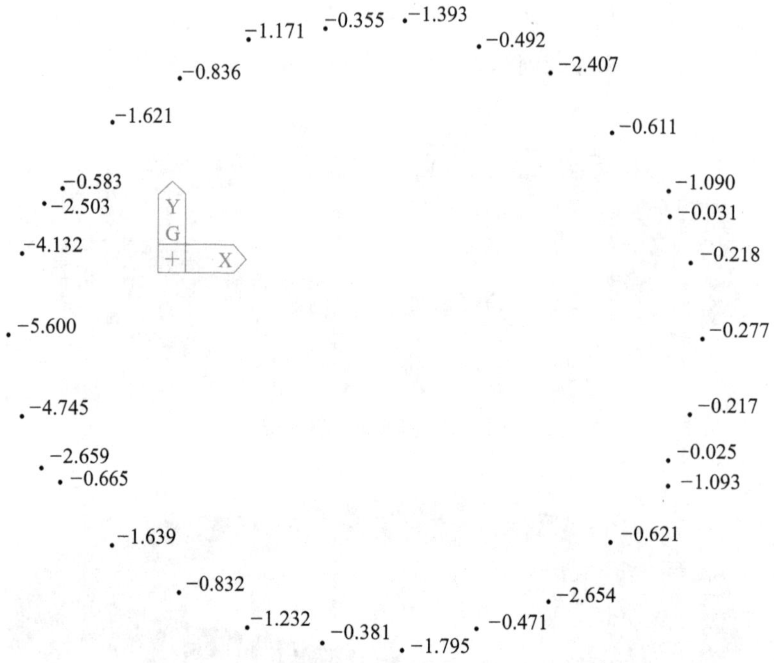

−1.171 −0.355 −1.393
−0.492
−0.836
−2.407
−1.621
−0.611
−0.583
−2.503
−1.090
−0.031
−4.132
Y G + X
−0.218
−5.600
−0.277
−4.745
−0.217
−2.659
−0.665
−0.025
−1.093
−1.639
−0.621
−0.832
−2.654
−1.232 −0.381 −1.795 −0.471

（b）

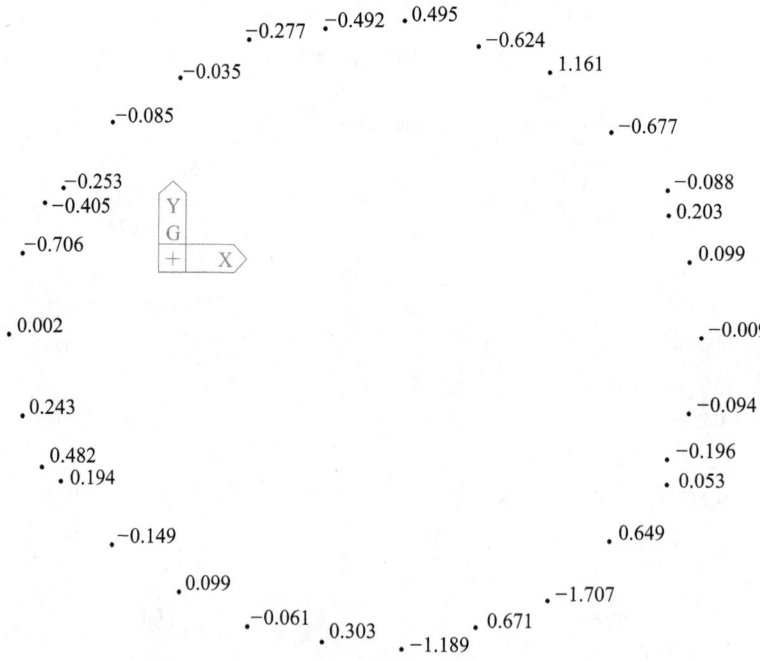

−0.277 −0.492 0.495
−0.624
−0.035
1.161
−0.085
−0.677
−0.253
−0.405
−0.088
0.203
−0.706
Y G + X
0.099
0.002
−0.009
0.243
−0.094
0.482
0.194
−0.196
0.053
−0.149
0.649
0.099
−1.707
−0.061 0.303 −1.189 0.671

（c）

**图 5-49 卸载后支撑点变形值（二）**

（b）支撑点水平 *y* 向变形值统计；（c）支撑点竖直 *z* 向变形值统计

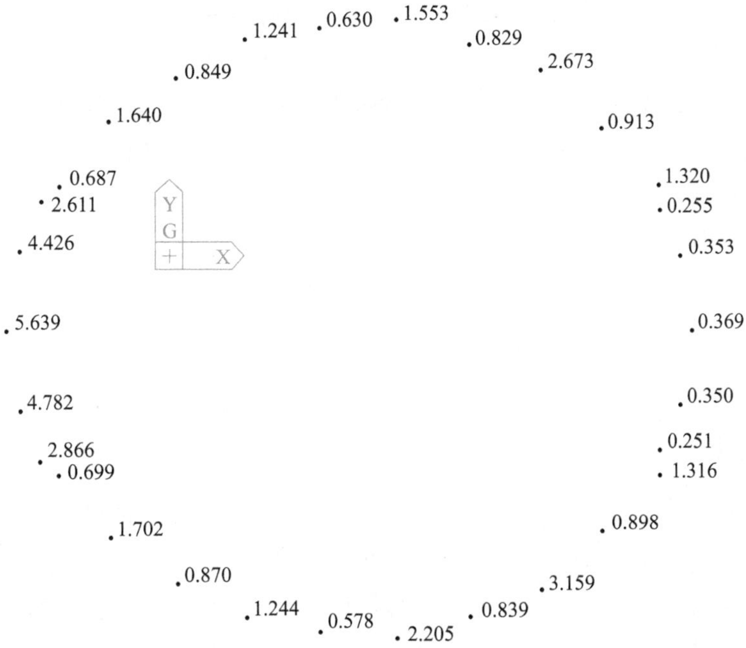

1.241
0.630
1.553
0.829
2.673
0.849
1.640
0.913
0.687
2.611
1.320
0.255
Y
G
X
4.426
0.353
5.639
0.369
4.782
0.350
2.866
0.251
0.699
1.316
1.702
0.898
0.870
3.159
1.244
0.839
0.578
2.205

（d）

**图 5-49　卸载后支撑点变形值（三）**

（d）支撑点水平 $D_{xyz}$ 向变形值统计

根据图 5-49 计算结果，卸载前后胎架支撑点最大 $x$ 向变形值约为 1.421mm，最大 $y$ 向变形值约为 1.707mm，最大 $z$ 向变形值约为 5.6mm，实际最大变形形态值约为 5.639mm。卸载前后支撑点处变形值较小，可以实现一次性同步卸载。

POST-PROCESSOR
BEAM STRESS
49.36
39.14
28.92
18.71
8.49
0.00
-11.95
-22.16
-32.38
-42.60
-52.82
-63.03
MAX : 3281
MIN : 11367

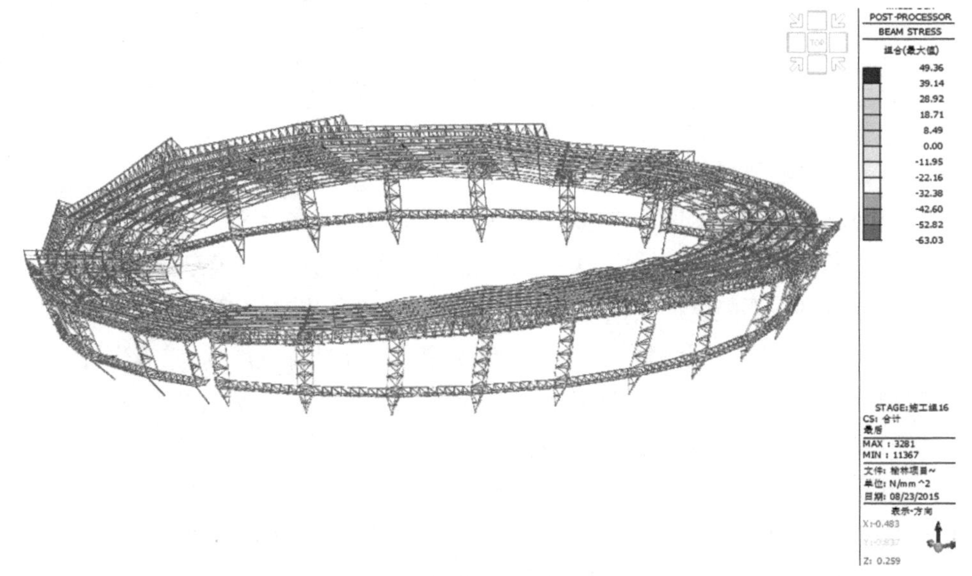

**图 5-50　卸载后杆件应力云图**

由图 5-50 所示，卸载后杆件最大拉应力约为 49.36MPa，最大压应力约为 63.03MPa，均小于杆件设计强度 310MPa，认为符合要求。

综上所述，支撑胎架在安装和卸载过程中的受力与变形都远小于设计限值，基本认为胎架的施工符合设计要求。在胎架卸载后，结构内部进行应力重分布，整个钢结构屋盖形成稳定的结构体系，其内力和变形值也远小于设计限值，其卸载方案是合理的。

## 5.5 钢结构测量与监测技术

### 5.5.1 工程特点

榆林市体育中心（体育场）钢结构工程为主桁架及环向桁架的空间桁架结构形式，最高点标高为 47.0m。本工程中屋盖水平主桁架为跨度最大的构件，最长约 50m，现场拼装及安装定位均需严格控制其三维坐标，而拱桁架作为屋面结构的骨架，其安装精度也极其重要。另外，整个钢屋盖结构体形巨大，结构受力复杂，如水平主桁架悬挑端挠度较大，为保证结构在施工和运营阶段的安全，需对关键构件的应力应变、变形和温度等进行监测，结合监测结果，对结构的安全性能进行科学的评判。

### 5.5.2 测量技术

本工程中屋面水平主桁架安装时固定在前后共 3 个支座上，因悬挑较长，支座的三维定位必须非常准确，稍微的偏移也会导致悬挑端较大的位置变化。拱桁架作为屋面结构的骨架，直接焊接在主桁架的下弦杆上，安装时空间位置复核难度较大，只能通过对拼装精度的控制及安装时两端头安装点的控制来保证精度。

**1. 测量控制网布置**

（1）平面控制网

控制测量是最基础和最重要的施工测量工作，现场测量控制点的密度、精度、位置和使用是否方便都至关重要，是重点考虑的因素。若测量控制点密度低、数量少，则不能全面精确地控制整个工程，还会使定位误差较大。若控制点密度较大，不仅增加了测量工作，还会造成控制网边长较短，形成短边控制长边的观测不利条件。在布置控制网时，要避开电缆等地下管线、构件拼装作业区，尽量远离吊车等大型施工机械的运行路线。

根据榆林市体育中心（体育场）钢结构工程的施工特点，在总包施工单位提供的测量成果的基础上建立钢结构施工专用控制网（以体育场中心为原点，$x$ 轴平行于体育场长轴方向）。

整个控制网由 5 个基准控制点构成，控制网如图 5-51、图 5-52 所示。在实施过程中，采用中纬 ZTS602LR 全站仪进行控制点位之间角度、距离的测量。测量结束后，根据闭合差计算测角中误差为 ±1.8，最大边长相对误差不大于 1/50000，满足《工程测量规范》GB 50026—2007 中“最大边长相对误差≤1/30000；测角中误差 ≤ ±5”的要求。

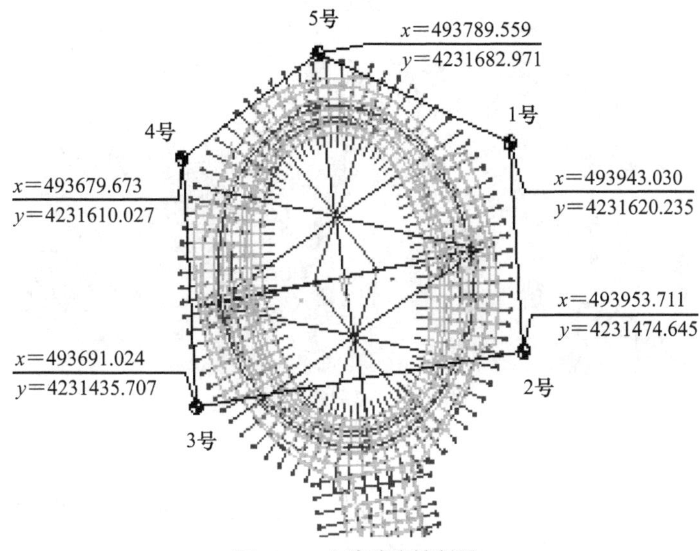


图 5-51 土建移交控制网

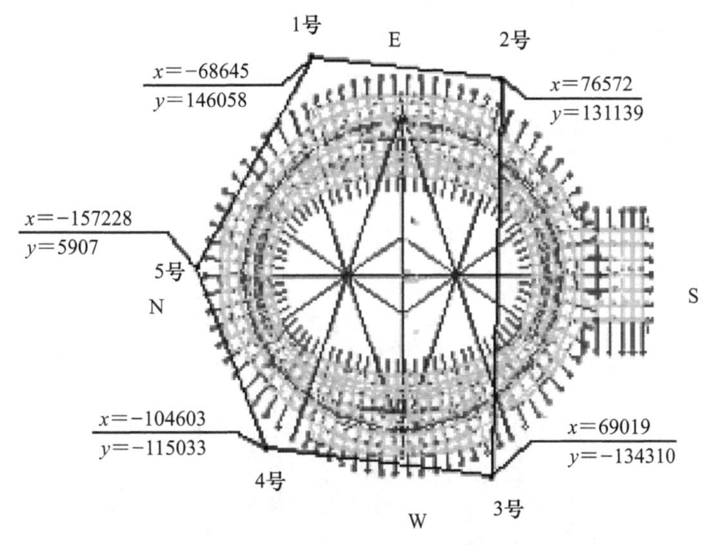


图 5-52 钢结构平面控制网

（2）高程控制网

根据现场情况，高程控制网的水准点标记在现场塔吊的标准节上，埋件安装时将标高控制点引至各控制点的立桩上。高差实时测量如图 5-53 所示。待一层顶板混凝土浇筑完成后，将其引至 2 层混凝土柱上。各水准点互相通视以便于定期复测及时修正，共设 10 个水准点。按照国家二等水准测量精度要求进行观测，其精度指标为每千米高差中误差小于 ±2mm，路线闭合差小于 ±4mm。平差后最大高程中误差 1.3mm，线路闭合差 0.8mm。

图 5-53　高差实时测量

（3）控制网的加密、复测与网点保护

鉴于现场场地面积较大，需分区分层进行施工，同时考虑到土建结构已形成、通视条件不够等实际情况，在各区域测量作业时，要引测所需加密控制点以满足现场施工定位的需要。这些加密控制点的精度要求与首级控制点的精度要求一致，并应与首级控制点进行联测，形成校核。

平面控制网和高程控制网同频率、同时复测，半月复测一次，根据稳定情况和施工对控制网的影响等特点可适当调整复测周期。同时，控制点作为测量数据的原始复核点应做好相应的保护工作，如图 5-54 所示。

图 5-54　测量点保护

### 2. 预埋件的安装测量

在钢桁架吊装前，需在既有构件内部安装预埋件为钢桁架提供支撑，预埋件的安装精度直接关系着整个钢结构构件的质量安全性和可靠性。

预埋件安装前，先在预埋件顶面进行分中画线，将顶面中点确定为测量控制点 1，其中一条线偏移板边 50mm 的中点作为预埋件安装精度调整点 2，如图 5-55 所示。先在土建钢筋上放出控制点 1 和调整点 2 坐标，并将两点画线引出到土建模板上，安装时使预埋件中线与模板上的两点画线重合，安装后通过两个控制点进行调整，确保预埋件的安装精度。安装完毕后，对预埋件的精度进行复核，其误差不得超过表 5-5 中的测量允许偏差。

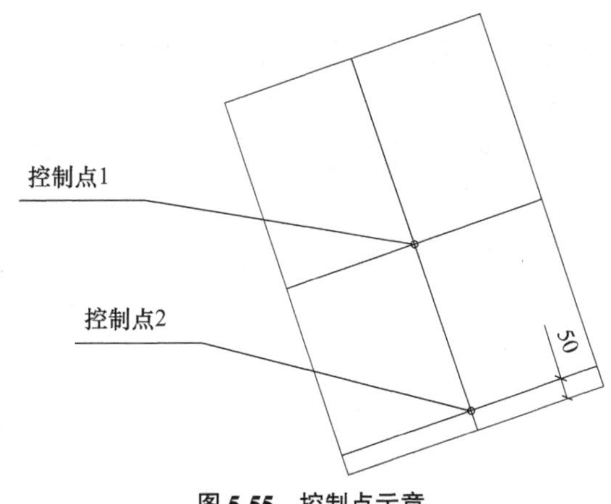


图 5-55　控制点示意

测量允许偏差　　表 5-5

| 偏差项目 | 允许偏差（mm） |
| --- | --- |
| 中心位移 | 10.0 |
| 标高 | ±2.0 |
| 水平度 | $L/1000$ |

注：$L$ 为预埋件顶面长边尺寸。

### 3. 支撑胎架与桁架拼装测量

（1）胎架拼装测量

支撑胎架的安装精度直接关系到安装构件的定位精度，因此支撑胎架的安装精度非常关键。

胎架安装测量的总体思路：放样出胎架主肢位置—安装胎架—校正胎架—测量胎架标高—精确测量胎架标高—放样出顶部支座位置三维坐标—安装胎架支座。

胎架就位时，胎架支座中心线需与转换梁中心线基本对齐后方可松钩，随后调整胎架位置，使胎架支座中心线与转换梁中心线重合。胎架垂直允许偏差必须满足规范要求，当胎架高度小于5m时，允许偏差为±5mm；当胎架高度5～10m时，允许偏差为±10mm；当胎架高度超过10m时，则允许偏差为胎架高度的1/1000但不得大于20mm。

胎架安装完成后将主桁架依次安装完成，腹杆定位则以卷尺测量为主，按照图纸上标注的中心尺寸进行画线安装。

（2）空间桁架的拼装测量

本项目地面拼装工作量巨大，主要包括三角形空间桁架和平面拱桁架。其中，主桁架、立面桁架、环桁架均为三角形桁架，不仅长度长，而且重量大。钢结构测量控制点根据现场拼装区的具体拼装位置选择，并设置三个以上的测量控制点，形成闭合控制网。

地面拼装建立以主弦杆一端为原点，$y$轴平行其中一根主弦杆的局部坐标系，放出钢板的中心点，然后在钢板上放出主弦杆的端头控制点、胎架的控制点，待支撑胎架安装完成后，在胎架顶部横梁上放出支撑控制点并确定支撑板的高度、尺寸。

桁架拼装完成后，利用全站仪将桁架定位点引至支撑胎架，并在支撑钢板上画十字中心线来控制桁架就位。整拼吊装前，对整拼桁架尺寸及就位标高进行复测，同时对桁架就位点支撑胎架的标高进行测量，确保桁架顺利就位。桁架吊装时，在地面架设全站仪，进行全程观测。在桁架测量控制点弦杆上张贴反光片，对桁架就位点三维坐标进行监测，确保桁架顺利就位。

桁架吊装过程中，对每榀桁架空间位置实时监控，建立测量台账。记录每榀桁架误差实际值并与计算模型进行对比分析，根据分析结果对拼装间隙进行适当调整，减少整体累积误差对屋盖结构的影响。

桁架安装后，对桁架直线度、标高进行调校，固定后松开吊钩，然后利用全站仪进行复测，发现问题应及时解决。安装测量如图5-56所示。

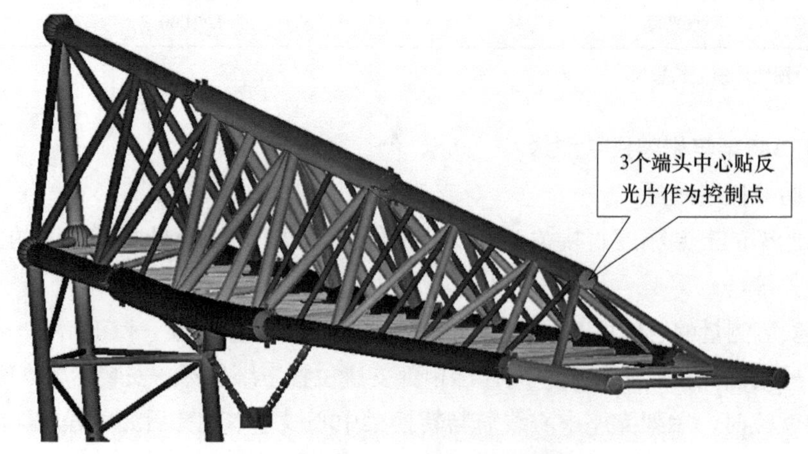


**图5-56 水平主桁架安装测量**

### 5.5.3 钢结构的实时监测

**1. 监测流程**

施工阶段和运营阶段的监测流程如图 5-57、图 5-58 所示。

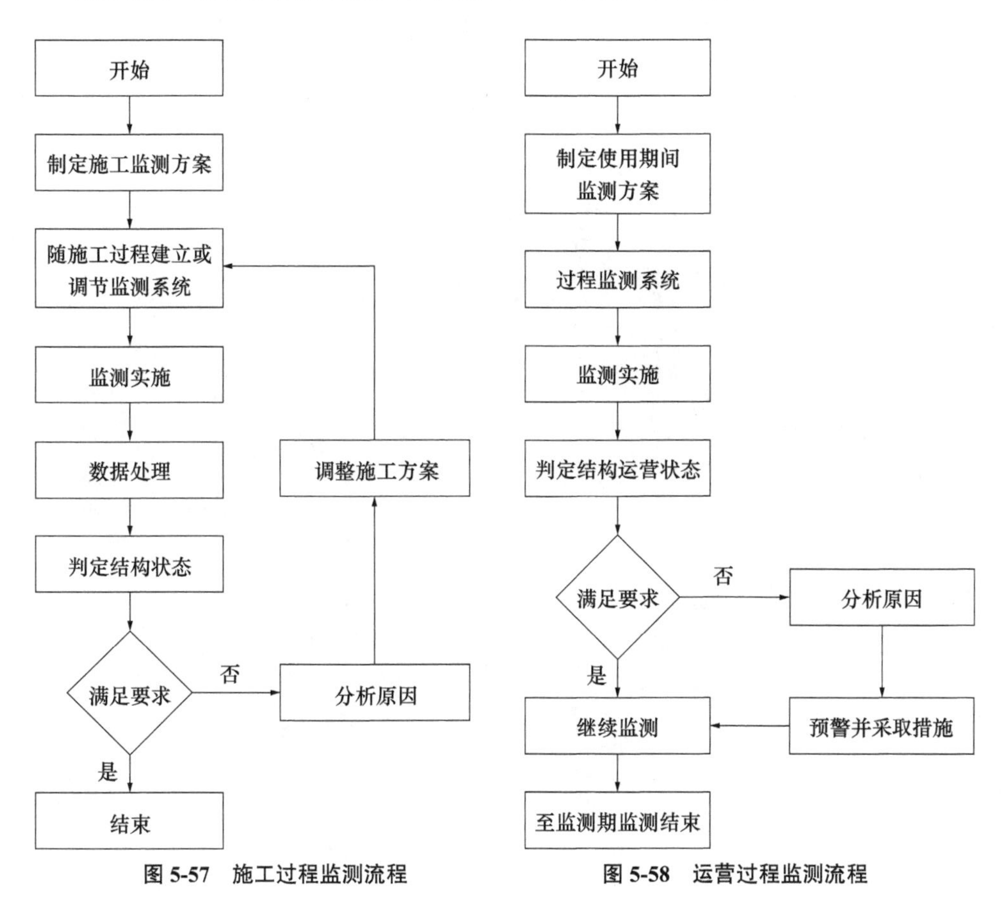


图 5-57 施工过程监测流程

图 5-58 运营过程监测流程

**2. 监测内容**

复杂钢结构的施工过程是一个从局部到整体的过程，施工过程中伴有结构形态的变化，不同施工阶段有不同的结构形态和受力特性，且每个施工阶段的边界条件和所受荷载也都是不同的，包括运营过程。因此，需要对钢结构在施工和运营阶段进行静动力全过程分析，关注关键构件的应力应变、位移、温度等参数的变化，结合现场实际监测结果，从而对工程进行科学的评估，并作出相应的修正。

主要监测内容包括以下几部分：

（1）结构施工与运营阶段关键部位的应力应变监测；

（2）结构施工与运营阶段关键部位的位移监测；

（3）结构施工与运营阶段关键部位的温度监测。

监测点主要布置在室外露天构件部位、钢结构支座部位、构件密集集中部位、上弦受拉部位、壁厚相对较厚的部位和理论计算位移较大点，所有监测点均保留至运营阶段。

根据主要测点的布置总原则及结构的受力情况，主要在编号 T1-53、T1-44、T1-35、T1-26、T1-20、T1-14、T1-5、T1-74、T1-65、T1-59 轴线位置布设测点，如图 5-59 所示。

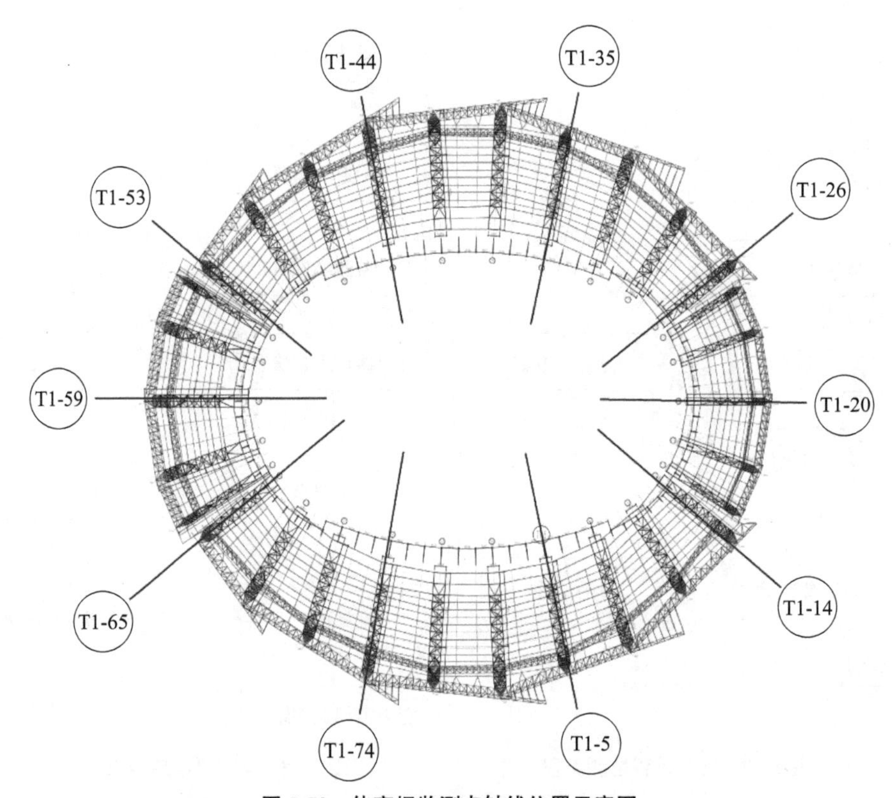


图 5-59 体育场监测点轴线位置示意图

（1）应力应变监测与温度监测

本工程钢结构为空间桁架结构形式，采用了较多的高强度钢管，施工中的节点基本为焊接，相比较于普通结构的静态受力特性，其应力集中现象更为显著，因此构件疲劳、关键位移、应力变化情况也更加复杂与明显。对结构的重要部位、重要参数实施长期监测，对于实时掌握屋盖受力状态、保障其正常运营有重要意义。

由于太阳辐射的作用，钢结构的温度明显不同于大气环境温度，其直接影响是在高次超静定结构中产生温度应力，需要在特定的阶段（安装和卸载）和特殊气候条件（高温和低温）下对钢结构的温度进行实时监测，为科学地组织施工和结构温度应力的计算提供技术依据。监测环境的温度变化，包括日温度变化和季节温度变化。

本项目应力应变监测与温度监测采用表面智能数码弦式应变计，该应变计的测量精度、量程满足本项目构件应力应变幅度的实际要求，其应变量程为 ±3000με，温度范围为 −20～＋ 70℃，应变测量精度为 0.5%F.S。应变计外观如图 5-60 所示，仪器工作状态如图 5-61 所示，应力应变监测点布置如图 5-62 所示，温度监测点布置如图 5-63 所示。

（2）节点位移监测

节点监测的目的在于掌握结构的几何变化，研究水平位移与环境变化（如温度和风）的关系。结构水平位移尤其是顶部水平位移对结构的稳定性起着至关重要的作用，影响结构的安全。所以施工过程中水平位移监测是一个重要环节，应确保结构的水平位移在规范要求的范围内。

位移监测采用精密全站仪及配套棱镜组，如图 5-64 所示，位移监测点布置如图 5-65 所示。

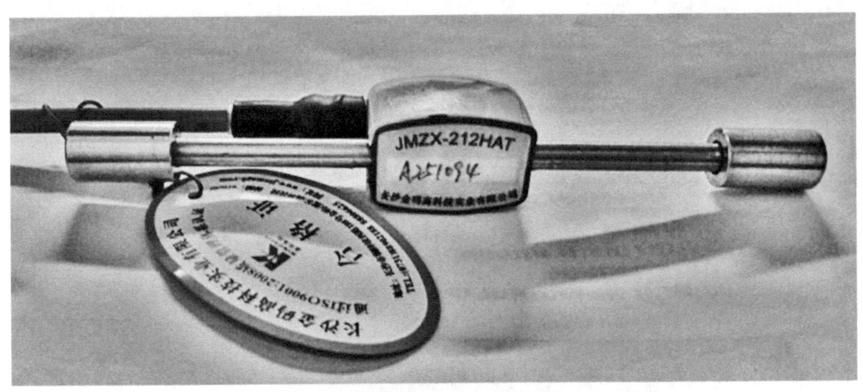


**图 5-60　表面智能数码弦式应变计**

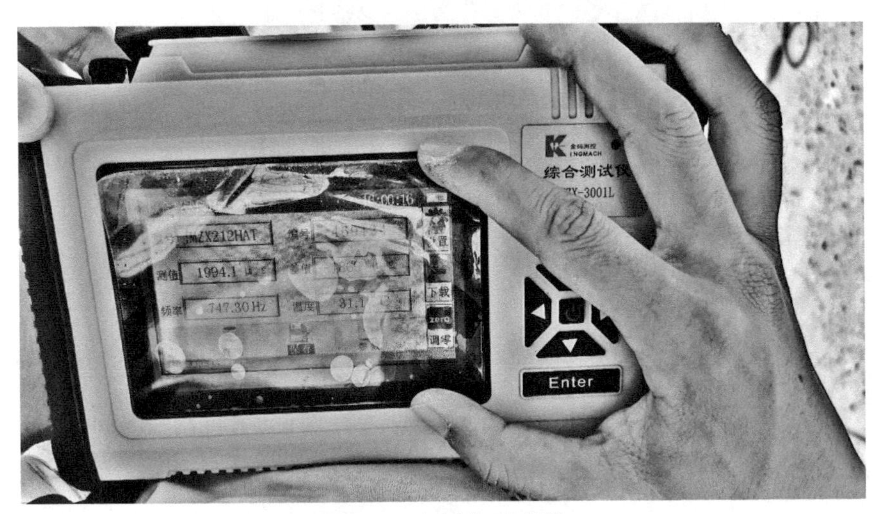


**图 5-61　应变计工作状态**

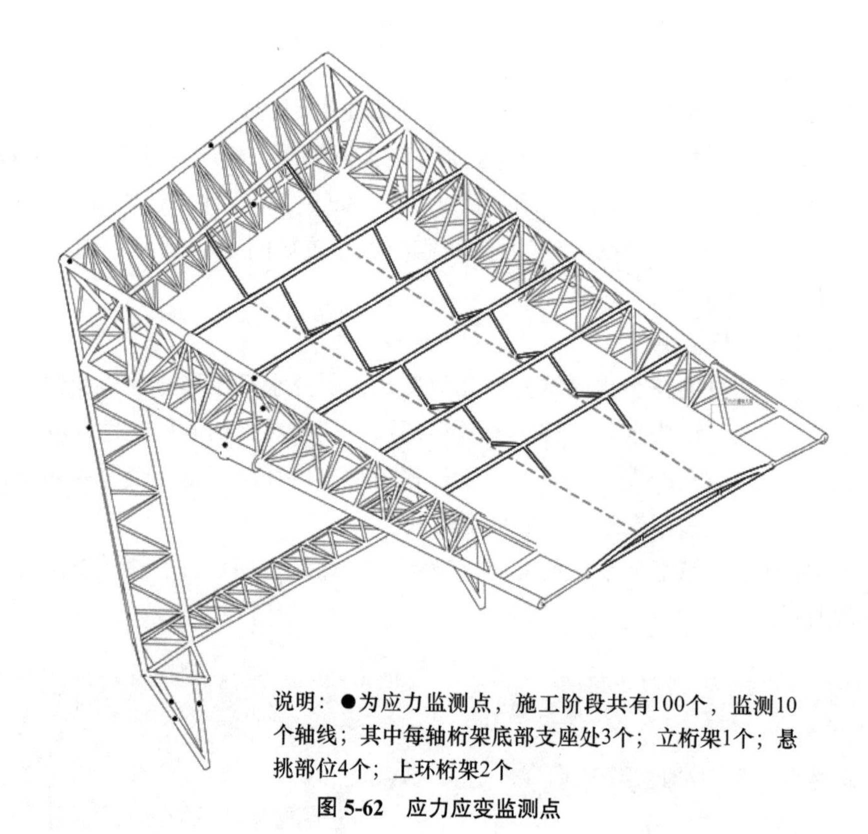

说明：●为应力监测点，施工阶段共有100个，监测10个轴线；其中每轴桁架底部支座处3个；立桁架1个；悬挑部位4个；上环桁架2个

**图 5-62 应力应变监测点**

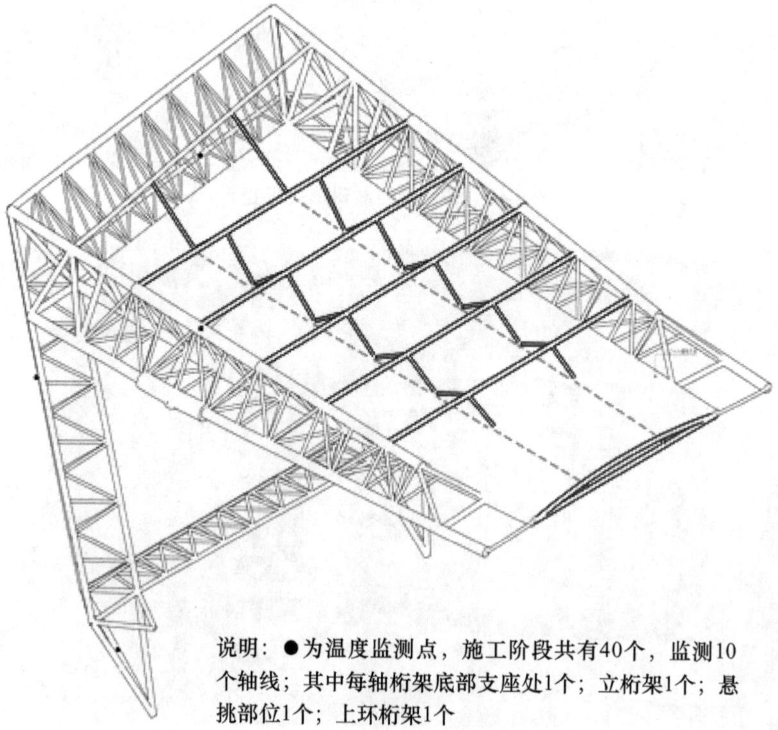

说明：●为温度监测点，施工阶段共有40个，监测10个轴线；其中每轴桁架底部支座处1个；立桁架1个；悬挑部位1个；上环桁架1个

**图 5-63 温度监测点**

图 5-64　全站仪及棱镜组

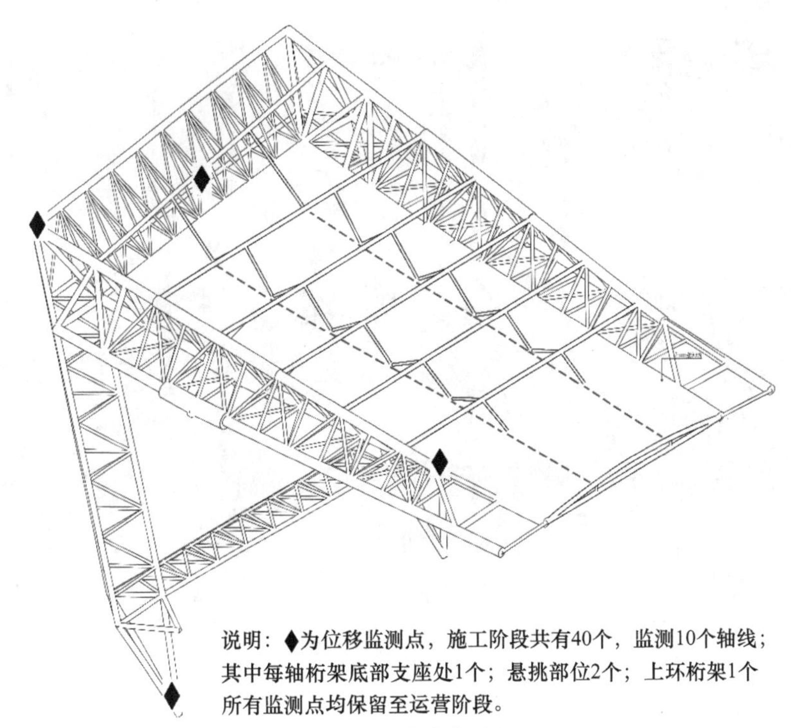


图 5-65　位移监测点

## 5.6　钢结构焊接技术

### 5.6.1　工程背景

**1. 焊接概况**

本工程体育场钢结构为主桁架及环向桁架组成的空间桁架结构形式，弦杆及腹杆均为钢管构件，钢管连接节点为相贯节点。桁架弦杆、腹杆中直缝管材质为 Q355C，无缝管材质为 Q345C，球节点、埋件等板材材质为 Q355B。其施焊板厚规格为 10～40mm，其中板厚 $t \leq 30$mm，焊接难度等级为 A（易）；板厚 30mm $< t \leq 40$mm，焊接难度等级为 B（一般）。钢构件的现场节点焊接如图 5-66 所示。该工程现场焊接形式主要有：

（1）管与管之间的对接；

（2）管桁架相贯线焊接；

（3）钢管与球节点之间的焊接；

（4）钢管与金属大小头之间的焊接；

（5）节点板之间的连接；

（6）埋件位置焊缝。

**图 5-66 钢结构节点焊接**

**2. 工艺流程**

根据构件的焊接形式，本工程现场主要采用手工电弧焊和二氧化碳气体保护焊的方式焊接。焊接过程中，对结构标高、水平度、垂直度进行监控，发现异常立即暂停，改变焊接顺序和采用加热校正措施进行特殊处理。无论是管桁架还是其他构件，焊接完一个区域的主次杆件，再进入下一区域焊接。测量焊后收缩数据，与模拟计算结果相核对，分析差异原因。在满足安装方案要求的前提下，尽可能地将更多的拼装、焊接工作留在地面拼装胎架进行，以保证拼装、焊接的质量。焊接工艺流程如图 5-67 所示。

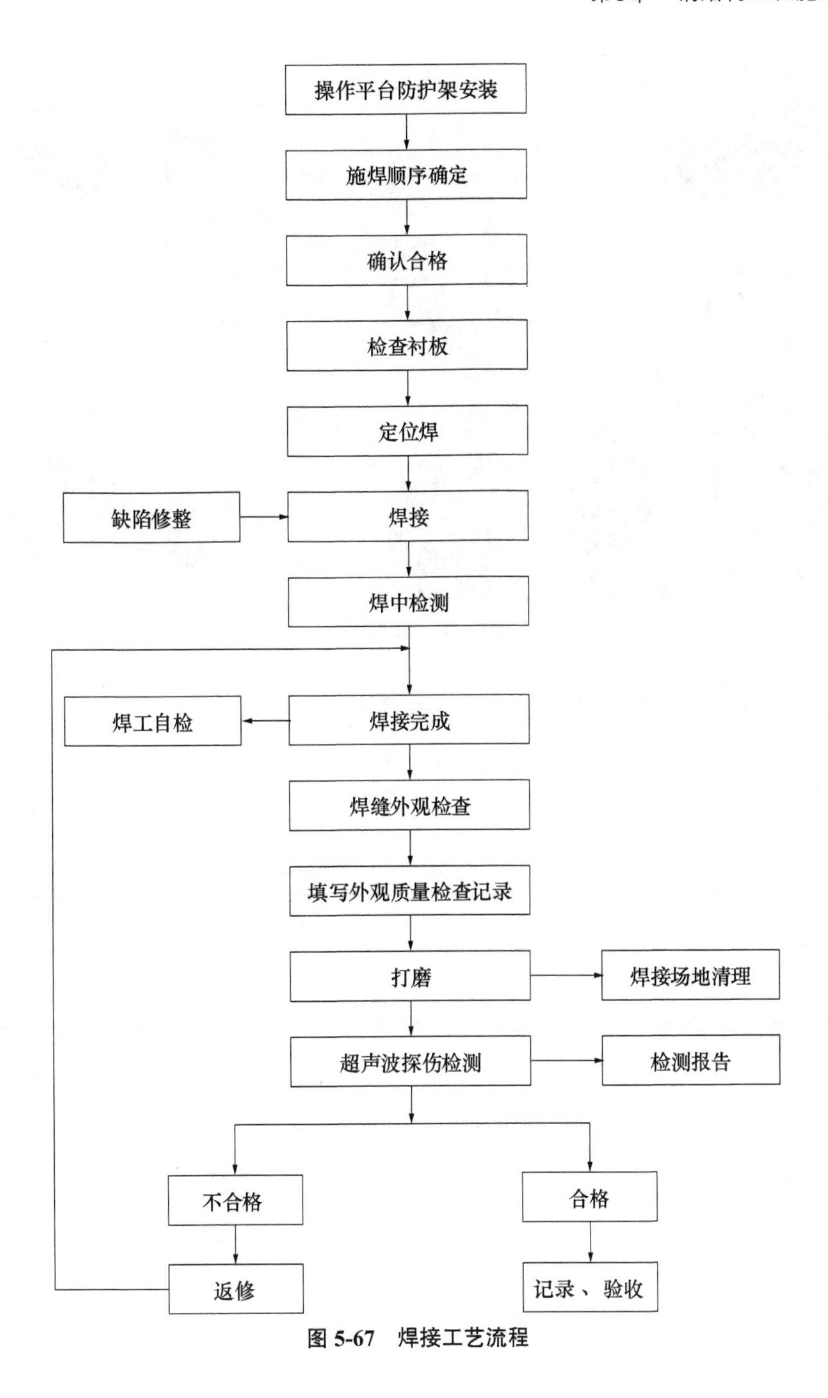


图 5-67　焊接工艺流程

## 5.6.2　典型焊接工艺

### 1. 焊接方法及焊接材料的选定

根据母材材质、结构形式，本工程钢结构的焊接主要采用半自动实芯焊丝二氧化碳气体保护焊（GMAW-$CO_2$）、半自动药芯焊丝二氧化碳气体保护焊（FCAW-G）、焊条手工电弧焊（SMAW）点焊、定位。如图 5-68 所示。

图 5-68 结构焊接

具体焊接方法及其相应的焊材选用见表 5-6、表 5-7 所列。

焊材选用 表 5-6

| 母材 | 焊接形式 | | |
|---|---|---|---|
| | SMAW | GMAW | FCAW |
| Q355 ＋ Q355 | E5015 | ER50-6（$\phi$1.2） | E501T-1（$\phi$1.2） |

焊接工艺参数表 表 5-7

| 焊接方法 | 焊接材料 | | 焊接工艺参数 | | |
|---|---|---|---|---|---|
| | 型号 | 规格（mm） | 电流（A） | 电压（V） | 气流量（L/min） |
| GMAW | ER50-6 | $\phi$1.2 | 200～260 | 24～34 | 15～25 |
| FCAW | E501T-1 | $\phi$1.2 | 160～200 | 26～27 | 15～25 |
| SMAW | E5015 | $\phi$3.2 | 90～120 | 22～26 | — |
| | | $\phi$4 | 160～180 | 24～26 | — |
| | | $\phi$5 | 180～200 | 24～26 | — |

**2. 主要节点焊接**

本工程现场焊接主要为管管对接、管管相贯焊缝。

（1）桁架对接焊接节点

管桁架对接采用全熔透的坡口对接焊缝连接，如图 5-69 所示。

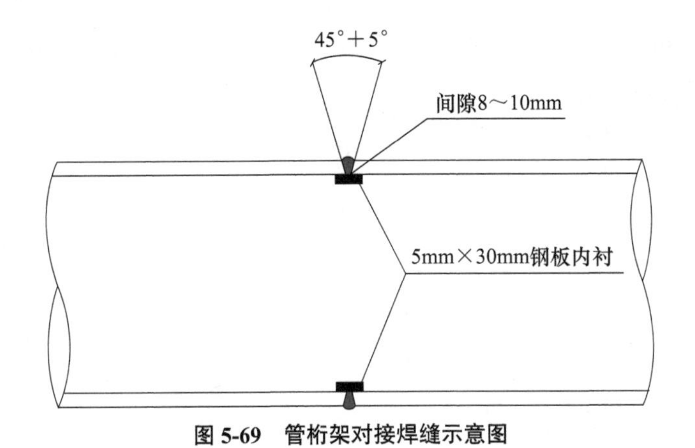


图 5-69 管桁架对接焊缝示意图

（2）桁架相贯节点

当两支管同交于一主管，且两支管间夹角较小，导致其中一部分重叠，此时相贯节点如图 5-70 所示。

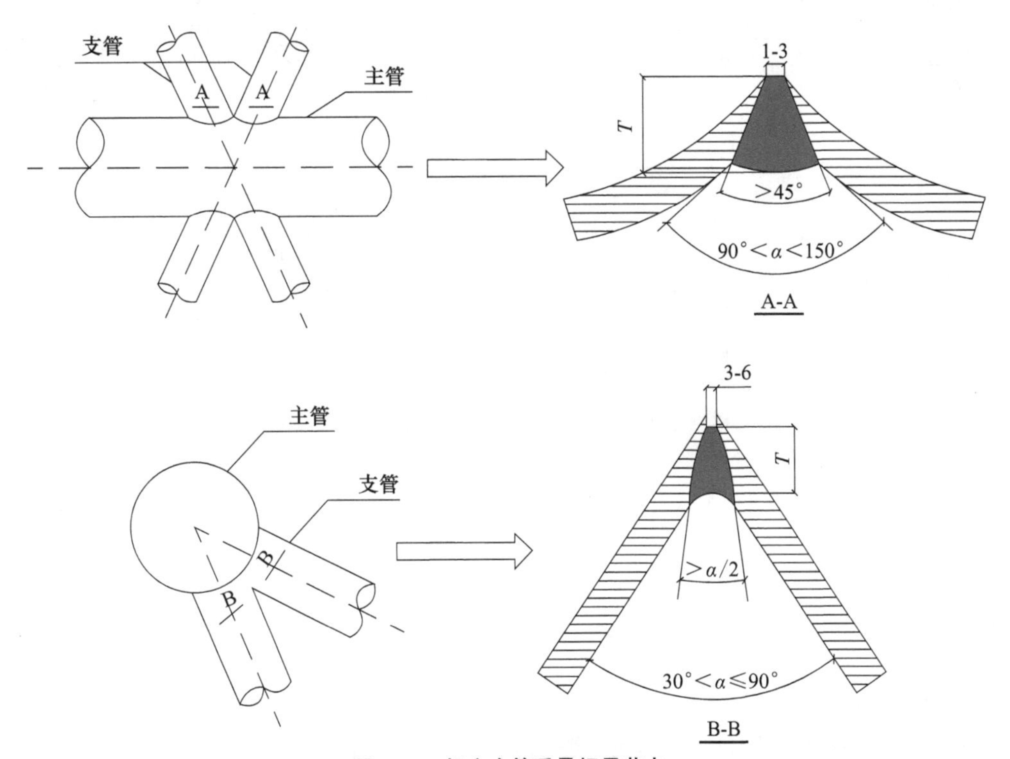


图 5-70 相交支管重叠相贯节点

当钢管交叉焊时主钢管连续，次钢管切割相贯线。支管端部的相贯线焊缝位置沿支管周边分为 A（趾部）、B（侧面）和 C（根部）三个区域，如图 5-71 所示。相贯焊缝按以下原则处理：当支管壁厚不大于 6mm 时，采用全周角焊缝；当支管壁厚大于 6mm，所夹锐角不小于 75° 时，采用全周带坡口的全熔透焊缝；当支管壁厚大于 6mm，所夹锐角小于 75° 时，A、B 区采用带坡口全熔透焊缝，C 区采用带坡口部分熔透焊缝。

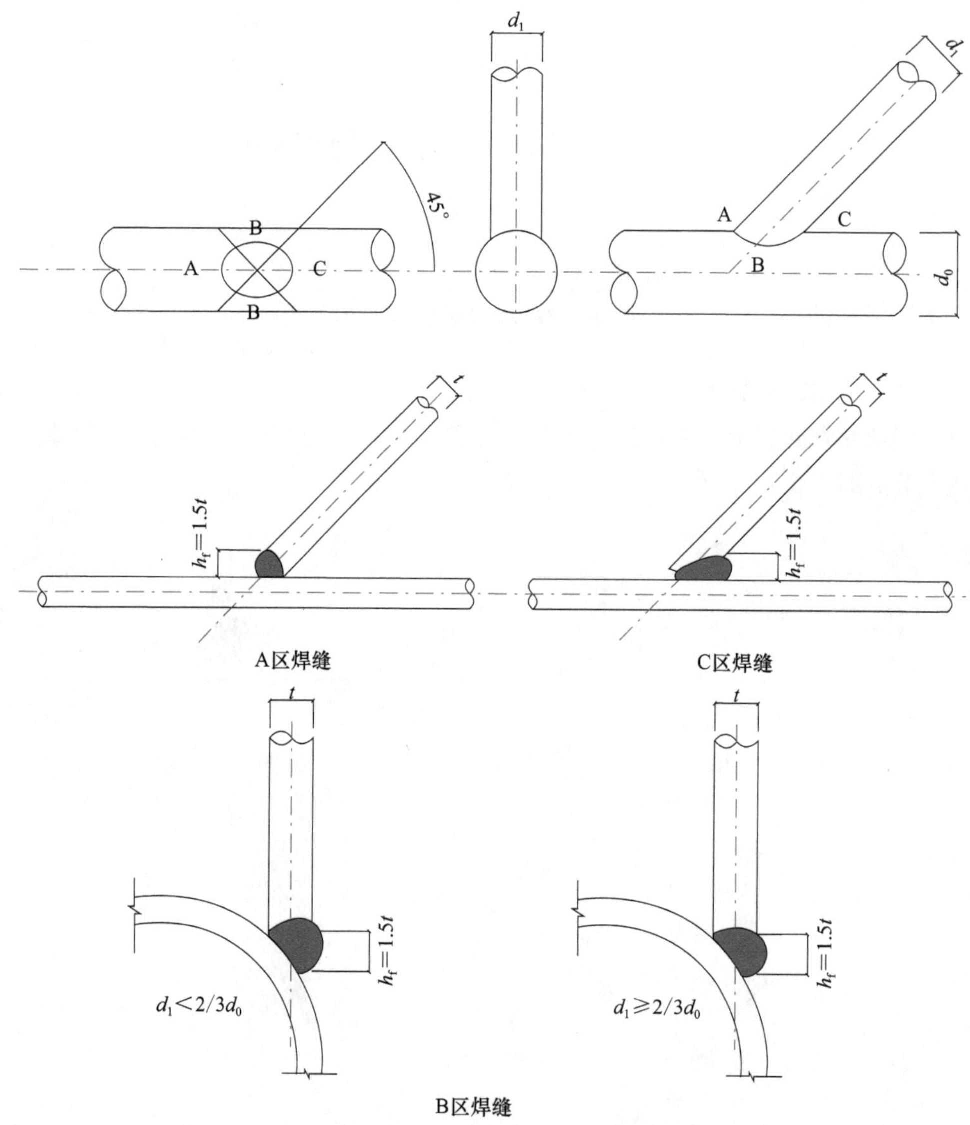


**图 5-71　次管切割相贯线节点**

### 3. 桁架结构焊接

本工程体育场构件主要为圆管杆件，根据安装工艺及运输条件，圆管构件均在加工厂将坡口切割完成后运输至现场，在现场进行组装焊接，在胎架上拼装后吊装，部分在高空焊接。全位置焊接方法采用 $CO_2$ 药芯焊丝气体保护焊（FMAW）。预热时采用火焰预热，预热范围为坡口两侧各 1.5 倍板厚范围内，且不小于 100mm。火焰预热时，其正面测温应在火焰离开后进行。预热温度要求见表 5-8 所列。

焊接接头材料的最低预热温度要求　　表 5-8

| 钢材牌号 / 类别 | 环境温度 | 接头最厚部件的板厚 $t$（mm） | | |
|---|---|---|---|---|
| | | $t \leqslant 20$ | $20 < t \leqslant 40$ | $40 < t \leqslant 50$ |
| Q355/Ⅱ | ≥ 0℃ | — | 20℃ | 60℃ |

**4. 厚板焊接技术**

本工程屋盖钢结构部分钢管采用 40mm 厚钢管，材质为 Q355C，分别与同材质的 28mm 厚钢管焊接，共同形成整体。其材质高，厚度大，焊接难度大。经过多次厚板焊接实践，制定了厚钢板低温焊接技术。

在深化设计阶段设置合理的焊接坡口，减少焊接填充量，例如开设双面坡口；设置合理的焊接接头形式，减少焊接填充量，防止层状撕裂。做好焊接工艺评定，以 40mm 的厚板焊接为例，设置合理的焊接层数，采用多层多道焊接；设置合理的电流电压；设置合理的焊接顺序，采用多人对称焊接；施工前做好焊接工艺考试及焊接工艺准备。焊前采用电加热对厚板进行预热处理，工艺上采用分层分道焊接，严格执行焊接工艺评定，选择合理的焊接顺序；严格控制层间温度及施焊的电流电压，并采用防止焊接变形的临时措施，焊接完成后进行焊后保温。焊接完成后采用电加热进行焊后加热，并利用振动消应力法消除焊接残余应力，进而防止厚板层装撕裂。关键节点焊接如图 5-72 所示。

图 5-72　关键节点焊接

### 5.6.3　焊材及焊接质量措施

**1. 焊接施工要点**

（1）定位焊

1）装配精度、质量符合图纸和技术规范的要求才允许定位焊。

2）若焊缝施焊要求预热时，则一定要预热到相应的温度以后才能允许定位焊。

3）定位焊完毕后若产生裂纹，分析产生原因并采取适当措施后才能在其附近重新定位焊，并将产生裂纹的定位焊缝剔除。

（2）焊接环境

1）本工程的焊接应在车间或相当车间的环境中进行。

2）对于在车间外的焊接环境，规定必须满足以下条件：钢板表温度≥ 0℃，相对湿度≤ 80%，风速≤ 8m/s（手工电弧焊）或风速≤ 2m/s（气体保护焊）。

3）施焊时切实做好防风防雨棚并固定牢固，低温焊接前用气焊烤除母材表面的结露。

（3）焊缝表面质量

1）对接焊缝的余高为 2～5mm，必要时用砂轮磨光机磨平。

2）焊缝要求与母材表面匀顺过渡，同一焊缝的焊脚高度要均匀一致。

3）焊缝表面不准有电弧灼伤、裂纹、超标气孔及凹坑。

4）主要对接焊缝的咬边不允许超过 0.5mm，次要受力焊缝的咬边不允许超过 1mm。

5）管的对接焊缝应与母材表面打磨齐平。

**2. 焊接检验**

（1）焊缝外观检验

焊缝外观应均匀、致密，不应有裂纹、焊瘤、气孔、夹渣、咬边弧坑、未焊满等缺陷，如图 5-73 所示。焊缝外观检查的质量要求应符合《钢结构焊接规范》GB 50661—2011 的规定，无损探伤须在焊缝外观检查合格后 24h 内进行，焊缝尺寸允许偏差见表 5-9。

图 5-73　焊缝检验

焊缝外观质量允许偏差　　表 5-9

| 焊缝质量等级<br>检查项目 | 一级 | 二级 | 三级 |
|---|---|---|---|
| 未焊满 | 不允许 | $\leqslant 0.2+0.02t$，且$\leqslant$1mm，每 100mm 长度焊缝内未焊满累计长度$\leqslant$25mm | $\leqslant 0.2+0.04t$，且$\leqslant$2mm，每 100mm 长度焊缝内未焊满累计长度$\leqslant$25mm |
| 根部收缩 | | $\leqslant 0.2+0.02t$，且$\leqslant$1mm，长度不限 | $\leqslant 0.2+0.02t$，且$\leqslant$1mm，长度不限 |
| 咬边 | | $\leqslant 0.05t$，且$\leqslant$0.5mm；连续长度$\leqslant$100mm，且焊缝两侧咬边总长$\leqslant$10% 焊缝全长 | $\leqslant 0.1t$，且$\leqslant$1.0mm，长度不限 |
| 弧坑裂纹 | | 不允许 | 允许存在长度$\leqslant$5mm 的弧坑裂纹 |
| 电弧擦伤 | | 不允许 | 允许存在个别电弧擦伤 |
| 接头不良 | | 缺口深度$\leqslant 0.05t$，且$\leqslant$0.5mm，每 1000mm 长度焊缝内不得超过 1 处 | 缺口深度$\leqslant 0.1t$，且$\leqslant$1mm，每 1000mm 长度焊缝内不得超过 1 处 |
| 表面气孔 | | 不允许 | 每 50mm 长度焊缝内允许直径$<0.4t$ 且$\leqslant$3mm 气孔 2 个；孔距$\geqslant$6 倍孔径 |
| 表面夹渣 | | 不允许 | 深$\leqslant 0.2t$，长$\leqslant 0.5t$ 且$\leqslant$20mm |

注：$t$ 为钢管施焊板厚度。

（2）焊缝质量无损检测

焊缝无损探伤检测发现超标缺陷时，应对缺陷产生的原因进行分析，提出改进措施并进行焊缝返修，返修的焊缝性能和质量要求与原焊缝相同。焊缝返修应注意以下几点：

1）返修前需将缺陷清除干净，经打磨出白后按返修工艺要求进行返修。

2）待焊部位应开好宽度均匀、表面平整、过渡光顺、便于施焊的凹槽，且两端有 1∶5 的坡度。

3）焊缝返修之后，应按与原焊缝相同的探伤标准进行复检。

4）要求一级焊缝的进行 100% 的超声波无损探伤，评定Ⅱ级。

5）要求二级焊缝的进行 20% 的超声波无损探伤，评定Ⅲ级。

**3. 季节性施工焊接**

（1）焊接材料的选择

为保证焊缝不产生冷脆，负温度下焊接用的焊条，在满足设计强度的要求下，优先采用屈服程度较低、冲击韧性好的低氢型焊条。

（2）焊接材料的贮存

焊剂及碱性焊条的焊药易潮，尤其在负温度时，使用前必须按照质量说明书的规定进行烘焙。使用时取出放在保温筒内，做到随用随取。焊剂及碱性焊条的焊药外露 2h 后必须重新烘焙。所使用的焊条、焊丝要贮存在通风干燥的地方，保证焊条的良好性能。

（3）焊接专用机具的检查

焊接使用瓶装气体时，负温下瓶嘴在水汽作用下容易产生冰缩堵塞现象，在焊接作业中要及时检查疏通。

（4）焊接条件要求

当$CO_2$气体保护焊环境风力大于2m/s及手工焊环境风力大于8m/s时，在未设防风棚或没有防风措施的施焊部位严禁进行$CO_2$气体保护焊和手工电弧焊，并且焊接作业区的相对湿度大于90%时不得进行施焊作业。施焊过程中，若遇到短时大风雨时，施焊人员应立即采用3～4层石棉布将焊缝紧裹，绑扎牢固后方能离开工作岗位，并在重新开焊之前将焊缝100mm周围处进行预热，然后方可焊接。

（5）焊接过程控制

1）焊前防护及焊前清理

焊件接头处的焊接必须搭设操作平台，做好防风雨措施。定位焊的始焊段与收弧处必须用角向磨光机修磨成缓坡状，分段检查并确认无未融合、裂纹、气孔等焊前缺陷，清除飞溅及粉尘。

2）焊前预热

焊前应对焊缝进行预热，预热区域应在焊接坡口两侧，必要时采用伴随预热的方法，主杆件之间的对接焊缝和次杆件与主杆件间的相贯焊缝现场分别采用电加热片预热和火焰预热，确保预热温度和层间温度。本工程采用Q355C钢材，在焊接时对预热、层温、后温等要求较高。焊前预热即加热阻碍焊接区自由膨胀、收缩的部位，使其达到预定的温度值。其目的是消除焊接区段骤冷骤热差、表面水分，减缓始焊层温度散失，制约收缩发生的时间。预热范围应沿焊缝中心两侧100mm以内进行全位置均匀火焰加热。由于Q355C钢材在管壁厚度方面存在差别，其热量的散失速度也不一样，故在本工程中采用如下预热温度值：Q355C钢为120～150℃。当预热温度达到预定值后，恒温20～30min。温度的测试需在离坡口80～100mm处进行，采用远红外温度计测试。加热需绕管运作，以免加热不均匀、单点温度过高而造成母材的损伤。

3）焊后消氢热处理

焊接完成并经自检外观质量符合要求后，立即实施焊后的后热过程。焊后加热不仅能使逐渐降下来的接头温度再度上升，而且能够起到将焊接区域储热不均匀现象降到最低程度的重要作用。对于超厚钢板、大长焊缝，作业者严格遵循工艺流程，实施中间再加热，也不可避免由于板厚过大、始端终端焊缝过长、面缝过宽等原因造成的根部与面层的温差、始端与终端的温差、近缝区与远缝区的温差、（水平横向焊缝）下部与上部的温差以及对称作业中各作业者由于焊接习惯、视力、运速、参数选择不能绝对相同导致的温差。这些差别的最大程度消除，只有通过焊后的后热来完成。因而焊后后热是焊接工艺中相当重要的环节，在寒冷地区焊后后热温度应较温和地区相应提高 50～100℃，这一过程应通过热感温度仪来监控，必须坚决杜绝随意性。

母材厚度 25mm ≤ $t$ ≤ 50mm 的焊缝，必须进行消氢处理，后热消氢处理加热温度为 200～250℃，保温时间应依据工件板厚按每 25mm 板厚保温一小时确定。达到保温时间后，应缓冷至常温。焊接完成后，还应根据实际情况进行消氢处理和消应力处理，以消除焊接残余应力。

4）焊后保温

一切焊前加热、中间再加热、后热等都围绕着消除骤冷骤热、消除胀缩不均、延缓冷却收缩这个目的，但是仅上述措施还不能完全保证焊缝质量，还需要采取防止温度快速散失，特别是防止边沿区域冷却较缝中部完成过快的过程。最有效最直接的方法是加盖保温性能好、耐高温的石棉布，需加盖至少 2～4mm 厚石棉布，并密封空气流通部位。构件的焊接口处理和焊缝保温如图 5-74、图 5-75 所示。

**图 5-74　焊接口处理**

**图 5-75　焊缝保温**

第 6 章

# 外装饰工程关键施工技术

## 6.1 外装饰工程概况

### 6.1.1 工程背景

榆林市体育中心（体育场）工程项目作为陕北地区唯一的大体量体育场，建成后将作为省运会的主会场，同时满足其他国际单项的比赛要求。

本项目的外装饰工程主要由屋面系统与墙面系统组成，采用大片的金属板作为外围护结构，建筑表皮采用金属板相互交错穿插，充满层次感与力量感，犹如一枚橄榄叶编织的花环，寓意美好。装饰效果如图 6-1 所示。

图 6-1 榆林市体育中心（体育场）外装饰效果图

### 6.1.2　外装饰系统概况

榆林市体育中心（体育场）的外装饰工程由屋面系统和墙面系统组成。

屋面系统主要包括外装饰铝板屋面系统和聚碳酸酯板（阳光板）系统，其中还有桁架包铝板系统、天沟系统、铝镁锰屋面板联合直立锁边系统、屋面防雷系统、挡雪系统、融雪系统、抗风揭系统。如图 6-2 所示。

墙面系统主要包括铝板幕墙系统（穿孔）和钢格栅系统，如图 6-3 所示。

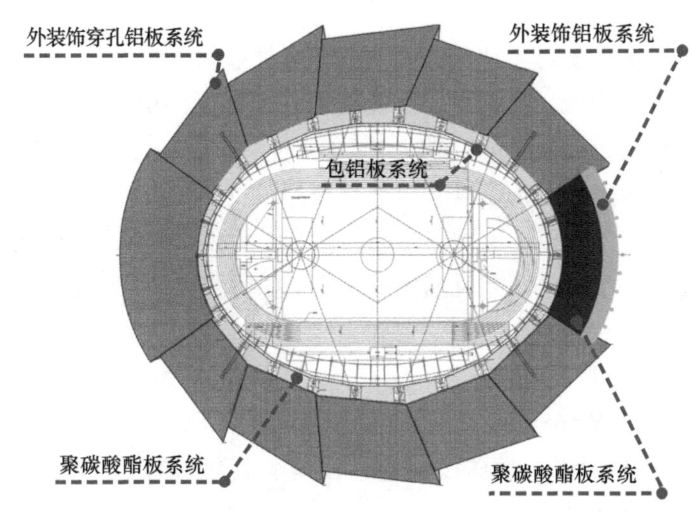


图 6-2　屋面系统

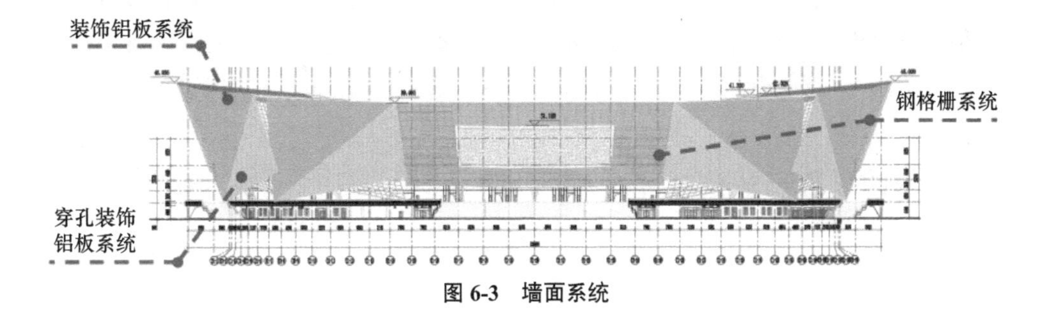


图 6-3　墙面系统

### 6.1.3　重难点分析

（1）金属屋面（墙面）立面造型

作为榆林市两中心项目之一，体育场项目与会展中心遥相呼应，是榆林市地标性建筑。外装饰工程是总体规划与整个建筑的美感所在，因此外装饰工程尤为重要，怎样保证外形平滑过渡，达到建筑要求，是本工程的重点之一。

（2）工程测量与结构变形控制

因本工程主结构为大悬挑管桁架钢罩棚结构，受自重与温差影响，可能导致结构变形，影响屋面及幕墙安装精度，出现屋面、幕墙不平整等现象，影响建筑外观。因此，如何控制屋面及幕墙安装精度，是本工程重难点之一。

（3）冬期施工重点

本项目的工程所在地位于陕西省榆林市，四季跳跃，春秋短暂，夏冬漫长。气候的总体特征是晴天多，日照强，干燥，少雨，雪大，冬冷夏热，昼夜温差大，风沙多。根据工期安排，工程的外装饰施工时间在11月至次年4月份，时值寒冬，如何采取有效措施做好冬期施工，是保障整体施工的关键因素。

（4）龙骨吊装与安装

屋面（墙面）系统与主体结构之间并非直接连接，还存在一层龙骨转换层，下部主结构已安装完成，工期紧急且场地狭小，因此，如何在短时间内完成大量龙骨转换层的安装，是本工程的重难点之一。

（5）与主结构碰撞穿孔处施工

聚碳酸酯板（阳光板）屋面与主结构存在大量穿孔干涉现象，需加强施工质量控制，否则容易出现外观差且漏水等现象，如何解决穿孔质量问题是本工程重难点之一。

（6）屋面板的加工与安装

屋面板规格为YX65-400直立锁边板，最长达到44.2m。屋面板太长易发生折弯，如何将成型之后的屋面板运输至屋面是本工程的难点。

（7）材料的成品保护

如何进行成品及半成品保护必将对整个工程的质量产生极其重要的影响，特别是进场材料，必须重视并妥善地做好成品保护工作，才能保证工程优质快速地进行施工。

## 6.2 屋面系统安装技术

### 6.2.1 屋面设计构造

**1. 屋面系统概述**

榆林市体育中心（体育场）项目屋面工程造型新颖，由11片大面积金属平板联合聚碳酸酯板交错形成，屋面以南北走向为轴线，在东西方向上对称布置。屋面最高点约为46.0m，最低点约为36.5m，屋面结构在东西向的最大投影长度为247.5m，南北向的最大投影长度为273.0m，屋面总面积约28000m$^2$。

**2. 工艺流程**

为提高施工效率，对东西两侧的屋面同时施工，并按照区域划分成12个施工板块，根据现场作业条件，总体安排为：

A1 区→ B1 区→ C1 区→ D1 区→ E1 区 ⎫
⎬ F 区→ G 区
A2 区→ B2 区→ C2 区→ D2 区→ E2 区 ⎭

施工板块分区如图 6-4 所示。

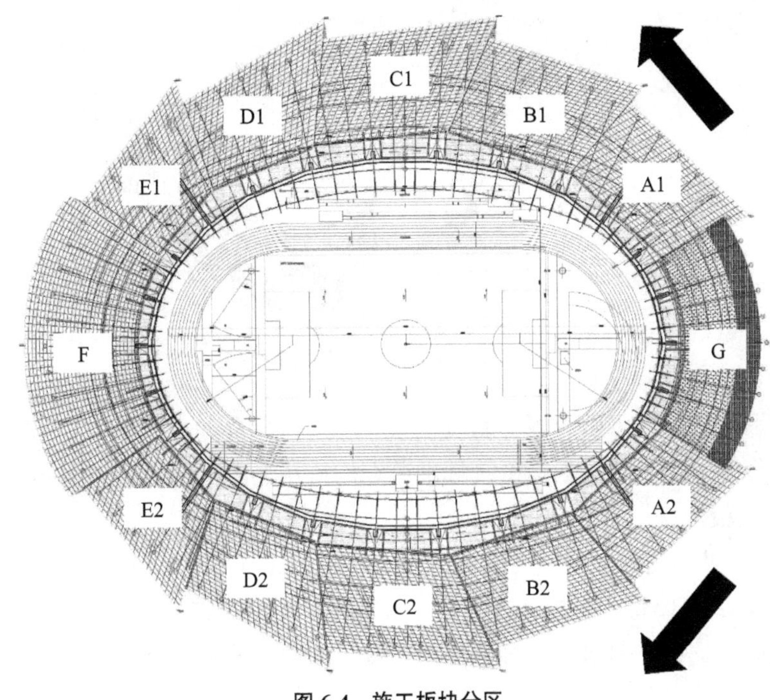


**图 6-4　施工板块分区**

### 3. 屋面节点构造

（1）外装饰铝板系统

本工程屋面的外装饰铝板系统标准节点构造从上向下依次为（图 6-5）：

① 外装饰板。3mm 厚穿孔氟碳喷涂铝板。

② 支撑。铝合金横梁龙骨。

③ 屋面板。0.9mm 厚 YX65-400 型铝镁锰屋面板。

④ 支座层。H80mm 铝合金支座。

⑤ 防水层。1.5mm 厚 TPO（热塑性聚烯烃类）防水卷材。

⑥ 衬檩。几字型钢 30mm×25mm×60mm×3mm，Q235B。

⑦ 保温层。50mm 厚岩棉层，密度为 180kg/m$^3$，下带加筋铝箔贴面。

⑧ 防尘层。无纺布。

⑨ 衬檩支撑。几字型钢 30mm×71mm×120mm×3mm，Q235B，@≤800mm。

⑩ 钢底板层。0.8mm 厚 YX35-280-840 镀铝锌压型穿孔钢底板，肋高为 35mm。

⑪ 龙骨层。龙骨立柱为 160mm×160mm×6mm 方管，主龙骨为 160mm×80mm×6mm 矩形管，斜撑和次龙骨为 80mm×80mm×5mm 方管。

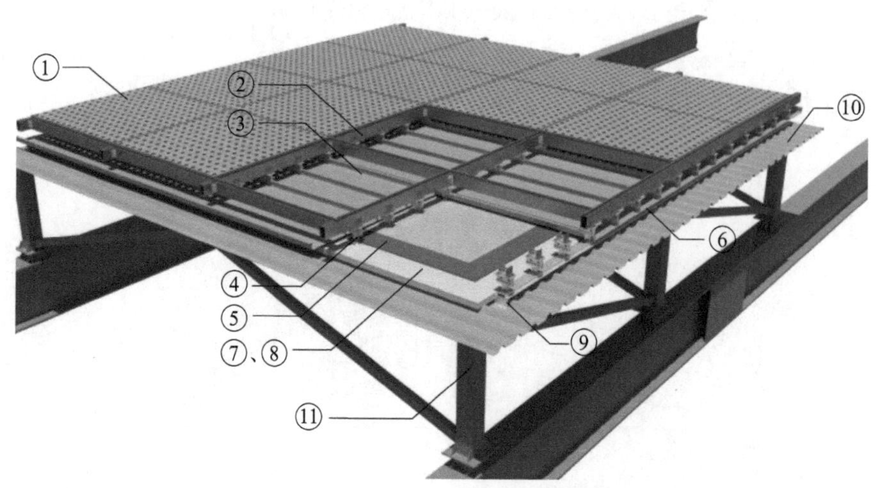


图 6-5 外装饰铝板屋面节点构造示意

（2）聚碳酸酯板（阳光板）系统

本工程屋面的聚碳酸酯板系统标准节点构造从上向下依次为（图 6-6）：

① 阳光板。

② 龙骨层：龙骨立柱为 160mm×160mm×6mm 方管，主龙骨为 180mm×100mm×5mm 矩形管，斜撑和次龙骨为 80mm×80mm×5mm 方管。

阳光板与龙骨层间通过铝合金垫框连接，构造如图 6-6 所示。

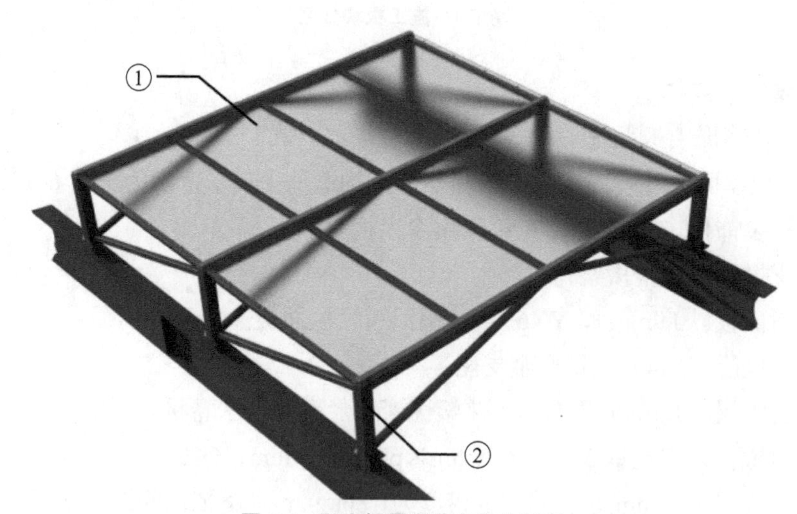


图 6-6 阳光板屋面节点构造示意

## 6. 2. 2 构造层施工工艺

### 1. 施工前测量

本工程的屋面造型由大面积的金属平面构成，各施工板块在施工前的安装测量工作量巨大，且部分屋面的体形呈圆弧形，测量时不仅取点困难且测量的精度也较难控制。

（1）主要测量工作

1）做好与工程钢结构标高、轴线位置等各基准点的交接工作，并对钢结构施工后的标高、轴线位置进行二次测量。

2）根据本工程的钢结构施工图，三维建模后在模型上确定出各龙骨安装点及面板固定控制点的坐标，统计出与龙骨层、屋面板固定位置等关键定位点有关的各类安装和标高数据。

3）对其他构造节点（如天沟标高、中心位置线、屋面、墙面）的控制线进行测量。

（2）测量方法

根据国家标准《工程测量标准》GB 50026（以下简称《标准》）的规定，建筑物施工控制满足国家一级导线的要求，边长相对中误差 1/30000，对应的测角中误差为 ±5。高程控制应满足国家二等水准的精度要求，附合或环线闭合差小于 $\pm 4\sqrt{L}$ mm［$L$ 为环线的长度（km）］。

采用全站仪，根据现场屋面的面控制基准点布设情况，采用相应的测量方法对屋面控制点进行复测检查，允许误差应小于《标准》中相应等级规定。

采用 DS3 水准仪，用附合或环线复测提供的现场高程控制点，复测按国家二等水准测量的要求。水准测量作业用高差法中的测微器读数法进行往返施测，水准尺选用钢尺，并在控制点间设置测站数为偶数，以消除“零点差”的影响，观测顺序为“后—前—前—后”。

1）控制点的保证

依据总承包单位提供的原始测量基准点（注：$x$、$y$ 为大地坐标，$z$ 为相对建筑物 ±0.000 坐标）与图纸几何关系进行坐标转换，使其与测点坐标在同一坐标系内。根据本工程的空间特点，选择四个点作为主控制点，主控制点桩位的布设方案和稳定性是保证测量精度的重要条件。

2）外装饰工程整体控制

金属屋面的整体控制网，根据场区内控制网进行定位、定向和起算，采用Ⅰ级施工方格网，其主要技术指标满足《规范》要求。

3）细部放样

面层的竖向控制，采用激光经纬仪进行竖向传递，并以此作为金属屋面层放样的依据，放样时竖向传递轴线点中误差应小于 2.5mm。

4）最终定位放样

根据屋面几何关系图、现场平面控制点，结合屋面立面、纵向等方程与模型，采用全站仪测定三维坐标的功能计算各转换点、屋面节点的三维坐标。

5）施工过程监视测量

屋面系统的安装施工一般分为龙骨安装、底板安装、支撑支座安装、金属屋面板安装、天沟安装、外装饰铝板安装等阶段。龙骨安装位置的准确与否是控制建筑物外观效果的关键，且龙骨的疏密布置控制着建筑物整体结构安全性能。固定支座的高程控制是对檩条位置和高程的细化调整，从而最终保障建筑物的外观。本工程的平面大多涉及龙骨或支座的安装，在施工全过程中，需对各构造层进行位移观测和沉降观测，以便及时发现和调整安装过程中的误差和偏移。

**2. 龙骨层安装**

龙骨是主结构与屋面构造层之间的过渡层，也是整个屋面系统的开始及基础，主要用以支撑造型和固定屋面结构。本工程中屋面龙骨主要包括龙骨立柱、主龙骨、次龙骨和斜撑，截面主要为矩形管和方管。立柱的标准高为900mm，间距小于10m。龙骨层在外装饰铝板系统和聚碳酸酯板系统中都是十分关键的结构层，安装的好坏关系到屋面连接件的安装精度及屋面板外观能否达到要求，因此屋面龙骨除保证满足自身连接要求外，龙骨的安装位置、标高、直线度、挠度、间距还应符合屋面板安装精度要求。

龙骨立柱通过檩托焊接在主体钢结构上，施工前先根据建筑轴线放样，在主结构上放出檩托安装控制点再安装。在焊接檩托时，为减少焊接应力和焊接变形，采用对称焊接，先将檩托的支座点焊在主结构上，随后在支座的两侧对称焊接。A1区和全区域龙骨模型如图6-7、图6-8所示。

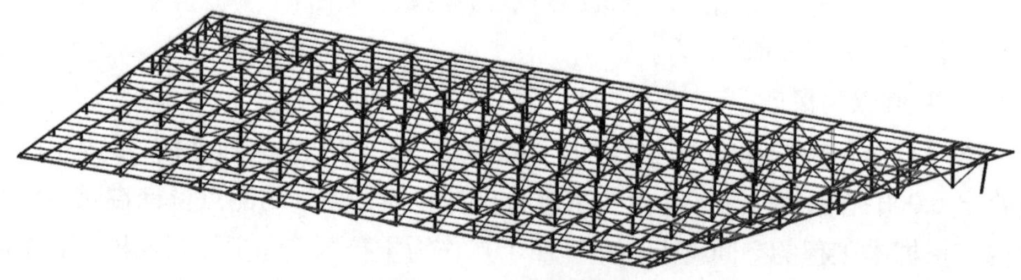

**图6-7 A1区龙骨模型**

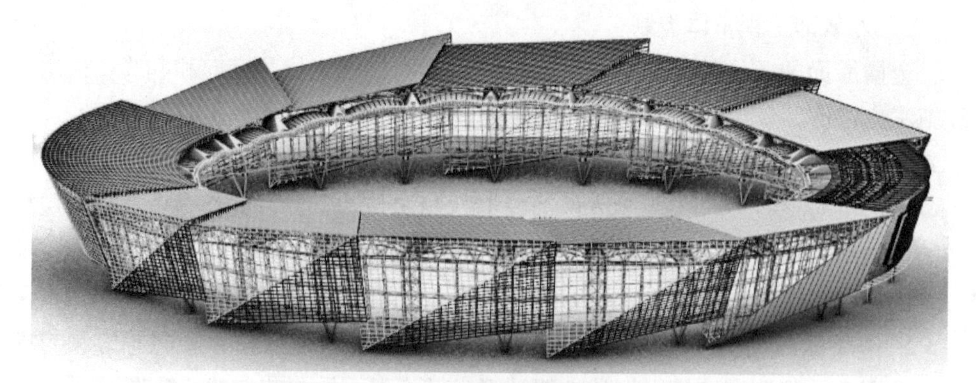

**图6-8 全区域龙骨模型**

（1）龙骨拼装

由于体育场的屋面面积大，龙骨层在地面拼装完成后再吊装到指定的定位点。现场根据上部檩托点定位，将檩托坐标投影到地面作为地面的拼装控制点制作组装胎架。在地面拼装成片后，吊装至胎架上，根据吊装单元划分进行组装，可以有效地控制拼装精度并尽量消除主体钢结构的安装误差，如图 6-9 所示。由于高空施工的局限性，拼装时尽可能将所有杆件都组装完成，避免高空补档。

现场使用 30mm 厚钢板与⊏20 槽钢搭设拼装与组装平台，进行现场拼装。

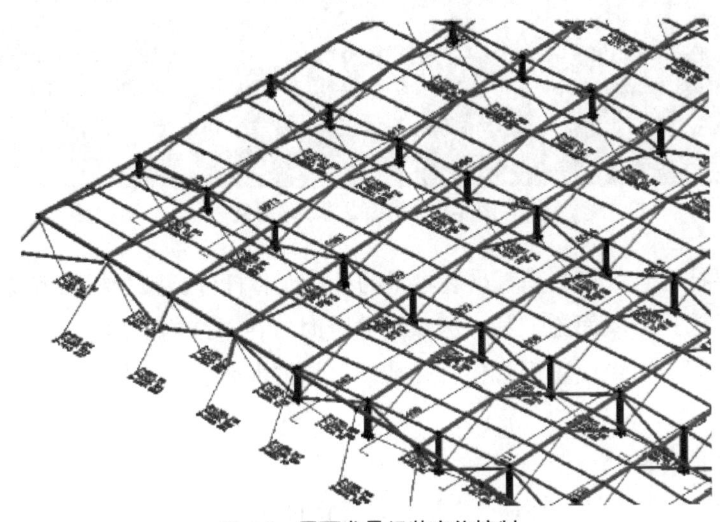

**图 6-9　屋面龙骨组装定位控制**

（2）龙骨调差

当结构层出现结构变形或定位误差等时，可在龙骨层进行坐标调差，该层是消化主结构误差最合理的一层。将主结构的檩条外表面的三维模型进行投影，找出龙骨在主结构桁架上的各控制坐标，结合现场对坐标点的复核，确定控制点的檩托高度并在现场进行定位，龙骨架根据三维模型和现场控制坐标点进行定位拼装并成型。

龙骨的高差调整，主要通过调整龙骨的立柱高度来实现，在龙骨制作前及时进行主结构的偏差测量，随之加工不同长度的立杆进行调整，保证后续屋面施工的平整性。

（3）龙骨的运输与吊装

垂直运输：龙骨根据拼装划分单元在地面进行整体拼装后吊装至屋面施工定位点，根据现场情况，龙骨主要在内场进行吊装，部分悬挑结构超出履带吊吊装范围则采取外场吊装。根据现场实际情况，最大吊装单元重 14.9t，最终确定内场采用 260t 履带吊进行吊装，部分超出内场吊装区域在外场采用 80t 履带吊进行吊装。现场吊装如图 6-10 所示。

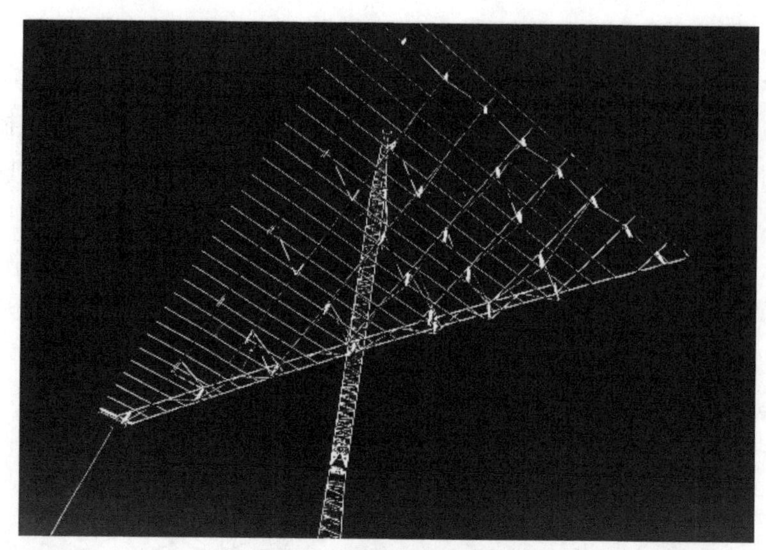

图 6-10　屋面龙骨现场吊装

当需要补档时，集中垂直吊装零星的补档龙骨杆件，减少机械资源的浪费。

水平运输：当屋面施工某一区域的龙骨时，在主结构上固定该区域的活动式平台，并在区域边缘设置钢管栏杆，待该区域的龙骨施工完毕后再拆卸并施工下一区域。

（4）龙骨安装

在进行屋面的龙骨安装时，由于龙骨安装的精确性直接影响到屋面板的安装精度，在安装之前先由测量员对屋面钢结构进行复测并及时调整。由于 F、G 区屋面为弧形，因此需注意控制其整体弧度的偏差。在完成对屋面钢结构复测及调差之后再进行屋面龙骨的安装，以保证安装质量。龙骨层的现场安装如图 6-11 所示。

图 6-11　龙骨层现场安装

### 3. 钢底板层及附属构件安装

屋面的底板层为0.8mm厚的YX35-210-840镀铝锌压型穿孔钢底板，其冲孔率为23%。钢底板在工厂加工成型后运输至现场，再依据现场安装图进行安装施工。

（1）钢底板的生产制作

钢底板生产加工的原材料为型彩钢板，生产时先由钢卷冲孔后用适配的成型机压制成型。制作时依据深化图纸排板图对每张板进行编号，并整齐地摆放在托架上，以便吊运。应注意，摆放时每捆的高度不宜过高，以免彩钢板被压变形。

为了保证钢底板在上层结构荷载作用下的安全性能，钢卷料在冲孔加工过程中，需先从加工质量上严格控制。开卷前要称重并核对送货单重量，另外要对其外观进行仔细观察，看是否存在刮伤等明显损伤痕迹。开卷后查看板面有无凹痕，是否存在露底、少漆等现象。冲孔前，对钢卷钢种、板厚、长宽尺寸进行再次确认。冲孔过程中，先冲一段卷料，并对孔形、留边、孔径尺寸、孔边毛刺、整体板面进行检查，若冲孔情况不理想，需使用校平机、数控冲孔机进行相应调整。待各项检查项目合格后，方可进行大量冲孔工作。制作完成后的钢底板外观质量应符合表面平整、完整洁净且切口整齐的要求。成型未穿孔压型钢底板如图6-12所示。

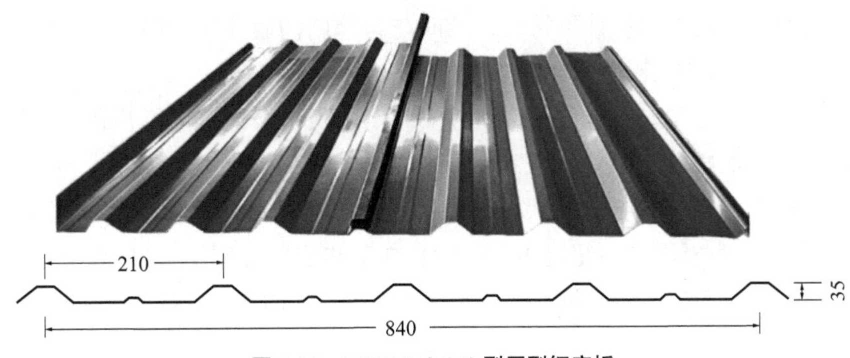


**图6-12　YX35-210-840型压型钢底板**

（2）钢底板的安装施工

安装时，根据安装设计图对钢底板进行不同规格的区分，板类型根据各个区间钢结构情况按不同尺寸出板。

钢底板的环向排板垂直于主龙骨方向进行，每个分区从中部开始，依次向两边进行安装。径向排板以檐口作为起点向天沟方向安装，每块板长度控制在6m左右，保证搭接处必须设在次龙骨处，且每排板的搭接缝在同一条线上，板的长度依据现场实测后再进行切割。压型钢底板的排板图如图6-13所示。

压型钢底板以区域为单位，在工厂生产加工后，区域打包吊装至屋面龙骨上，再人工运输至设计精确定位点，钢底板采用自攻螺钉与龙骨固定。

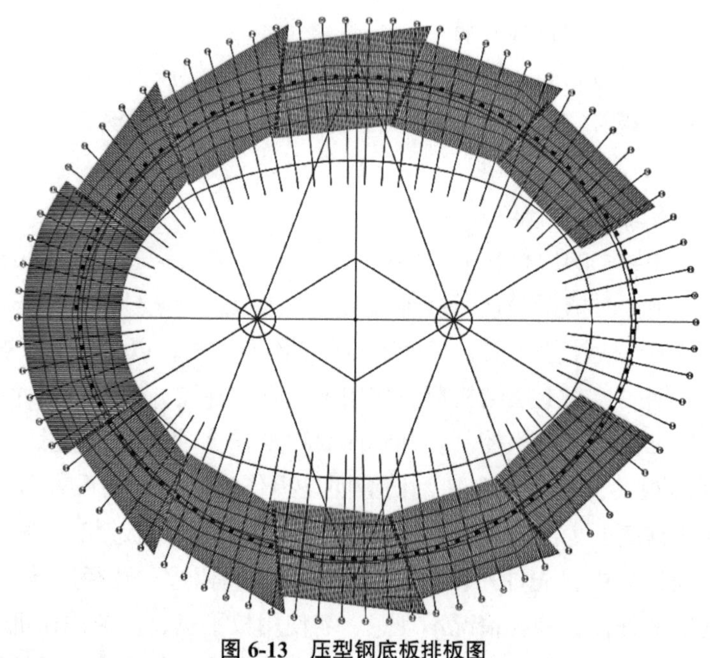

图 6-13 压型钢底板排板图

压型钢底板的安装质量直接影响到整个屋面的造型及各项性能，因此屋面底板在安装前需对施工作业面上已安装完成的主体钢结构、龙骨及各关键部位的标高进行复测，当发现与设计不符时，及时与各部门沟通并作出局部的调整，保证压型钢底板的施工质量。

在底板安装前先放出定位板边线并安装定位板，根据定位板并利用龙骨作业面安装第一排底板，再利用已安装的板作为作业平面依次向前推进。每 10 块板放一条复核线，复核底板安装尺寸偏差并进行调整，以免产生较大的累积误差。当每 10 块板的底板误差不超过 10mm 时，在下步安装过程中通过 10 块板进行调节。每一块板在安装前应根据龙骨间距在钢底板上标出自攻螺钉的固定位置，防止出现螺钉间距不一，或与檩条错位的情况。

压型钢底板安装时应注意板底的平整度，跨中挠度不得超过板跨的 1/200。为便于搭接，压型钢底板的安装顺序为由低处至高处，由两边缘至中间部位安装，搭接方式为高处搭低处，搭接长度为 200mm，底板端头超出檩条上表面。现场压型钢底板施工如图 6-14 所示。

（3）檩衬支撑及檩衬

本工程的檩衬支撑及檩衬均采用几字檩条，檩衬支撑的截面尺寸为几字型钢 30mm×71mm×120mm×3mm，檩衬的截面尺寸为几字型钢 30mm×25mm×70mm×3mm，其厚度均为 3mm，如图 6-15 所示。

檩衬支撑是连接底层钢底板与上层檩衬的主要构件。安装时分段依照每段 130mm 的长度来下料，檩衬支撑在垂直轴线方向上的排布与主龙骨一致，在平行

图 6-14　压型钢底板施工

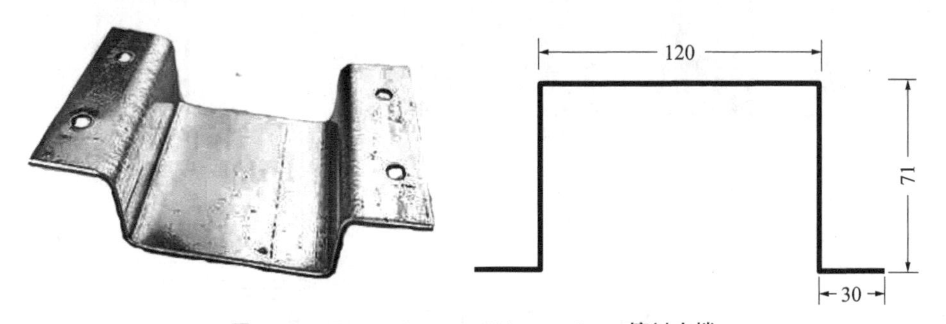


图 6-15　30mm × 71mm × 120mm × 3mm 檩衬支撑

轴线方向上的排布间距小于 800mm，同时该支撑通过 4 颗 25mm 长的自攻螺钉穿过压型钢底板固定在龙骨层上。

檩衬是压型钢底板以上结构的受力层，檩衬的安装方向与檩衬支撑垂直，用自攻螺钉固定在下排的支撑上，檩衬的安装间距为 1500mm。安装时两根檩衬接接头位置应保证其标高偏差不得超过 5mm。安装示意如图 6-16 所示。

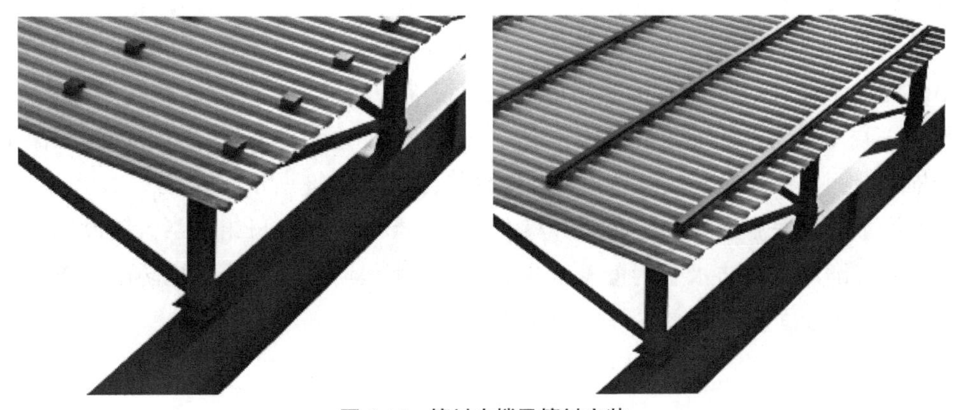

图 6-16　檩衬支撑及檩衬安装

**4. 防尘层及岩棉保温层安装**

（1）防尘层的铺设

本工程采用无纺布作为防尘层，无纺布以卷为单位运输至屋面板上，铺设前先将其一端固定在压型钢底板上，在打开的过程中逐渐铺设。由于无纺布质地较柔软，且压型钢底板上存在檩衬等构件，需平整覆盖、紧贴且铺满，在适当位置处设置搭接缝，缝处采用透明胶带进行粘贴，搭接尺寸为100mm，防止出现漏铺现象，接缝与接缝处应该错缝铺设。无纺布铺设如图6-17所示。

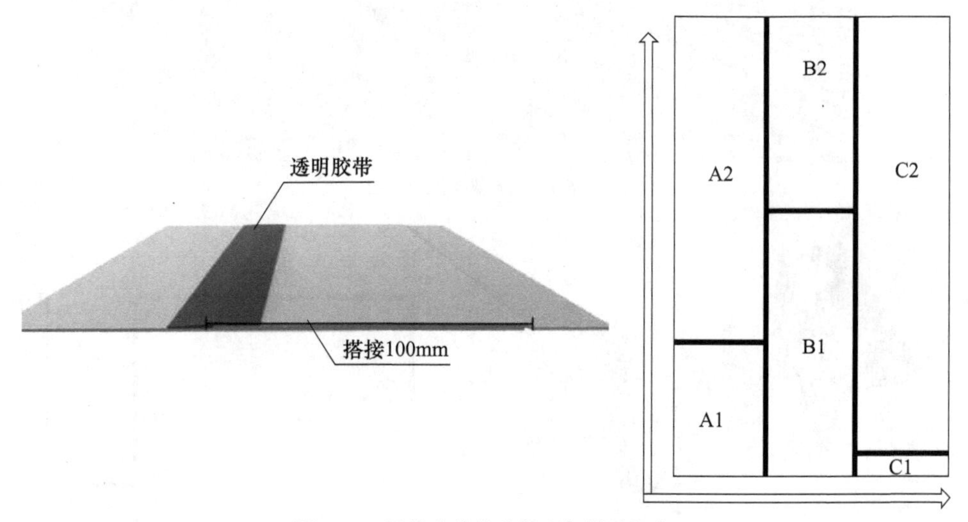


图6-17　无纺布的节点处理与铺贴顺序

（2）保温层的铺设

保温层采用50mm厚（密度180kg/m$^3$）的保温棉材料，下带加筋铝箔贴面。保温岩棉铺设前，根据排布方向，在下层无纺布上弹出保温岩棉的定位线，随后再进行铺设，铝箔贴面设置在保温岩棉下侧。保温岩棉铺设时应沿钢底板长度方向进行铺设，并在边界部位加设抗风夹，岩棉层铺设时无需搭接，但需紧密连接，中间间隔不得大于5mm。

在天沟等部位进行收边处理时，为了防止保温岩棉在天沟处边缘受潮后对保温性能的影响，对于保温棉的铺设应采取特殊的措施加以控制。在收边位置处，预留一截无保温岩棉的防潮铝箔贴面，在保温岩棉边缘处向上翻折并固定在保温岩棉的上侧，将保温岩棉的外露部分包裹住，如图6-18所示。

为了防止保温层在施工时受外界潮湿气候影响，施工班组在当天铺设好保温岩棉后应随即完成防水层的覆盖，若未能及时铺设防水层，需使用防雨苫布进行覆盖，以防夜间被雨淋湿，影响保温性能。

图 6-18　保温岩棉层施工

**5. 防水层安装**

屋面防水层采用 TPO（热塑性聚烯烃类）防水卷材，该材料具有绿色环保、耐老化性能良好、耐候性能优异、拉伸强度高、施工方便等综合特点，不仅能够减轻屋面重量，又能够达到较好的节能效果，目前广泛应用于大型工业厂房、公用建筑等屋面防水中。

（1）基层清理

按照设计厚度，檩衬的上表面与保温层上表面标高一致，即保温层平铺后屋面应平整。铺设 TPO 防水卷材前，先检查檩条间的表面是否平顺与连续，不得有任何尖锐突出物，以免刺穿、割伤卷材，金属边应边缘整齐，表面应光滑干净，不得有翘曲、脱膜和锈蚀等缺陷，同时清除基层上的碎屑、异物、油污和尖锐物等。

（2）卷材铺设施工

首先进行预铺，把自然疏松的卷材布置在保温岩棉层上，使其平整顺直，并进行适当的剪裁。卷材纵向搭接宽度为 120mm，其中 50mm 用于固定件（垫片和螺钉）的应用，以使固定件覆于防水层下。同时将固定螺钉向下旋入压型钢底板层内，其进入深度不小于 25mm。横向采用对接处理，上用 150mm 宽的卷材搭接、施焊，如图 6-19 所示。要求卷材铺设必须平整，减少褶皱。

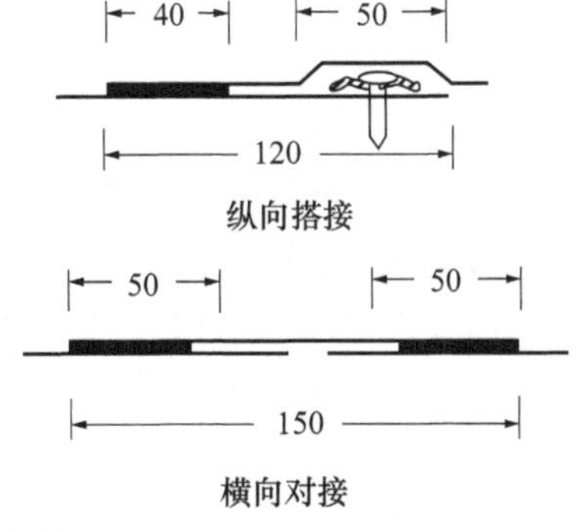


图 6-19　防水层及节点处理

屋面防水层全部施工完毕后，对天沟部分按设计和规范进行蓄水试验，以检验防水层的施工效果。试验时封闭天沟水落口，灌满水并保持液面高度为 10cm，若 24h 后液面不下降则施工合格。

（3）TPO 防水卷材焊接

TPO 防水卷材的节点处理采用焊接，当大面积铺设时使用自动焊接机，形成的焊缝为单条线形直焊缝，此时 TPO 卷材搭接长度应不少于 100mm，焊接宽度大于 40mm。当处理防水层的细部节点时采用手工焊接机，一般 40mm 宽的焊嘴用于直缝焊接，20mm 宽的焊嘴用于细部处理。

自动焊接机的施工较为简单，调整好卷材的搭接宽度并设置完焊接参数后即可开始预热和正式焊接处理。而手工焊接在预热完毕后还需进行初焊、预焊和终焊，最终才算完成焊接的整个过程。在正式焊接之前，应先对 TPO 卷材做焊接试验。焊接试样分别在垂直接缝方向和沿接缝方向做剥离试验，以检查自动焊机的基本设置，按照现场情况调整。现场焊接如图 6-20 所示。

（a）

（b）

**图 6-20 现场焊接**

（a）现场自动焊接；（b）现场手工焊接

**6. 铝合金支座及金属屋面板安装**

本工程屋面板采用厚度为 0.9mm 的 YX65-400 型氟碳喷涂铝镁锰合金板，如图 6-21 所示。屋面板采用特制的铝合金支座进行固定，并采用直立锁边咬口连接而成。铝镁锰合金板的规格为板宽 400mm，肋高 65mm。铝合金支座由铝合金铸压成型，为整体构件且无接缝。为防止铝合金材料与钢结构材料直接接触，引发电化学反应，在系统设计时为铝合金支座底部专门配有绝缘隔热垫，如图 6-22 所示。

（1）铝合金支座安装工艺

铝合金支座是将屋面风荷载传递至下部结构的关键构件，其安装质量直接影响到屋面板的抗风揭性能，同时铝合金支座的安装误差还会影响到屋面板的纵向自由伸缩与屋面板槽口扣合的严密性，因此铝合金支座的安装是本工程的关键工序之一。

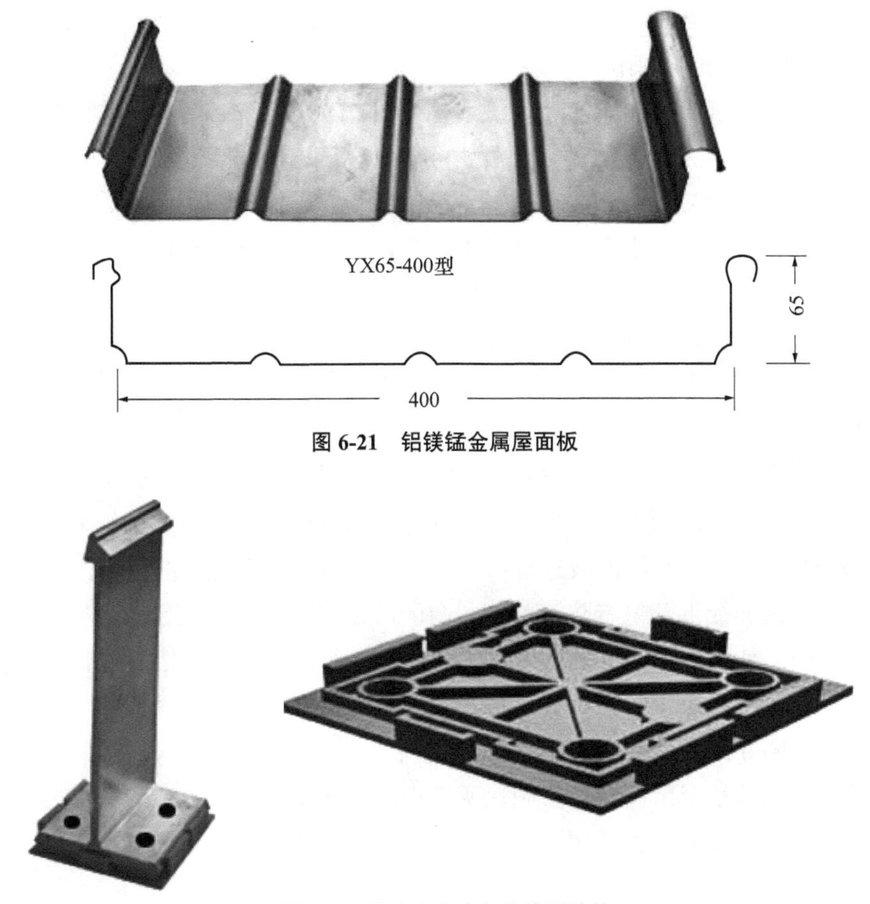


图 6-21　铝镁锰金属屋面板

图 6-22　铝合金支座与绝缘隔热垫

1）安装前的测量放线

由于铝合金支座是通过螺钉直接固定在檩衬上的，因此安装前需先将铝合金的纵向控制线投射到檩衬上，再根据全站仪投放关键部位的铝合金支座三维坐标，用于控制整体弧度及曲线度。

第一排铝合金支座安装最为关键，将直接影响到后续支座的安装精度。因此，第一排铝合金支座位置要多次复核，其平行于檩衬方向的安装间距为 400mm，垂直于檩衬方向的安装间距为 1500mm，其支座间距应采用标尺多次确定。

2）铝合金支座的安装

铝合金支座的安装关键点是使安装后的屋面板在热胀冷缩过程中能自由滑移，防止出现因支座安装不正确在屋面板滑移的过程中将屋面板拉破。

安装时，先打入一颗自攻螺钉，然后对支座进行校正一次，调整偏差，并注意支座端头安装方向应与屋面板铺板方向一致。校正完毕后，再打入第二颗螺钉，将其固定。定位无误后再打入剩下的两颗螺钉。安装好后，应控制好螺钉的紧固程度，避免出现沉钉或浮钉。

（2）金属屋面板安装工艺

1）屋面板的现场制作

因屋面板的长度尺寸较大，无法采用运输车运输，故采用在现场进行压型生产。根据设计，屋面板的最大长度为44.2m，其基本生产流程为：成型设备就位—设备固定—材料上卷—数字化平台控制—调整进料板—屋面板成型—成品尺寸复检。在大规模投入生产前，需先进行首块板的试生产并检查其外形尺寸是否符合设计要求。屋面板在深化设计时根据板材所在安装位置进行编号，以便加快安装进度。加工出的屋面板堆放在吊升用的托架上，托架应有足够的强度和刚度，同时堆放高度不宜过高，以防止板材的变形。

2）屋面板的吊升

屋面板具有厚度小、长度尺寸大等特点，采用垂直吊升的方法将屋面板自地面吊升至屋面上。面板加工成型后，根据区域的铺板顺序进行打包，采用型号规格为QY50的汽车吊对屋面板进行吊升。屋面板吊装时，应提前将屋面板成捆绑扎牢固，在屋面板下部垫有防滑胶垫，两侧设置牵引绳，平稳起吊，防止倾斜滑落。吊升时，使用$\phi 168 \times 6$的圆管作为扁担梁进行吊装，防止铝板过长变形，吊装时在屋面端部边缘进行保护，用棉布包裹端部边缘，防止边缘损坏。屋面板的吊升示意如图6-23所示。

当压型铝板吊至屋面时，要确保所有板材正面朝上，且所有的搭接边朝向和安装方向一致，否则要翻转屋面板，还需使屋面板调头，不仅加大工作量，更重要的是高空环境下该项工作难以实现。

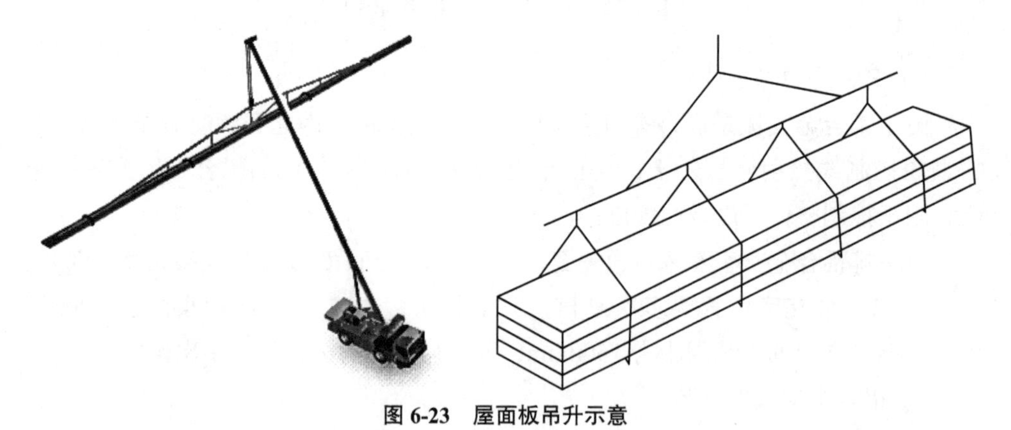

**图6-23　屋面板吊升示意**

3）屋面板的现场安装

金属铝镁锰屋面板的安装流程为：放线—就位及咬合—锁边—板边修剪—滴水片安装—端头折弯。

① 放线：屋面板的铝合金支座经检查安装合格后，测设屋面板安装定位线，一般以屋面板伸出外檐口的距离为控制线，屋面板伸出天沟的长度要略大于设计

值，以便于安装后修剪。

② 就位及咬合：施工人员将屋面运输至安装位置，就位时先对准板端控制线，将搭接边用力压入前一块板的搭接边，使两块板咬合，最后检查搭接边是否紧密咬合，咬合方式如图 6-24 所示。

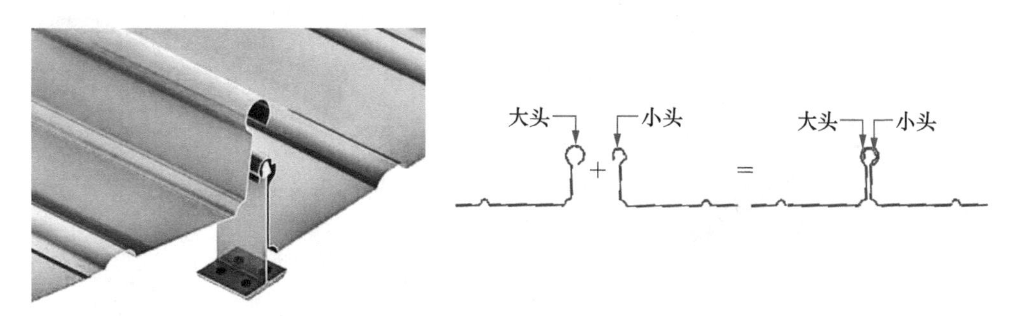


图 6-24　金属屋面板咬合方式

③ 锁边：屋面板位置调整好后，用专用电动锁边机进行锁边。要求已施工完的边连续平整，不能出现扭曲和裂口。在锁边机咬合爬行的过程中，其前方 1m 范围内必须用力卡紧使搭接边接合紧密，这也是机械咬边的质量关键所在。当天咬合完成的屋面板应及时完成锁边，避免出现安全事故。如图 6-25 所示。

图 6-25　屋面锁边机及锁边施工

④ 板边修剪：屋面板安装完成后，需对边缘处的板边进行修剪，以保证屋面板边缘整齐、美观，同时防止雨水被风吹入屋面夹层中，屋面板伸入天沟内的长度以不小于 80mm 为宜。

⑤ 檐口滴水片安装：滴水片安装前先对檐口和天沟处的板边进行修剪，根据设计尺寸在需修剪的部位弹出修剪线，修剪时用自动切边机沿修剪线切割，既保证了屋面板伸出的长度与设计的尺寸一致，又保证了修剪后整个屋面外形的美

观，同时也可以有效防止雨水侵入屋面夹层中。屋面板施工后再安装防水堵头，用铆钉将其固定然后安装檐口密封件，最后安装滴水片，滴水片用铆钉固定。屋面檐口构造如图 6-26 所示。

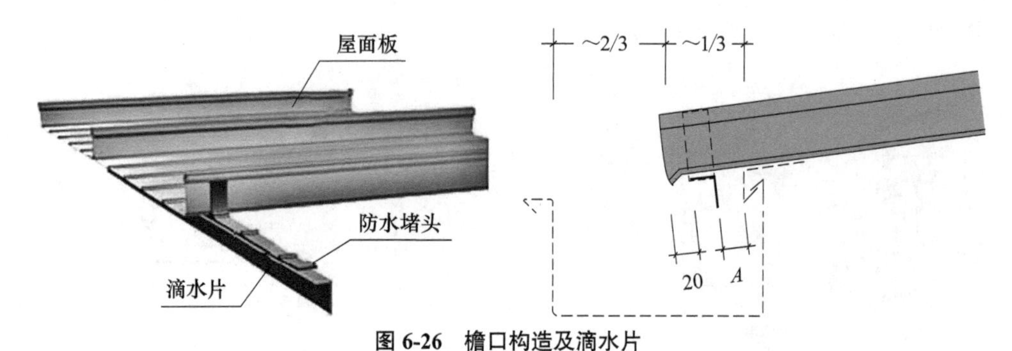


图 6-26 檐口构造及滴水片

⑥ 端头折弯：屋面板端头修剪完成后，位于屋脊处的屋面板端头及位于天沟滴水处的屋面板端头，板端头的 15mm 要向下折弯，防止低于 5° 的屋面出现回水现象，即雨水从板边缘渗入。折弯以专用折弯机进行，由人工手动操作，其折弯角度控制在 45° 以内。

**7. 铝合金横梁龙骨及装饰面层安装**

为安装屋面的最外层穿孔铝装饰板，在金属铝镁锰屋面板上部设置 110mm×60mm×3mm 的铝合金横梁龙骨，作为穿孔铝装饰板的安装支架。龙骨间采用铝合金角码螺栓连接。屋面板的铝合金支座上安装抗风夹具，夹具与铝板的龙骨横梁通过铝合金角码螺钉连接，同时龙骨横梁间也通过铝合金角码连接，铝合金面层龙骨与装饰面层通过嵌条及嵌条底座连接。各节点构造如图 6-27、图 6-28 所示。

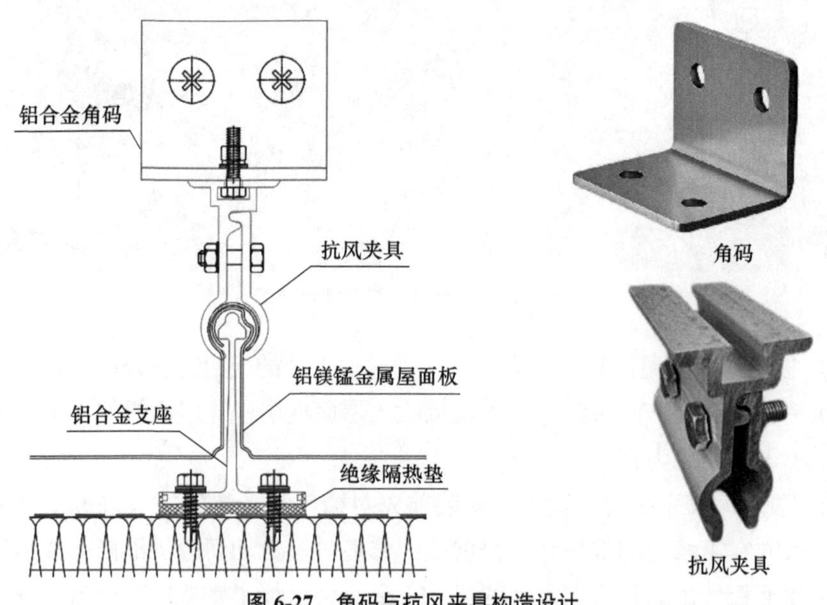


图 6-27 角码与抗风夹具构造设计

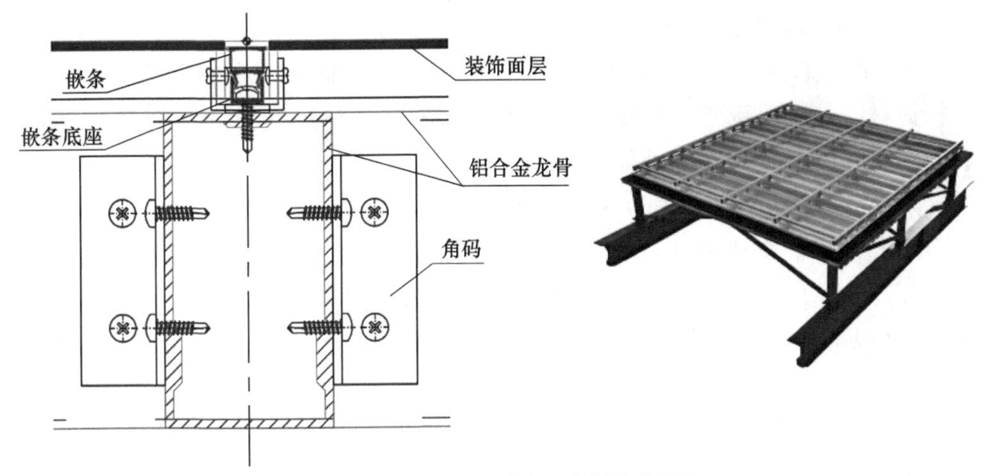


图 6-28　装饰面层—嵌条—龙骨构造设计

当铝镁锰屋面板安装完毕后，根据铝合金支座的三维坐标，在铝合金支座上方安装抗风夹具和铝合金角码，作为上部铝合金横梁龙骨的固定支座。安装过程中必须边安装边进行位置及三维坐标的校核工作，保证下一步铝合金横梁龙骨安装的位置准确。

在已安装好的横梁龙骨上画出中心线，装饰面层在加工厂已预制完成，依据编号图的位置，进行装饰面层的安装。安装过程中，设置横梁龙骨中心线作为装饰面层的横向竖向控制线，并以此作为嵌条及嵌条底座的安装线。安装时为调整误差，每隔 20～30 排板设置一道控制线，把整个屋面分为独立单元块，每个单元块设置四条控制线，以便控制装饰板的安装精度，对有误差的单元块及时进行调整。同时，每隔 20～30 排板预留一道板，对装饰板安装误差进行调整，待相邻单元块的板安装完成以后，预留板块现场实际测量进行板面的加工。对于收边收口的异形板块进行全部预留，标准板块装饰板全部安装完成以后，对板块现场实测实量，重新进行图纸深化并出加工图纸，及时反馈到加工厂进行加工。屋面穿孔铝板效果及现场施工如图 6-29 所示。

图 6-29　屋面穿孔铝板效果及现场施工图

**8. 聚碳酸酯板（阳光板）安装**

聚碳酸酯板又称阳光板，是以聚碳酸酯聚合物为原料，通过挤出工艺成型的塑料板材，是一种新型的高强度、高透光性的建筑材料，且拥有比玻璃更轻质、耐候、超强、阻燃的优异性能，具有良好的尺寸稳定性和成型加工性能。近年来，阳光板逐渐应用到我国的许多大型公共建筑中，且效果良好。

本工程中的阳光板主要应用在G区和其余各区域内侧，总铺设面积约为6370m$^2$。其安装工艺较简单，在钢结构上部安装与其他区域相同的龙骨层后，直接安装阳光板，采用铝合金垫框及扣盖实现阳光板与龙骨之间的连接。如图6-30所示。

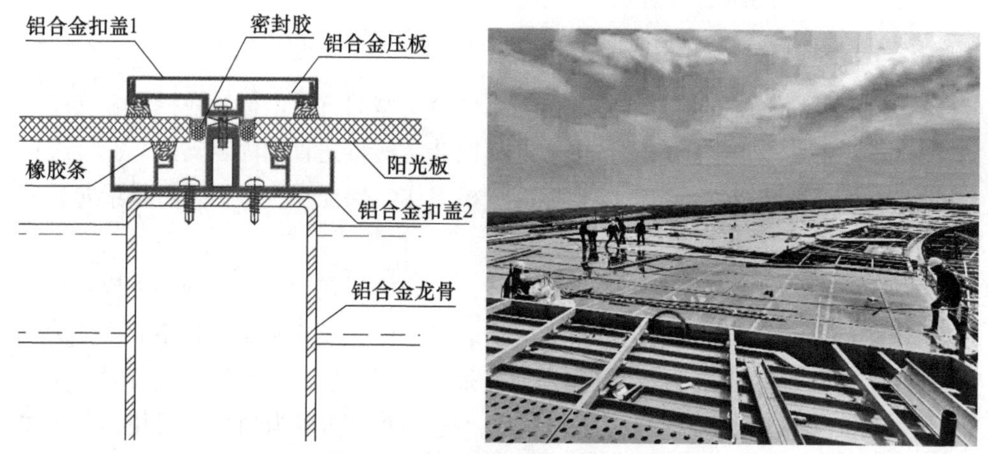


**图6-30 阳光板安装节点构造设计**

现场施工时，由于阳光板的安装位置位于钢结构水平主桁架内侧，会存在主结构穿过阳光板的现象。为减少不必要的切割且保证碰撞处施工便利，将阳光板的分割位置设置在穿孔处，根据三维模型与现场实际坐标对比后进行现场加工。为防止穿孔处出现漏水等现象，需在接缝处严密打胶。如图6-31所示。

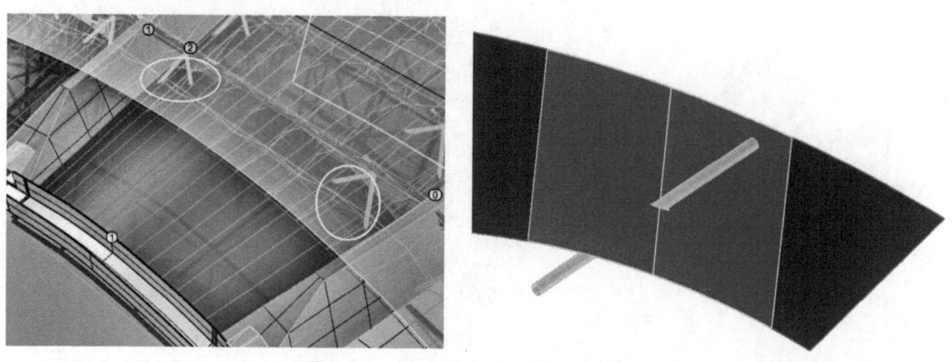

**图6-31 阳光板穿孔碰撞处理前后**

## 6.3　幕墙系统安装技术

本工程幕墙系统的主要外观形式为空间折板结构，侧面幕墙系统是由两个平面三角形组成的空间异形四边形，上侧三角板最外层结构为3mm厚铝单板，其铺设总面积约为14500m²；下侧三角板最外层结构为3mm厚穿孔铝单板，其铺设总面积约为8700m²；体育场前后的F、G区域的幕墙系统为钢格栅空间弧面，其铺设总面积约为2570m²。

幕墙系统的安装关键技术在于墙架牛腿安装、牛腿间增补杆件安装、檩托安装、主次龙骨安装、扣件安装、3mm厚外层穿孔铝板（铝单板）或钢格栅安装等步骤，施工工艺较为简单。

幕墙节点的主要安装流程如图6-32所示。

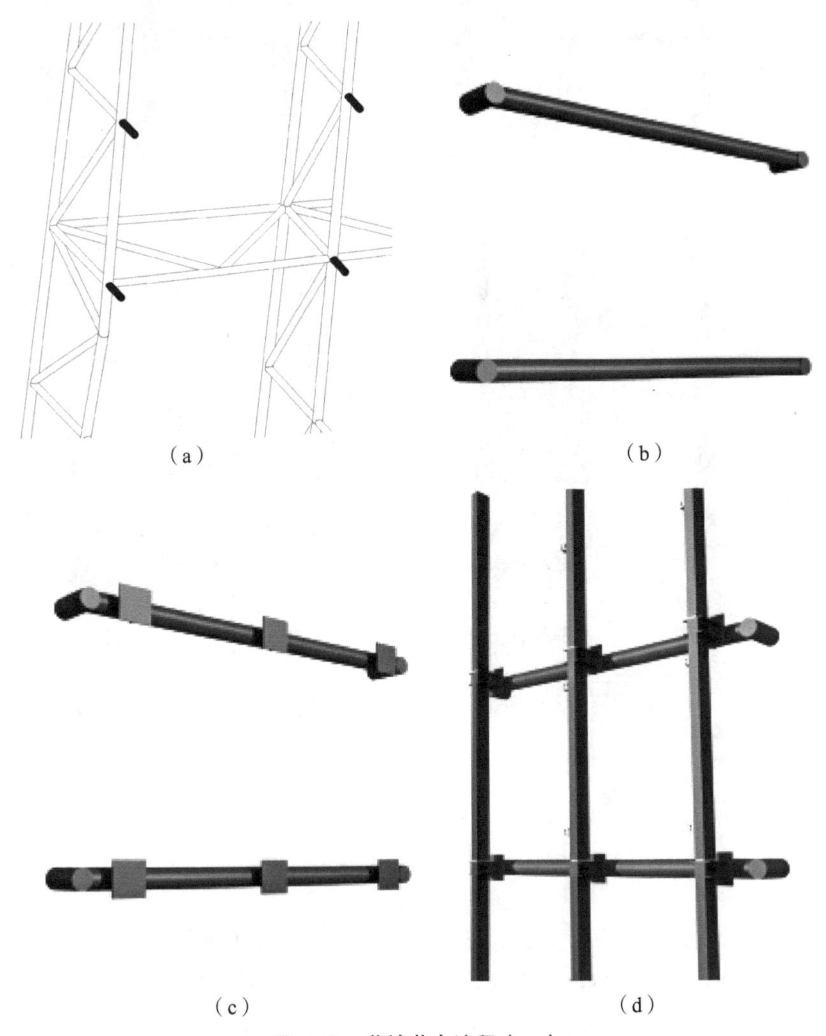

**图6-32　幕墙节点流程（一）**

（a）墙架牛腿复测；（b）牛腿间增补杆件安装；（c）龙骨檩托安装；（d）墙面主龙骨安装

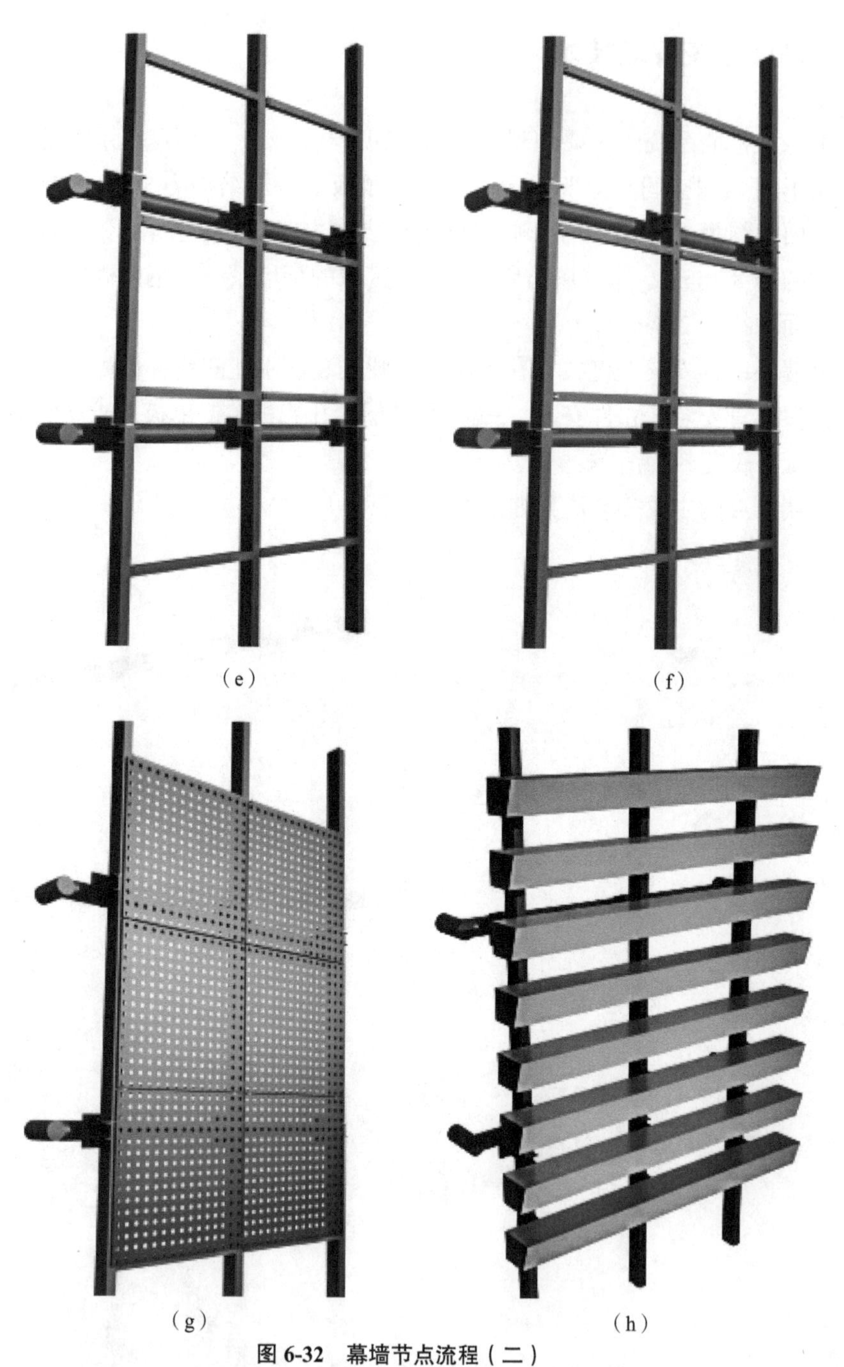


**图 6-32 幕墙节点流程（二）**

（e）墙面次龙骨安装；（f）铝板扣件安装；（g）外穿孔铝板（铝单板）安装；（h）钢格栅安装

以外穿孔铝板的安装为例，墙架牛腿及牛腿间的增补杆件均为 $\phi$180×10 的圆钢管，在增补杆件上焊接钢管转接件和十字板檩托，随后在檩托上焊接槽钢作为主龙骨的支座层。墙面主龙骨为 200mm×100mm×5mm 的矩形管，次龙骨为 80mm×4mm 的方管。安装后的主龙骨和次龙骨外立面在同一竖直平面内，以主龙骨竖向中心线、次龙骨横向中心线作为安装控制线和外穿孔铝板的板块划分线，最后安装外穿孔装饰铝板及板块间的嵌条及嵌条底座，铝单板与外穿孔铝板的安装工艺相同，不再赘述。安装过程中的关键节点构造如图 6-33 所示。

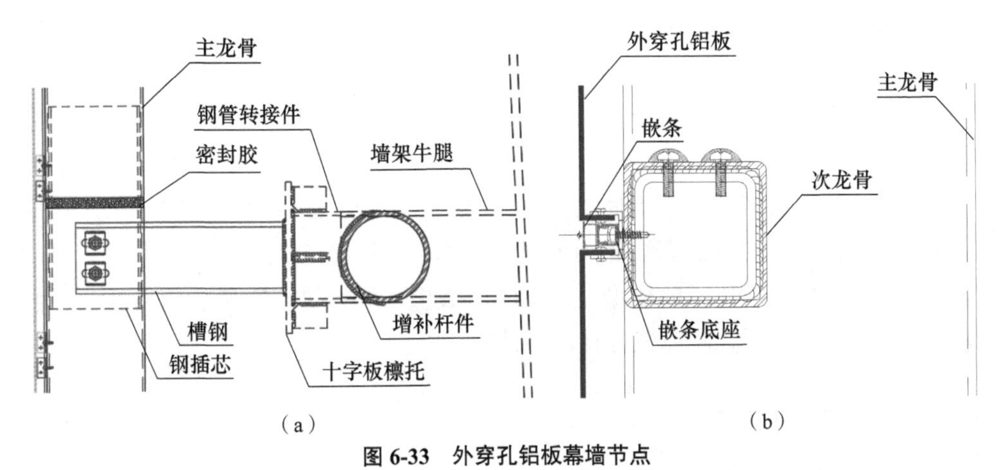


**图 6-33　外穿孔铝板幕墙节点**

（a）牛腿—杆件—槽钢—龙骨节点设计；（b）龙骨—扣件—外穿孔铝板节点设计

安装钢格栅系统时，由于外侧不规则四边形钢管并非在地面拼装完成的大片结构，需每次完成单根安装。安装时，在主龙骨外侧焊接钢板并用螺栓连接另一钢板，最后将不规则四边形钢管焊接在最外侧钢板上。由于钢格栅幕墙是存在一定角度的空间弧面，因此每一根钢管的内侧钢板底座尺寸不尽相同，根据设计尺寸测量加工。钢格栅系统的安装节点如图 6-34 所示。

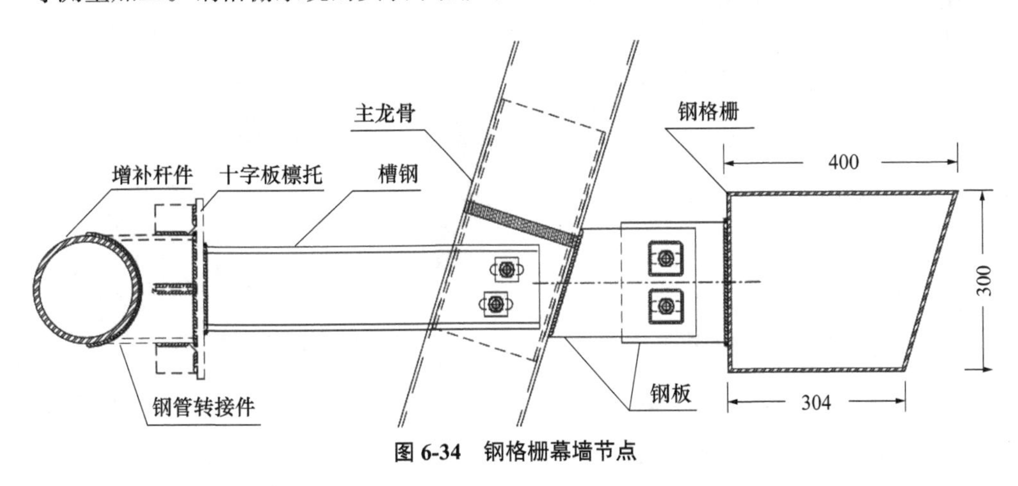


**图 6-34　钢格栅幕墙节点**

## 6.4　空间结构风荷载体型系数的 CFD 数值分析

对于榆林市体育中心（体育场）一类的大型公共建筑，项目的钢结构及围护结构抗风设计是非常重要的一项计算内容，该项目所处场地的地面粗糙度类别为A类，百年一遇基本风压值为0.45kN/m$^2$。体型系数作为结构风荷载分析的重要风效应指标，指建筑物表面受到的风压与大气中气流风压之比，是一个无量纲的常数，与建筑物的“体形”和尺度有关，也与周围环境和地面粗糙度有关。根据提供的设计资料，现有《建筑结构荷载规范》GB 50009—2012中尚无相同或相近的体形可供查取抗风设计需要的各方向的体型系数。因此，拟采用CFD数值模拟方法对该项目平均风荷载进行数值分析，即数值风洞，从而得到结构的体型系数。

数值风洞，是基于计算流体动力学（CFD）原理，选择合适的空气湍流数学模型，再结合一定的数值算法和图形显示技术，能够将“风洞”结果形象、直观地显示出来。相比于传统的模型试验方法，数值风洞计算周期短、价格低廉、数据信息丰富，并且可方便模拟各种不同情况。

### 6.4.1 数值模拟方法

#### 1. 湍流模型的选择

CFD数值模拟采用大型通用计算流体动力学（CFD）软件FLUENT14.5。压力和速度的耦合采用SIMPLE算法，控制方程采用分离式方法（Segregated）求解。湍流模型选用Realizable $k$-$\varepsilon$模型，该模型是目前两方程模型中适用范围广、精度高且比较可靠的湍流模型。湍流模型各参数按FLUENT默认取值，控制方程的对流项采用二阶迎风格式，计算收敛准则取残差值为$5\times10^{-4}$，整体模型及体育场模型如图6-35和图6-36所示。

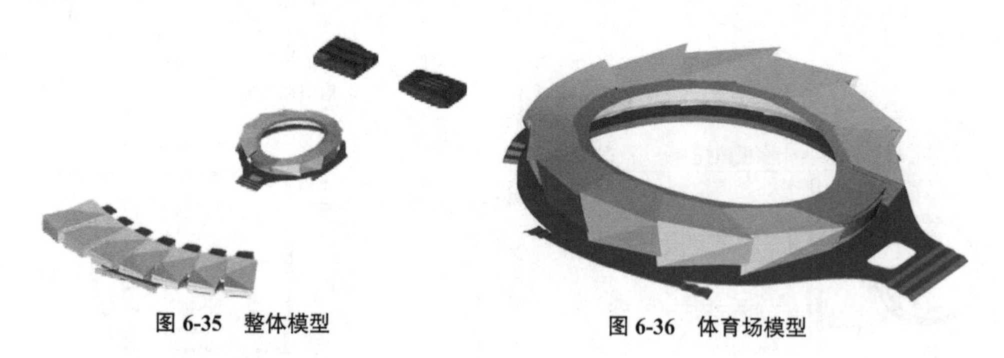

图6-35 整体模型　　图6-36 体育场模型

#### 2. 计算域和网格剖分方案

数值模拟计算流域取为41000m×27000m×1000m（流向×展向×竖向）。网格剖分方案采用区域分块技术，在建筑物附近的区域采用加密的非结构化网格，在其他区域则采用结构化网格，网格总数约为223万。结构周围整体网格以及附近局部网格分别如图6-37和图6-38所示。

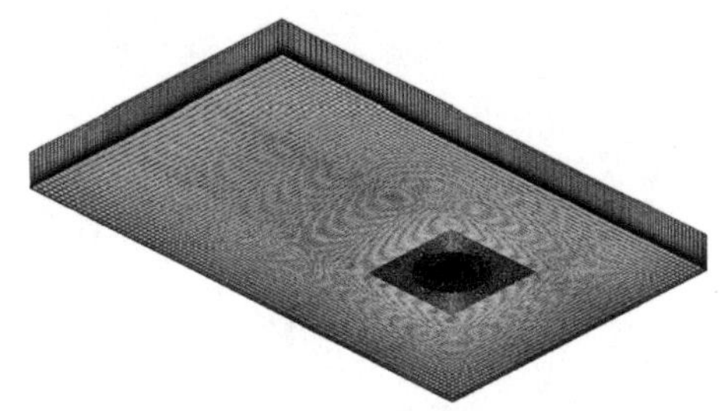
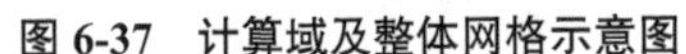

图 6-37　计算域及整体网格示意图

图 6-38　局部网格放大示意图

**3. 边界条件的设定**

（1）入流面：采用速度来流边界条件（Velocity-inlet），CFD 计算中模拟了 A 类风场。采用指数律表示平均风剖面：

$$U(z)=U_{10}\left(\frac{z}{10}\right)^{\alpha}$$

式中　$U_{10}$——10m 高度处来流平均风速，根据当地基本风压计算得出；

$\alpha$——地面粗糙度指数，根据《建筑结构荷载规范》GB 50009—2012，A 类风场 $\alpha=0.12$。

入流面湍动能和耗散率分别采用下式表达：

$$k(z)=\frac{3}{2}\left[U(z)\cdot I_u(z)\right]^2$$

$$\varepsilon(z)=C_{\mu}^{3/4}\cdot\frac{k^{2/3}(z)}{K\cdot z}$$

式中　$C_{\mu}$——模型常数，取 0.09；

$K$——卡门常数，取 0.42；

$I_u(z)$——高度 $z$ 处来流紊流度，采用《建筑结构荷载规范》GB 50009—2012 建议表达式 $I_u(z)=I_{10}\cdot\left(\frac{z}{10}\right)^{\alpha}$，A 类风场 $I_{10}=0.12$。

（2）出流面：采用压力出流边界条件（Pressure-outlet）。

（3）计算域顶部及两侧面：采用对称边界条件（Symmetry）。

（4）结构表面及地面：采用无滑移壁面边界条件（Wall）。

### 6.4.2　数值模拟工况

CFD 数值模拟计算中考虑风向角范围为 0°～337.5°，间隔 22.5°，共计 16 个风向角，如图 6-39 所示。

为了便于对模拟结果进行分析，对屋盖表面进行分区，如图 6-40 所示。

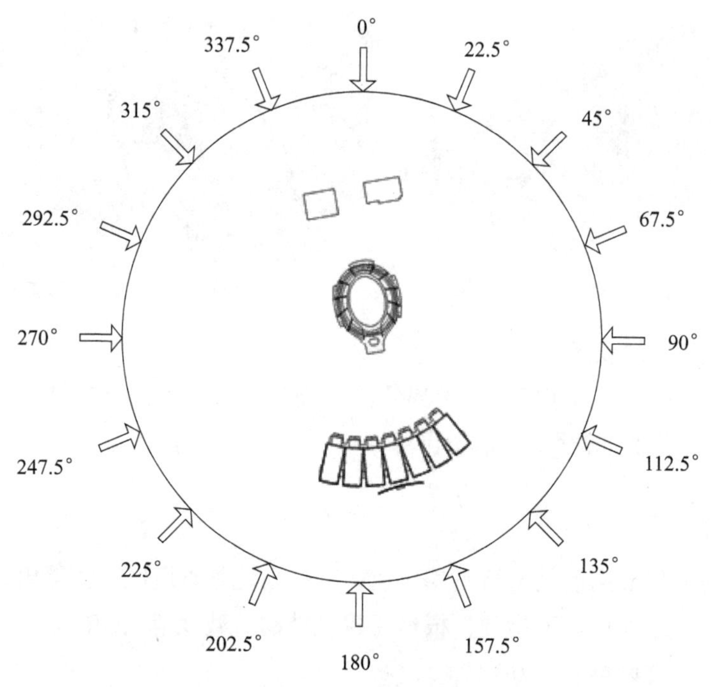


**图 6-39　风向角示意图**

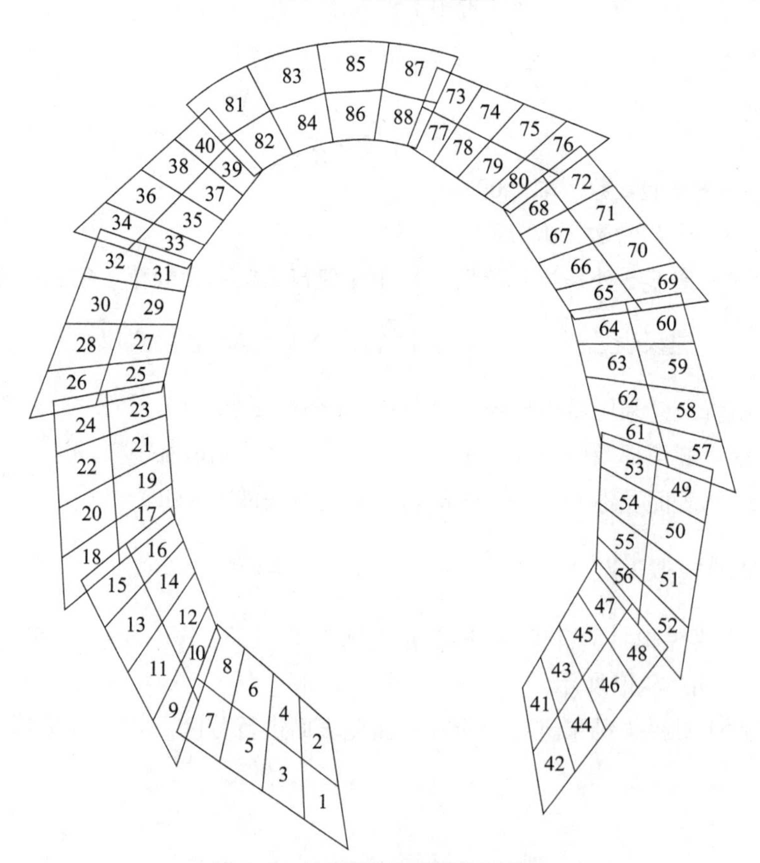


**图 6-40　体育场屋盖表面分块编号**

### 6.4.3 数值模拟结果

图 6-41～图 6-48 为风向角间隔 45° 时特殊角度的体型系数等值线云图，其他角度不作陈述。

（1）0° 风向

在 0° 风向角来流作用下，由于来流方向与体育场轴线不平行，故结构表面的体型系数并未呈对称分布。在屋盖前部入口处，为直接迎风面，角区表现为正压力。屋盖后部为背风面，基本表现为负压力。在屋盖下表面，主要呈负压分布，说明风荷载以吸力为主。

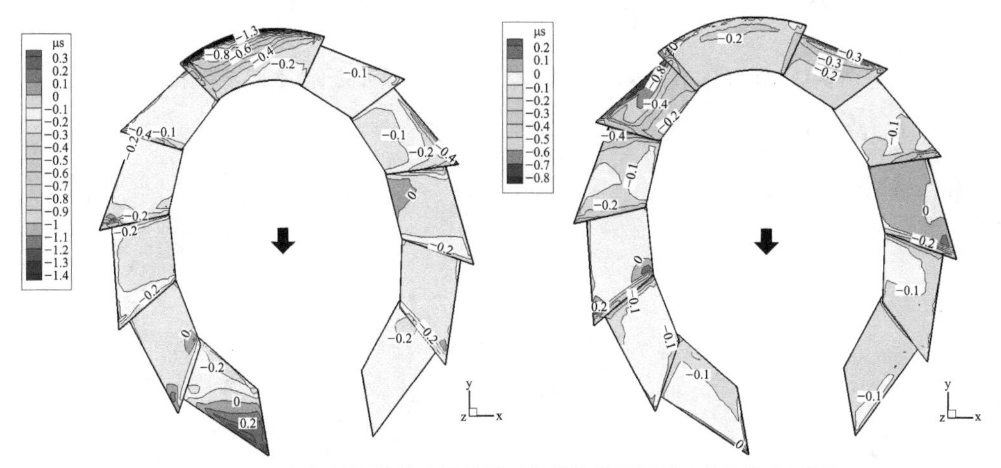


图 6-41 0° 风向角结构屋盖表面体型系数等值线云图（上表面与下表面）

（2）45° 风向

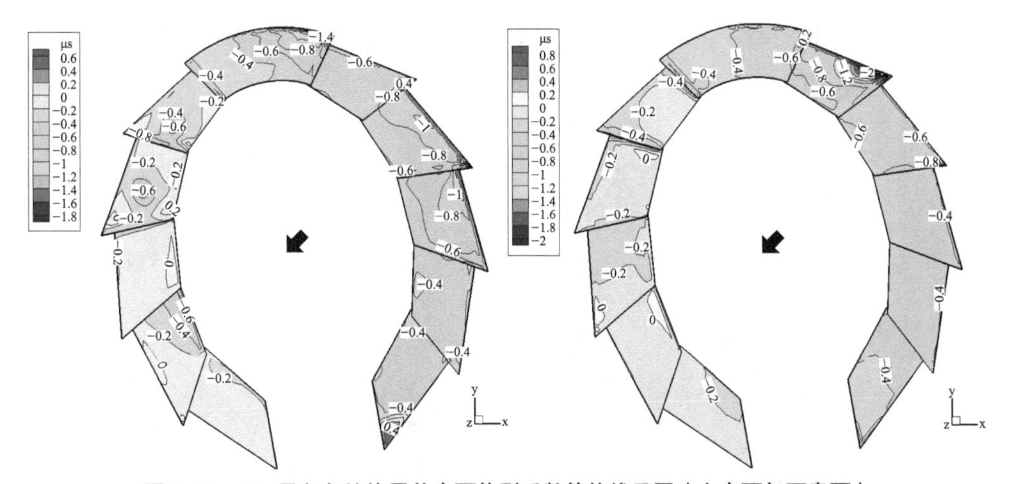


图 6-42 45° 风向角结构屋盖表面体型系数等值线云图（上表面与下表面）

（3）90° 风向

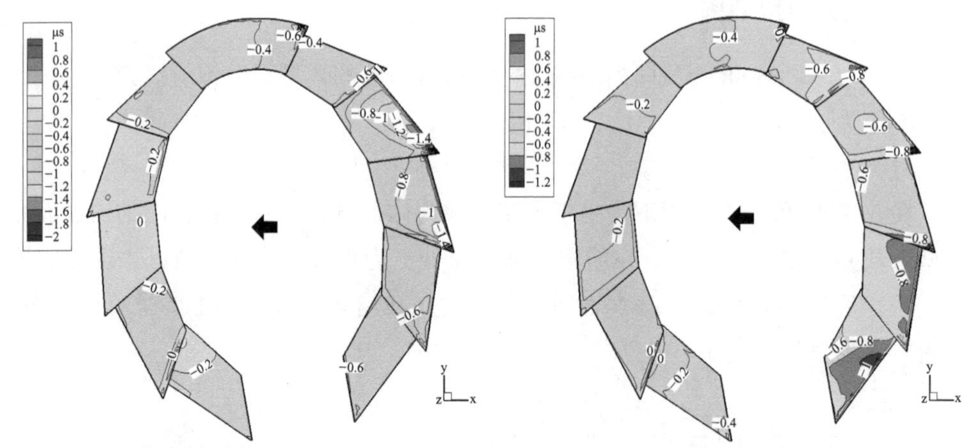


**图 6-43　90° 风向角结构屋盖表面体型系数等值线云图（上表面与下表面）**

（4）135° 风向

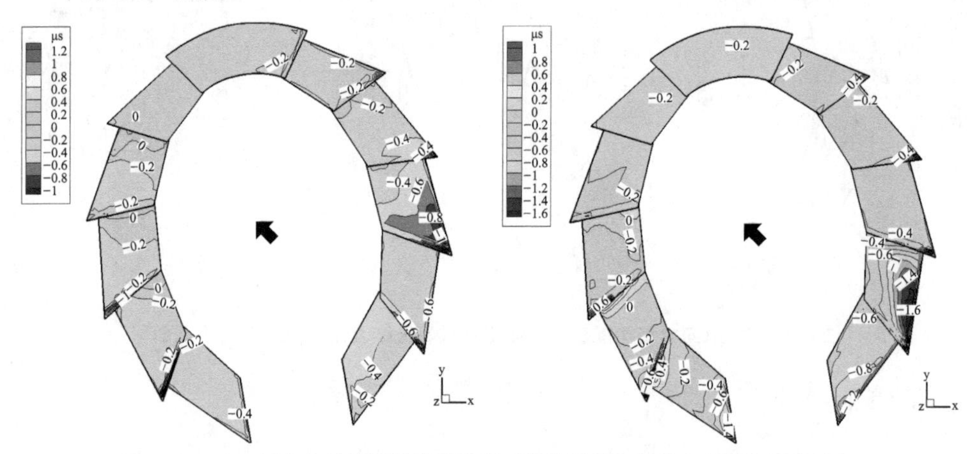


**图 6-44　135° 风向角结构屋盖表面体型系数等值线云图（上表面与下表面）**

（5）180° 风向

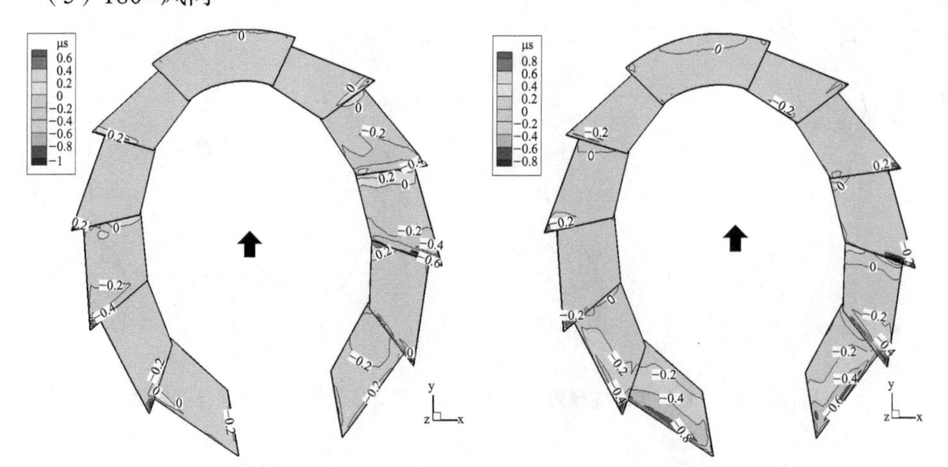


**图 6-45　180° 风向角结构屋盖表面体型系数等值线云图（上表面与下表面）**

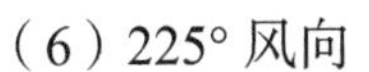

（6）225° 风向

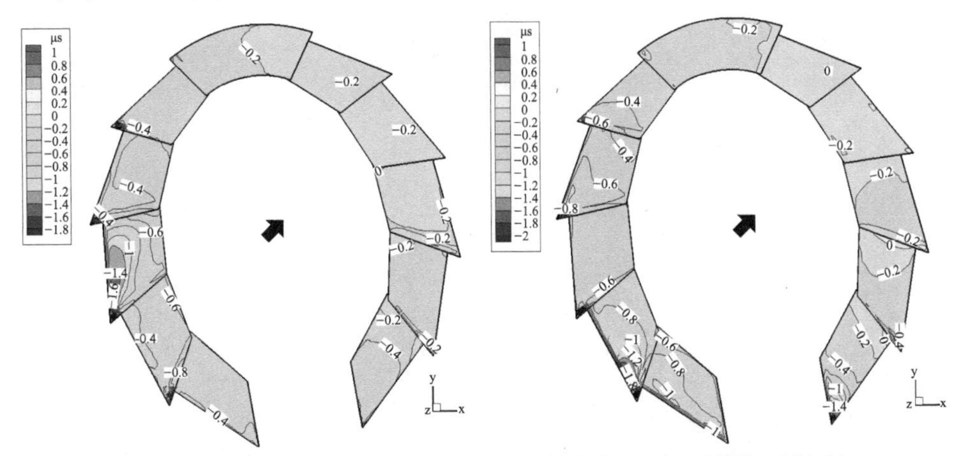


图 6-46　225° 风向角结构屋盖表面体型系数等值线云图（上表面与下表面）

（7）270° 风向

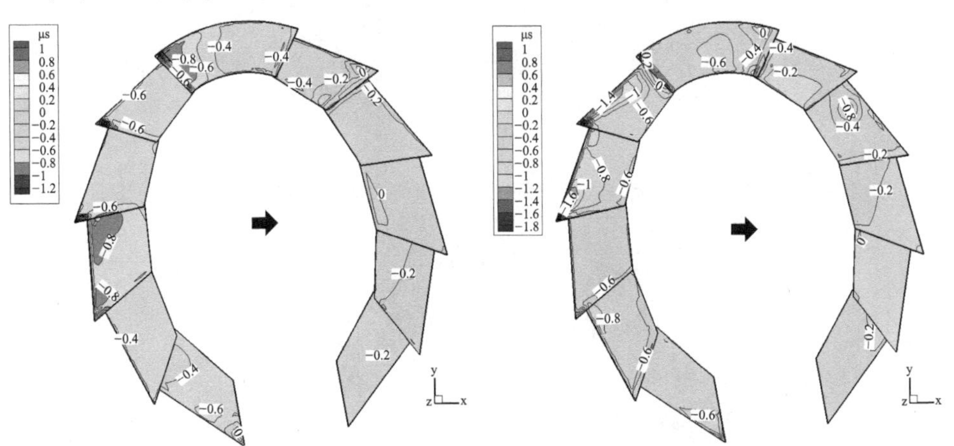


图 6-47　270° 风向角结构屋盖表面体型系数等值线云图（上表面与下表面）

（8）315° 风向

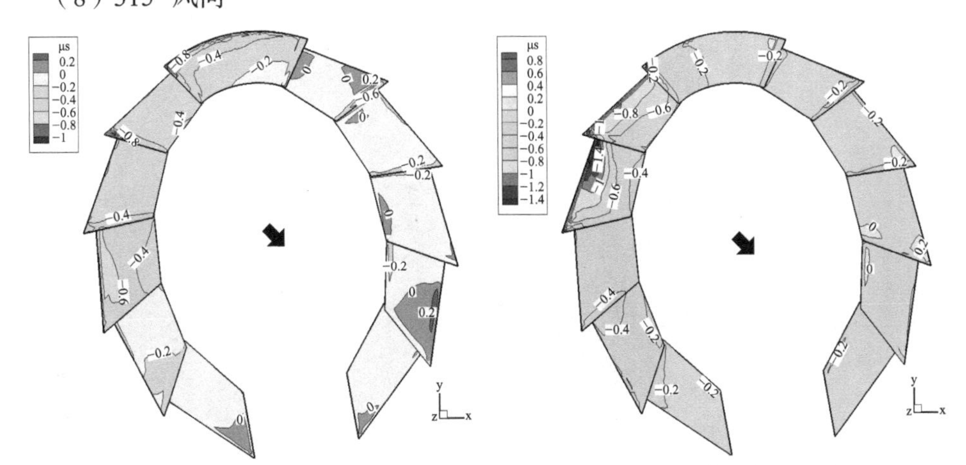


图 6-48　315° 风向角结构屋盖表面体型系数等值线云图（上表面与下表面）

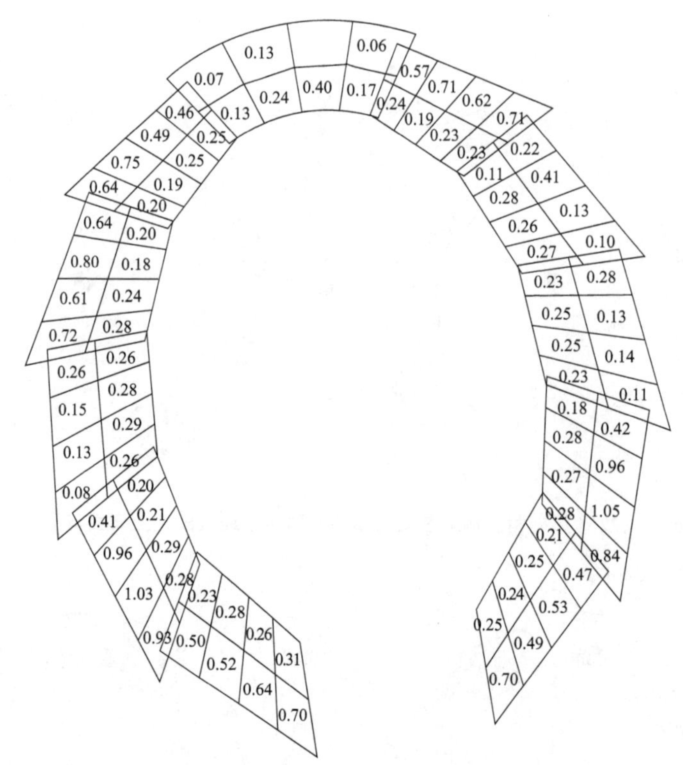


**图 6-49　体育场屋盖表面分块净体型系数最值（最大正值）**

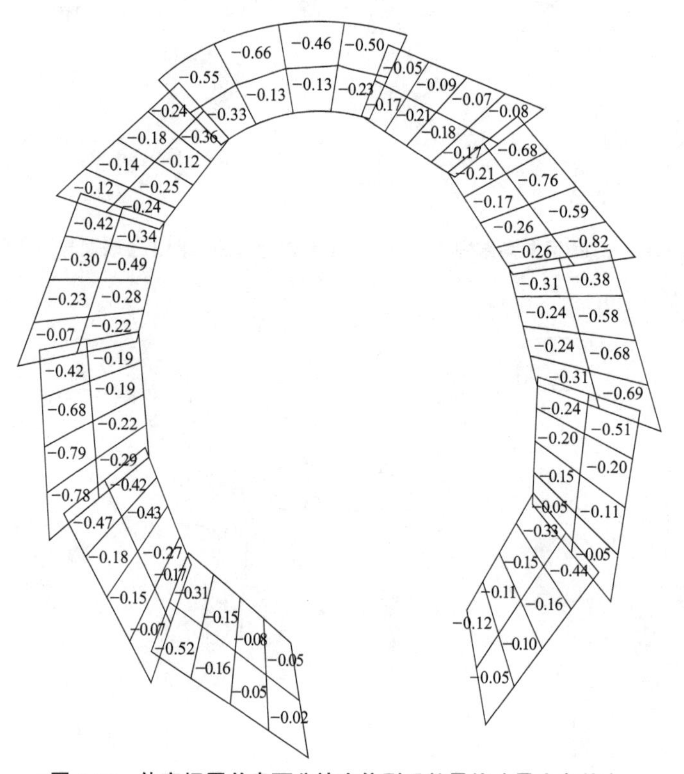


**图 6-50　体育场屋盖表面分块净体型系数最值（最小负值）**

采用CFD数值模拟方法，对体育场平均风荷载进行了研究分析，得到了屋盖结构表面的分块净体型系数，如图6-49、图6-50所示。分析体型系数的等值线云图可得，在风荷载作用下，屋盖部分的边缘区域和屋盖角部由于风的分离效应导致体型系数较大，当风向角不同时，部分区域的屋面体型系数有较大浮动，对不同区域采用不同的抗风措施，以达到经济效果。

各屋盖的分块净体型系数最大正值和最小负值及其对应的风向角如表6-1所示，为结构的抗风设计提供参考。

**各屋盖分块净体型系数最值**　　**表6-1**

| 参数<br>最值 | 体型系数 | 风向角（°） | 分块编号 |
| --- | --- | --- | --- |
| 最大正值 | 1.05 | 135 | 51 |
| 最小负值 | −0.82 | 67.5 | 69 |

第 7 章

# 施工管理

## 7.1 综述

### 7.1.1 管理特点难点

**1. 建设标准要求高**

（1）材料质量标准高

建筑材料与工程质量密切相关，最终影响工程的安全使用。榆林市属冻融循环地区，气候环境较为特殊，对建筑材料的材质选择有重要的影响。在建造过程中应严格把控原材料关，实施全性能抽样检测，深入工艺措施研究及过程控制。

（2）管理标准高

榆林市体育中心（体育场）建设过程中实行信息化管理，如图 7-1 所示，实现现场管理远程实时监控、资源共享、无纸化办公。工程建设过程中，对人、机、料等各项资源实行精确的动态控制，以保证资源的最优整合。

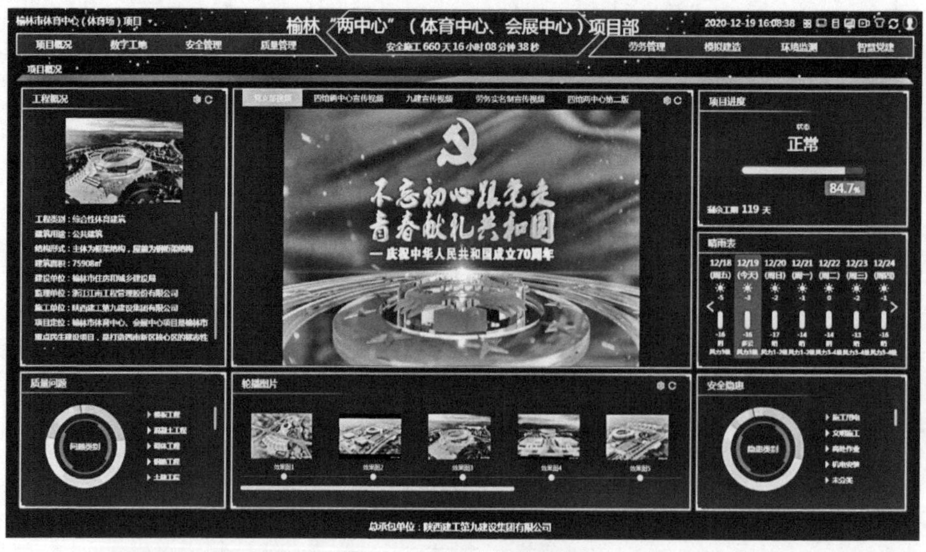


图 7-1 信息化管理平台

（3）验收标准高

建设验收标准要求严格，综合调试、体育场地、体育设施技术标准必须满足国际单项体育联合会最新技术标准等其他与体育场馆建设有关的技术标准规定。工程建设及工艺质量验收标准除满足国家工程质量验收规范外，还需确保“长安杯”、争创“鲁班奖”。

**2. 工程总承包管理难度大**

（1）外部单位关系多，协调难度大

工程建设期间需沟通的单位涉及榆林科创新城建设管理委员会、规划部门、设计单位、监理单位、监督及社会职能部门，以及相关公司，信息沟通、关系协调十分复杂。

（2）内部管理制约因素多，管理难度大

设备、材料等资源的调研、采购、进场是工程建设的关键环节，势必要求总包管理统筹规划，对设备、材料进行过程预控、动态管理。榆林体育场工程结构复杂，各种重型、大型机械设备多，构件吊装作业频繁。此外，专业系统复杂、专业管理知识跨度大，常规管理难以满足需求，施工现场安全管理难度大，施工总平面布置需精细规划。

### 7.1.2 管理目标

**1. 质量目标**

工程合格率100%，确保“陕西省建设工程长安杯奖”，争创“中国建设工程鲁班奖”。

**2. 工期目标**

工程建设期间，精心组织施工，实施立体交叉、平面流水作业，发挥企业管理优势，全力满足合同要求780日历天的工期目标，确保建设单位按时投入使用。计划开竣工时间为：2019年2月21日至2021年4月13日，由于发生其他情况，竣工时间调整至2021年6月30日，合同工期调整为860天。

**3. 安全目标**

（1）杜绝死亡及重大机械设备、火灾、中毒、交通等安全生产事故；

（2）事故频率控制在年2‰之内；

（3）杜绝重伤事故；

（4）施工现场安全管理达标合格率为100%，优良率为95%及以上。

**4. 文明施工目标**

通过采取有效的施工管理措施，加强现场文明施工管理，完善文明施工管理体系，创建“陕西省省级文明工地”。

**5. 绿色施工目标**

在保证质量、安全等基本要求的前提下，通过科学管理和技术进步，最大限度地节约资源与减少对环境负面影响的施工活动，在工程节能、节地、节水和节材等方面有成效，创建“陕西省绿色施工示范工程”。

**6. 科技目标**

学习和借鉴国内外的优秀管理理念，积极研发、加速推广创新技术，争创“陕西省建设工程新技术应用示范工程”。

### 7.1.3 EPC 工程总承包管理体系策划

工程总承包模式（Engineering Procurement Construction），简称 EPC 模式，是指一家总承包商或承包商联合体受业主委托，按照合同约定对工程建设项目的设计、材料设备采购、工程施工、试运行等实行全过程或若干阶段的承包，流程如图 7-2 所示。在 EPC 模式中，设计（Engineering）不仅包括具体的工程设计工作，还囊括整个建设工程内容的总体规划以及实施组织管理策划和具体工作；采购（Procurement）也并非一般意义上的设备材料采购，而更多的是专业设备的选型和材料的采购；建设（Construction）的内容包括施工、安装、测试、技术培训等。

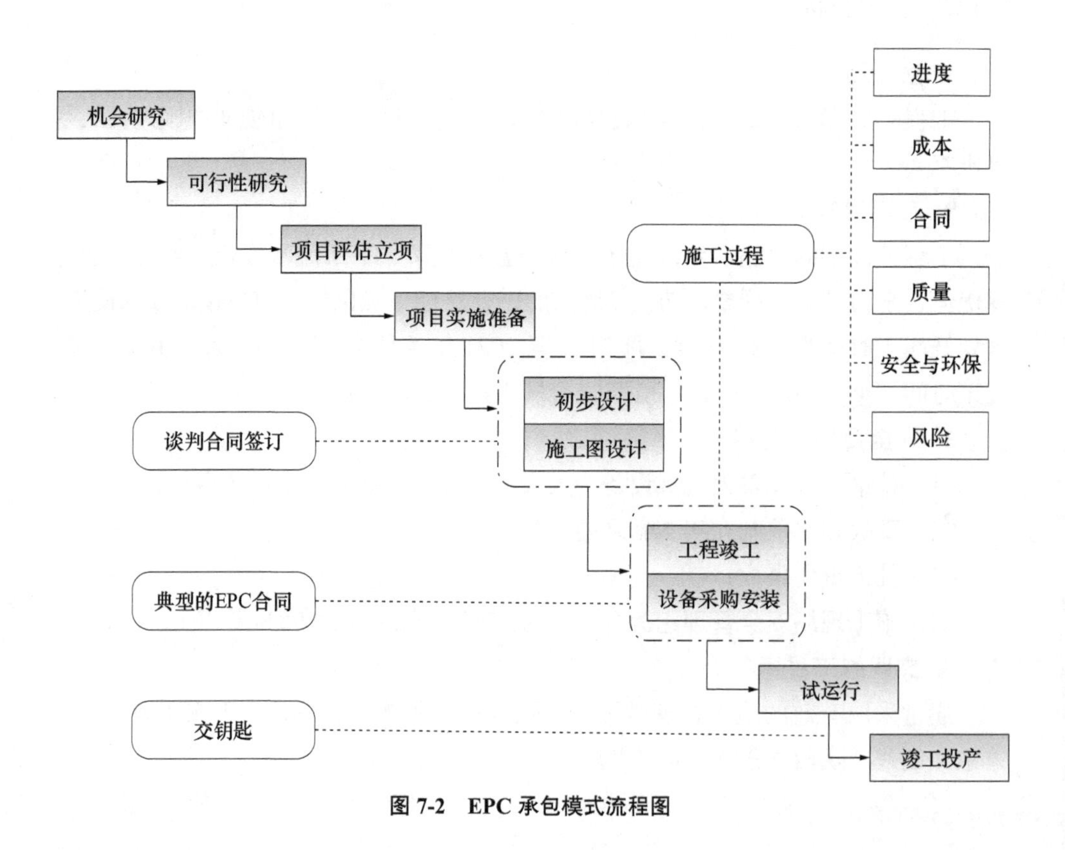


图 7-2 EPC 承包模式流程图

与传统的管理模式相比较，EPC 最大的特点就是业主只需要对接一个乙方，由总承包商统筹设计、生产、施工、管理等多个环节，解决资源配置问题，把控工程建造成本，优化工期，将整个工程项目整合为一体化的产业链。

榆林市体育中心（体育场）EPC 项目无需等工程设计后再选择施工单位，榆林科创管委会的建设意向或初步设计方案基本确定后通过招投标确定 EPC 承包方式。EPC 总承包管理的实施有利于加快项目建设进度，有利于控制项目投资，能够充分发挥总承包商的集成管理优势，最大限度地实现 E、P、C、A 各个环节的衔接，能够高效率、低成本、优质安全地实现建设目标。

榆林市体育中心（体育场）EPC 管理组织结构，如图 7-3 所示。

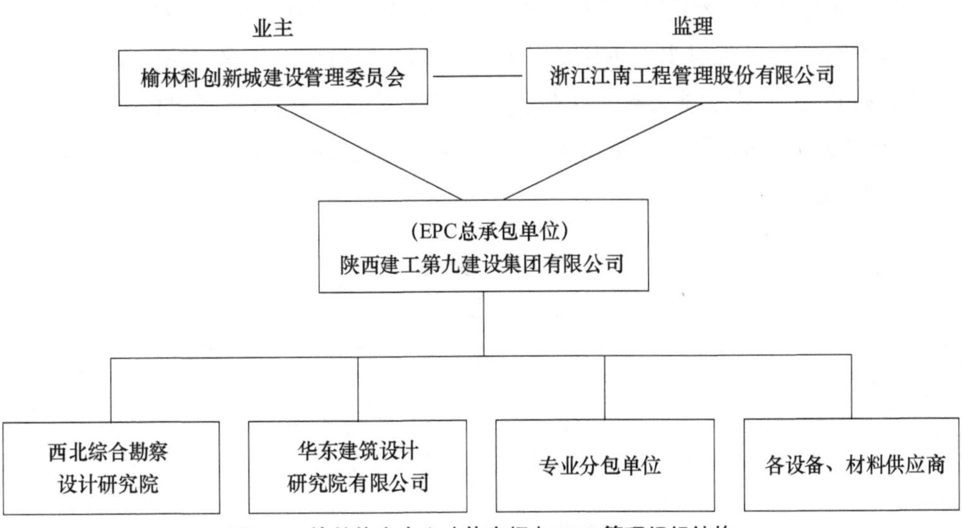


图 7-3　榆林体育中心（体育场）EPC 管理组织结构

## 7.1.4 管理机构配置

### 1. 配置原则

为保证施工现场组织机构能够胜任本工程的组织管理工作，在设置组织机构时，严格遵守表 7-1 中原则。

现场组织机构设置原则　　表 7-1

| 设置原则 | 内容 |
| --- | --- |
| 精干高效原则 | 从项目总指挥、副总指挥、项目总工程师、项目经理、项目副经理、项目技术负责人到各类专业人员都具有类似工程施工经验，具有拼搏、奉献和敬业精神 |
| 层次分明、职责明确原则 | 组织机构分为项目总指挥保障层、现场项目管理层、施工作业层，总部保障是后盾，现场管理是主体，施工作业是基础，各层次之间要做到职责划分明确 |

续表

| 设置原则 | 内容 |
| --- | --- |
| 发挥团队精神原则 | 项目的最终成功要依靠项目团队的努力，因此，组织机构的设置和人员配备要有利于大家充分发挥团队精神 |
| 突出总包管理原则 | 现场组织机构不仅要保证合同承包范围内的各项目标实现，而且要以总包的角度协助业主对各专业分包进行有效管理和周密配合，方能保证工程全方位、优质高速低耗地安全建设。所以，在机构设置时应突出总包管理的原则 |

**2. 具体配置**

根据业主要求，结合本工程特点，对工程项目实施科学施工管理，为加强项目总承包管理力量，对本工程设立项目经理部，项目经理 1 名、副经理 2 名，代表单位履行总承包合同义务，对包括业主指定分包在内的所有单位进行统一管理、统一协调，确保各项目标的实现，直接对业主和监理负责。项目部人员配备如表 7-2 所示。

**项目部人员配备表** **表 7-2**

| 岗位 | 人数 | 岗位 | 人数 |
| --- | --- | --- | --- |
| 项目经理 | 1 | 混凝土工长 | 1 |
| 项目副经理 | 2 | 安全员 | 1 |
| 项目执行经理 | 1 | 电气工长 | 1 |
| 技术负责人 | 2 | 水暖工长 | 1 |
| 生产经理 | 1 | 资料员 | 1 |
| 木工工长 | 1 | 预算员 | 1 |
| 试验员 | 1 | 质量员 | 1 |
| 材料员 | 1 | BIM 工程师 | 2 |
| 钢筋工长 | 1 | | |

在严格遵守国家和地方法律、法规、行政命令的条件下，认真行使、履行承包单位的权利和义务。同时，在建设单位、监理单位和公司的指导下，负责对本工程工期、质量、安全、成本、环保等实施计划组织协调、控制和决策，严格按照质量、环境、职业健康安全兼容管理体系有关文件的要求，对生产施工的各个环节实施全过程动态管理，确保圆满实现预定的管理和施工目标。

### 7.1.5　管理内容

（1）建立、健全项目管理体系

优选管理人员，组建榆林体育中心（体育场）工程总承包部，科学、合理地设置各个专业组织管理机构和职能部门，明确各部门、各类人员的职责分工。针对工程项目管理的特点、难点、重点和关键点组织建立技术、质量、安全、成本控制等管理体系，使榆林体育中心（体育场）工程的施工管理分工合理，责任明确，各个职能有机衔接和交圈。

（2）组织业务培训，增强岗位责任意识，提高管理能力

根据工程的复杂性、高难度和管理风险，进行全员质量、安全、环保和文明培训，提高全员对建好工程的社会责任和法律认识，学习建设施工所适用的国家、地方、行业各类法律、法规、规范、标准，通过培训使全体管理人员提高管理目标认识，强化业务管理能力，规范工程项目管理手段和行为，提升对大型、重点工程的总承包管理驾驭能力。

（3）加强文明施工管理

按照省级文明工地和长安杯要求做好施工现场安全文明施工管理，达到陕西省文明工地现场观摩会工地标准。推行“平安卡”管理举措，强化对现场施工人员的文明素质教育，并以此为契机进一步规范企业的用工管理。

（4）始终把安全放在首位，保证施工顺利进行

严格遵守“安全第一、预防为主、综合治理”的安全生产方针，项目经理组织管理该项目的安全工作，确保无重大事故发生，安全事故频率控制在3‰以下。严格贯彻执行《职业健康安全管理体系　要求》GB/T 28001—2011。切实落实安全生产责任制，设置安全生产领导小组、专职安全员，建立以项目经理为首，项目副经理、总工、各分包项目经理、安全总监、项目安全主管、专职安全员、专业工程师、班组长、施工作业层组成的纵向到底、横向到边的安全生产管理体系。

（5）加强调度协调与服务，增强总承包单位的驾驭能力

作为总承包单位，组织各类人员熟悉和掌握技术标准、法律法规，研究和制定商务洽谈、现场管理、分部分项验收的方法、措施，做到精益求精，使总包与各单位能够有效、有机配合，顺利地完成各项施工任务。

## 7.2　安全文明施工管理

### 7.2.1　总体目标

在整个体育中心（体育场）工程施工过程中，严格遵守国家、住房和城乡建

设部、陕西省颁布的安全生产有关规定，加强安全管理与教育，严格执行国家、陕西省有关防火、施工安全规范，杜绝死亡事故的发生。实现工程施工全过程“五无”，即无重伤、无死亡、无火灾、无中毒、无倒塌。杜绝发生重大安全事故，优先确保榆林市安全生产文明施工优良样板工程，争创陕西省建筑工程安全生产文明施工优良样板工地，在施工工期内达到安全文明施工管理的优良标准。如图 7-4 所示。

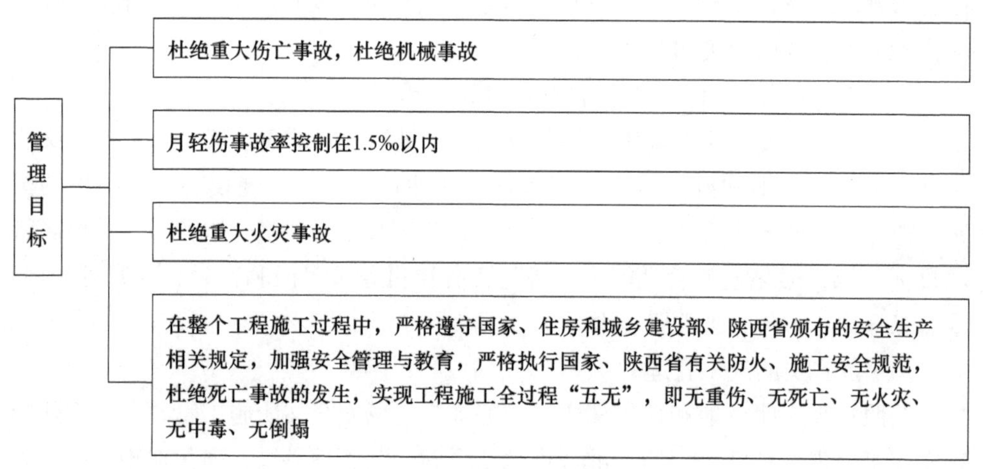


图 7-4 安全文明施工管理目标

### 7.2.2 总体部署

**1. 施工部署**

（1）现场总指挥（指挥长）对安全工作负全面责任，统筹指挥施工现场的全面安全生产工作。

（2）委派三名专职安全员，上设一位安全主任，并按专业配备专职安全生产管理人员，负责对现场安全工作进行全面的管理，并定期组织全体人员进行安全教育培训。

（3）建立安全生产管理领导小组，由项目经理直接领导，全体管理人员参与，各班组设兼职安全员，把安全工作、安全生产当头等大事来抓，认真贯彻、执行国家有关现行劳动保护法规、安全生产规定和各项安全生产的政策法令。

**2. 管理架构**

建立以项目经理为安全第一责任人，项目技术委员会为项目提供安全生产技术支持，执行项目经理领导，技术负责人监督，安全主任为直接责任人的安全生产管理体系，由技术、施工、材料人员等组成的安全文明施工管理小组、专职安全员、各专业分包单位的安全管理机构实施安全生产文明施工管理。项目的安全管理体系人员组织架构如图 7-5 所示。

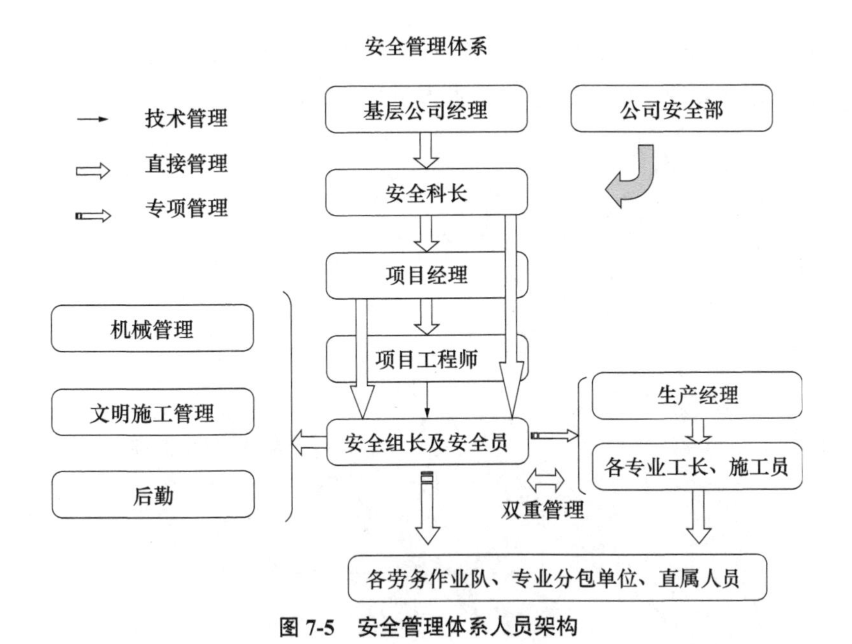


图 7-5　安全管理体系人员架构

### 7.2.3　安全管理

**1. 管理基本原则**

（1）建立健全各级、各部门、各岗位的安全生产目标责任制并上墙，安全目标责任分解到人，并按要求每月进行考核。

（2）在开工前制定保证安全生产投入费用使用计划，并且每季度对计划实施情况进行汇总，以保证安全生产文明施工费用专款专用。内部经济承包合同中必须有安全生产文明施工控制指标，并有明确的奖罚措施。

（3）配备有关安全生产的标准规范，制定各工种安全技术操作规程。安全技术操作规程列为日常安全活动和安全教育的主要内容，并悬挂在操作岗位前。

（4）开工前，根据建设单位提供的施工现场安全生产文明施工环境及地下管线和相邻建筑物、构筑物的有关资料进行认真分析，在不具备安全生产条件下不得强行施工。

（5）遵循监理单位对施工单位的安全生产管理、安全生产专项方案及应急救援预案等，须经监理单位总监审批后方可执行。对监理单位发出的安全事故隐患监理工程师通知单，定人定时定措施立即进行整改，并在整改合格后进行回复，严禁冒险违规施工。

**2. 主要管理措施**

（1）防护措施

1）基坑防护

在基坑周边用 $\phi48\times3.0$ 钢管搭设护栏，护栏高 1200mm，外挂密目安全网，如图 7-6 所示。同时在基坑周边设立位移观测点，在基础施工期间每日进行监测，如观测值有异常突变，应立即会同技术人员分析原因，采取紧急措施。

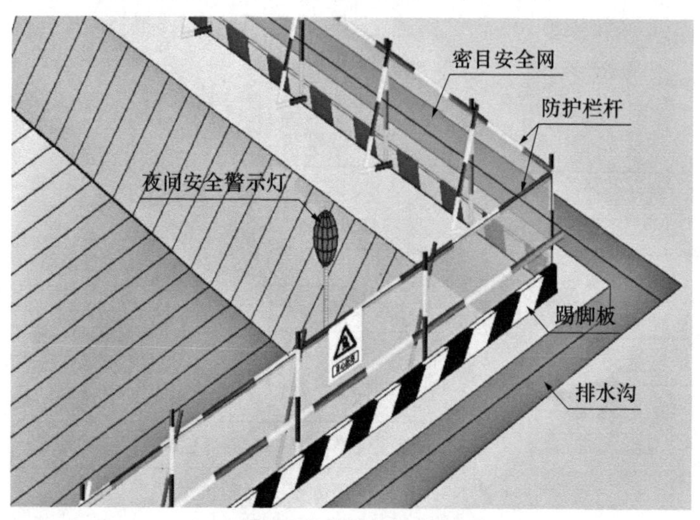


图 7-6 基坑防护措施

2）结构防护

① 安全防护通道

安全防护通道设计如图 7-7 所示。

② 施工电梯防护

施工电梯平台出口处安装 1.85m 高立开式金属防护门，如图 7-8 所示，采用工具式防护门，安装在电梯平台出口处。平台两侧按照离平台面 0.5m 和 1.1m 高度要求设置两道防护栏杆，如图 7-9 所示，并张挂密目安全网封闭，平台外侧设置踢脚板，并张挂楼层标志牌。

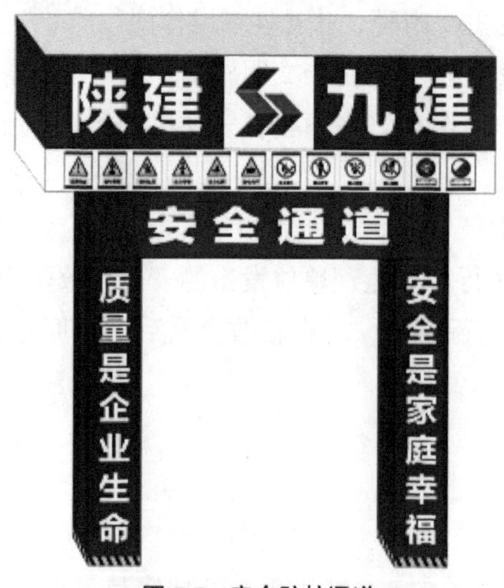


图 7-7 安全防护通道

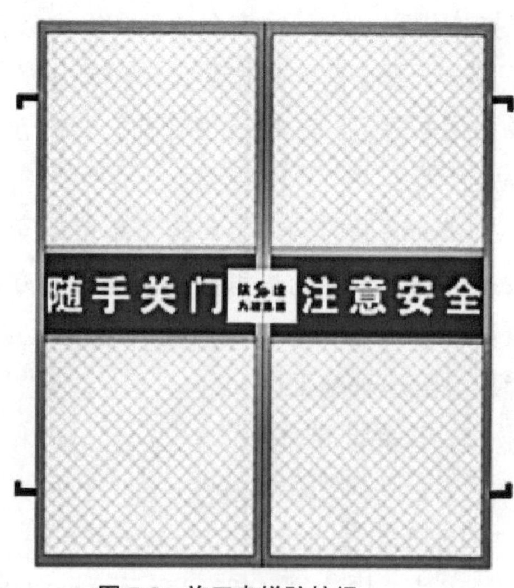


图 7-8 施工电梯防护门

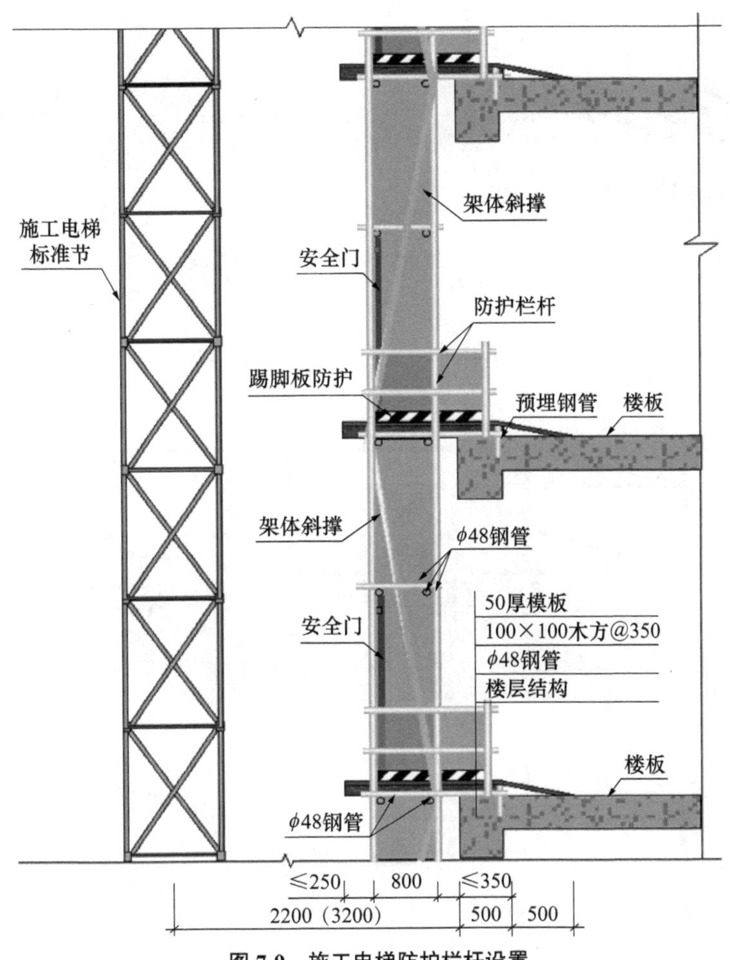


图 7-9　施工电梯防护栏杆设置

③ 楼梯口防护

楼梯及休息平台临边设 $\phi$48×3.5 脚手管搭设为 0.6m、1.2m 高的牢固护身栏杆。

④ 水平洞口防护

短边尺寸大于 25mm 的水平孔洞均要进行防护。

边长在 25～500mm 的水平洞口采用洞口楔紧木方，上面钉木板形式进行防护，木板上刷黄黑警示色油漆，如图 7-10 所示。

边长在 500～1500mm 的水平洞口应用钢管扣件在洞口边搭设井字形平台或采用贯穿混凝土板内的钢筋网上固定木方，在木方上铺钉木板进行防护，木板上刷黄黑警示色油漆，如图 7-11 所示。

边长在 1500mm 以上较大的水平洞口，洞口四周搭设防护栏杆（采取三道栏杆形式，下道栏杆离地 100mm，中道栏杆离地 500mm，上道栏杆离地 1100mm，立杆高度 1200mm），并于洞口封挂双层网（平网及密目网），在栏杆外侧张挂“当心坠落”安全警示标志牌，如图 7-12 所示。

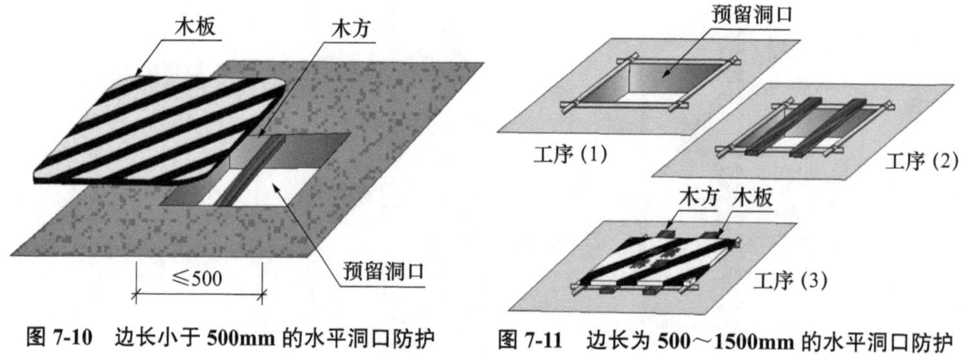


**图 7-10 边长小于 500mm 的水平洞口防护**

**图 7-11 边长为 500～1500mm 的水平洞口防护**

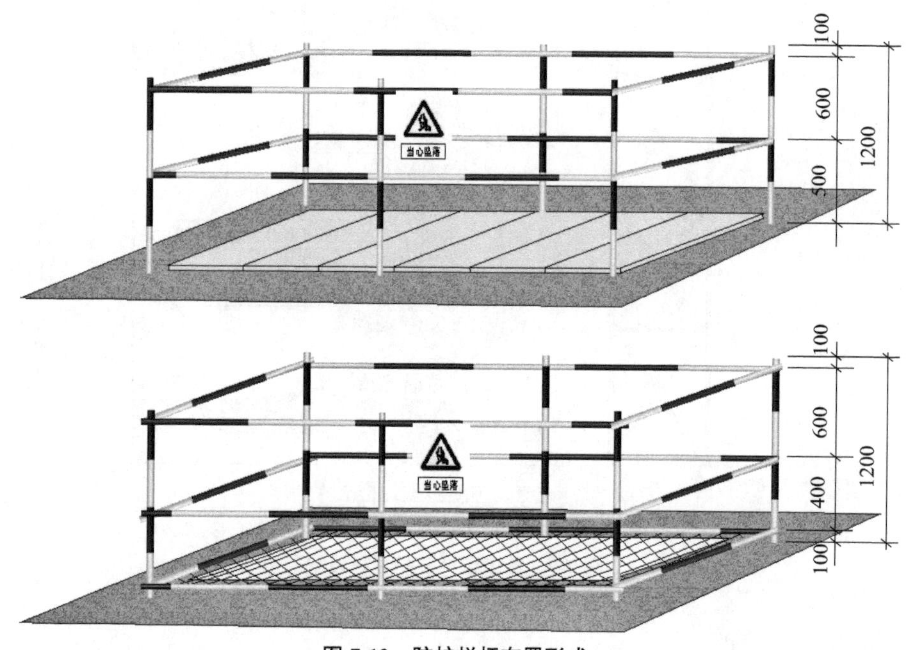


**图 7-12 防护栏杆布置形式**

⑤ 电梯井道防护

电梯井门洞口安装 1.6m 高立开式钢筋防护门，钢筋竖向间距不大于 15cm。防护门底部安装 20cm 的木质踢脚板，防护门外侧张挂“当心坠落”安全警示标志牌。

电梯井内水平防护采用在井内用钢管搭设防护平台，上面满铺竹跳板或悬挂水平安全网进行防护。采用竹跳板等硬质防护时，必须每层设置；采用水平安全网防护时，每隔二层设置一道。

钢管平台搭设方法：在电梯井混凝土模板支设时，在井的四个角预埋 *DN*60 PVC 管，拆模后，将钢管插入预埋的 PVC 管里面，然后搭设防护平台，如图 7-13 所示。

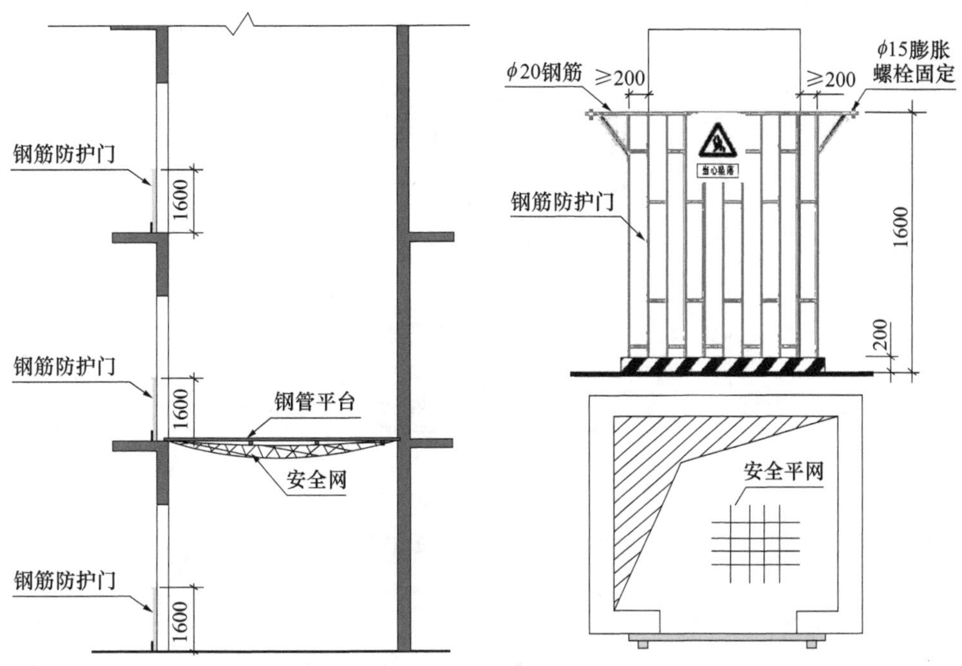


图 7-13 电梯井道防护

⑥ 临边防护

防护采用钢管扣件搭设。防护采用三道栏杆形式，扫地杆离地 50mm，中道栏杆离地 500mm，上道栏杆离地 1100mm，立杆高度 1200mm，立杆间距 2000mm。防护内侧张挂“当心坠落”安全警示标志牌，如图 7-14 所示。

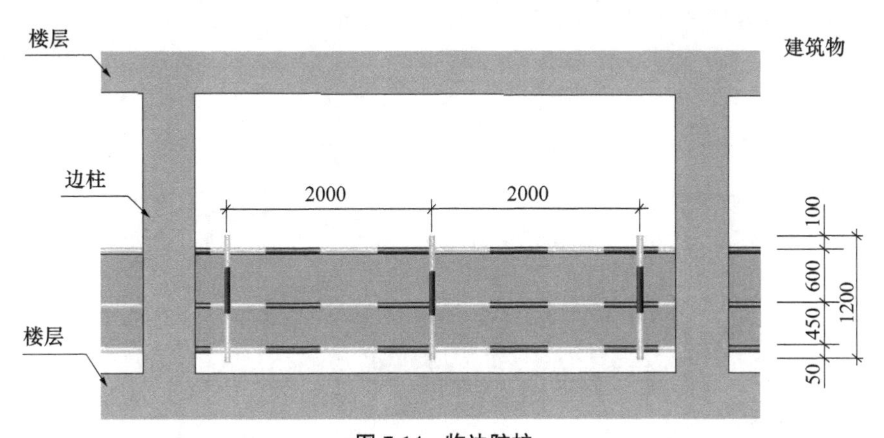


图 7-14 临边防护

当临边窗台高度低于 0.8m 且外侧高差大于 2m 时，按照图 7-15 要求搭设防护栏杆。

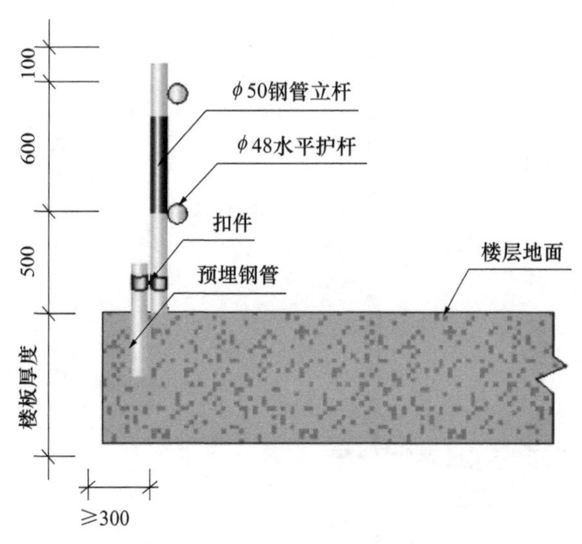


图 7-15　临边防护搭设细部尺寸

（2）临时用电管理

1）施工现场临时用电，按照三相五线制（TN-S 系统），实行两极漏电保护的规定，开关箱内的漏电保护器额定漏电动作电流应不大于 30mA，额定漏电动作时间应不大于 0.1s。

2）配电箱（柜）应采用冷轧钢板或绝缘材料制作，钢板厚度应为 1.2～2.0mm，其中开关箱箱体钢板厚度不得小于 1.2mm，配电箱箱体钢板厚度不得小于 1.5mm，如图 7-16 所示。配电箱、开关箱周围应有足够两人同时工作的空间和通道，不得堆放任何妨碍操作、维修的物品。

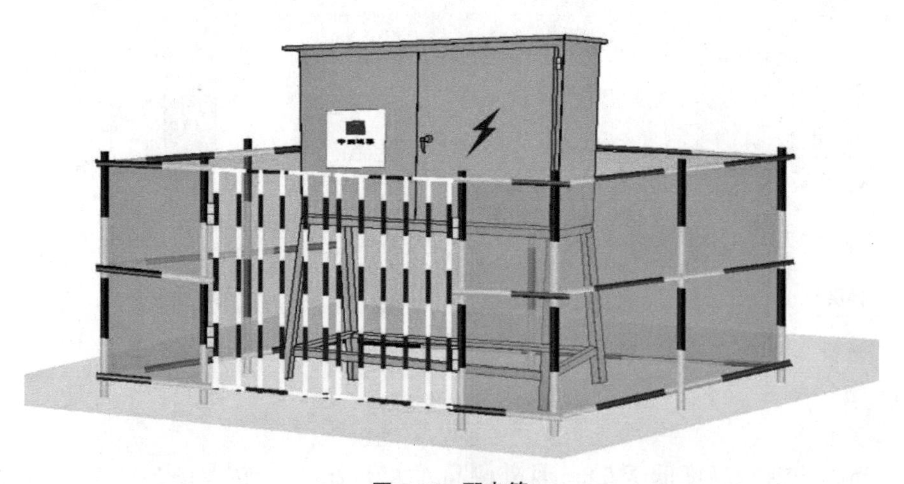

图 7-16　配电箱

3）分配电箱装设总隔离开关、分路隔离开关及总断路器、分路断路器或总熔断器、分路熔断器，电源进线端严禁采用插头和插座做活动连接。

4）漏电保护器的额定漏电动作电流应不大于30mA，额定漏电动作时间应不大于0.1s。在潮湿、坑洞内作业时，选择的漏电保护器漏电动作电流应不大于15mA，额定漏电动作时间应小于0.1s，工作时有专人监护。

5）接地装置采用长2.5m、50mm钢管垂直打入地下。接地装置的接地线不得少于2根，经测量接地电阻应不大于4Ω。塔吊、施工电梯、对焊机除做保护接零外，还做重复接地，另外各分配电箱也要求做重复接地，接地电阻都不大于10Ω，以稳定整个系统零线电位。

（3）消防措施

1）工地内设立防火小组，设立专职安全防火值日员，运用明火有审批手续，重点部位设消防器材。

2）易燃品专库储存，在仓库的入口处必须适当地张贴醒目的告示牌并配备足够数量的灭火器，分类单独存放，保持通风，用电符合防火规定。化学类易燃品和压缩可燃性气体容器等，按其性质设置专用库房分类存放。

3）电焊时，采取隔离措施，以防止电焊火花引起火灾。

4）本工程现场大门均可供消防车出入，平时将安排专人看护，保证消防通道畅通无阻，生活区场地也满足消防车辆的进出要求。

5）室外按每座消火栓保护半径不超过25m，设置*DN*65消火栓（配置消防枪、接口各1只，消防水龙带25m）。

6）临时木工房、油漆房、模板堆场等每25m$^2$配置1只种类合适的灭火器，油库、危险品仓库根据实际情况配备足够数量、种类合适的灭火器。

7）生活区的厨房安装1套自动消防探测系统，所有炉具及其他炊事用具安放通风处。

8）生产区、办公区、生活区消防器材按“四四制”配置，即每套消防器材除包括消防砂桶外，还包括消防锹、消防桶、灭火器各4只，砂桶内始终保持填满砂。

9）每月对职工进行一次防火教育，定期组织防火检查，建立防火工作档案。定期进行消防演练，熟悉并掌握防火、灭火知识和消防器材的使用方法，增强自防、自救能力。

（4）安全教育

设立了总占地面积约1500m$^2$的安全教育基地，以绿色施工、安全施工和文明施工为理念，利用声、光、电、机械和虚拟现实等高科技元素，把项目施工中最易发生安全事故的隐患点在体验中心模拟出来，实景再现。安全教育管理分为安全体验区和安全素质教育区，又具体包括VR体验区和安全文化展示区等多个方面，安全教育管理策略具体实施情况如图7-17、图7-18所示。

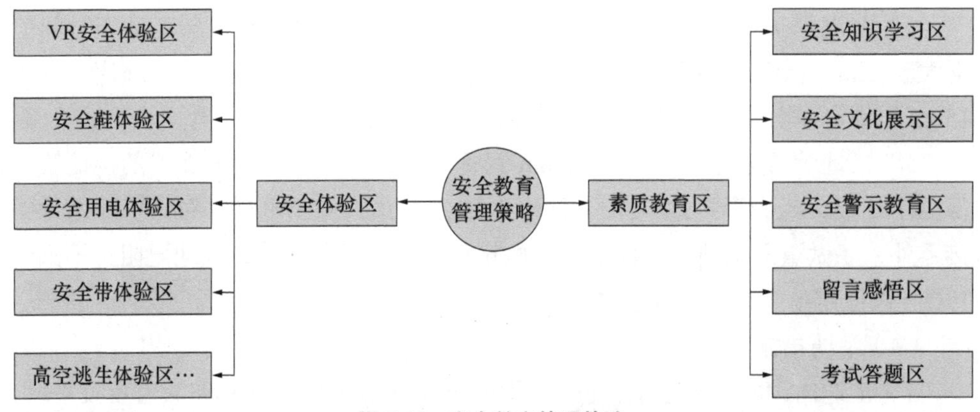


图 7-17　安全教育管理策略

图 7-18　现场安全教育

（a）VR 安全教育体验；（b）机械伤害体验；（c）坍塌伤害体验；（d）智能安全培训

## 7.2.4　文明施工管理

### 1. 文明施工目标

按照省级文明工地和长安杯要求做好施工现场安全文明施工管理，达到陕西省文明工地现场观摩会工地标准。

### 2. 管理制度的制定

本工程文明施工管理制度制定如表 7-3 所示。

文明施工管理制度表 表 7-3

| 项目 | 内容 |
|---|---|
| 教育制度 | 深入广泛开展文明施工管理、创建文明工地达标活动的教育，提高全员文明施工积极性、主动性，为创建安全文明工地提高思想认识，使职工养成保护建筑物品、爱护建筑物品、人人遵守施工秩序的美德 |
| 责任区制度 | 把现场划分为若干责任区进行管理，明确责任单位、总包和劳务队伍责任人，并挂牌明示 |
| 定期检查制度 | 定期（每周一次）、不定期（阶段性抽查）由土建经理组织相关部门参加文明施工检查，并评定、汇总、建档，查出的问题立项、整改，落实责任人、整改期限 |

**3. 主要管理措施**

（1）建立文明施工档案

将施工现场文明施工各项制度的执行情况，和建设行政主管部门及城监、质监、监理等部门对施工现场的检查情况一并归档，作为工程竣工验收的资料。

（2）建立农民工业余学校

在工地建立农民工业余学校，举办民工文化知识培训教育，促进农民工队伍综合素质的提高，推动建设工程质量安全工作，树立城市文明形象，构建和谐企业、和谐社会，培养“懂技术、出业绩、知荣辱、讲文明、守纪律、有理想”的新一代农民工。

（3）后勤管理

本项目工程施工严格执行《职业健康安全管理体系标准》《环境管理体系标准》以及公司其他相关程序文件和支持性文件。在开工前进行环境因素调查评价和危险源评价，确定重大环境因素和重要危险源，制定本工程的环境保护和职业健康安全管理方案，以保证施工过程达到确定的环境和职业健康安全管理目标。

（4）现场围挡及建材堆放

建筑施工现场采用钢板围墙围闭，符合《建设工程现场文明施工管理办法》规定要求。围挡墙内外保持整洁，禁止依靠围挡墙堆放物料、器具等。禁止用围挡墙作挡土墙、挡水墙或作宣传牌（含广告牌）、机械设备等的支撑体。现场所有施工建材按照施工总平面图划定的区域存放，并设置标签。如图 7-19 所示。

（5）车辆出入口洗车设施

设置用混凝土浇捣的由宽 30cm、深 40cm 沟槽围成的宽 4m、长 6m 的矩形洗车场地，以及沉淀池、高压冲洗水枪，驶出工地的机动车辆必须在工地出入口洗车场内冲洗干净方可上路行驶。

（6）现场安全警示及危险源公示牌设置

施工现场使用人性化安全警示用语牌，设置在施工现场的作业区、加工区、生活区等醒目位置。安全标志针对作业危险部位悬挂并符合《安全标志及其使用导则》GB 2894—2008 的要求，绘制安全标志平面布置图。除此之外，在施工现场出入口处设置现场重大危险源公示牌并定期组织工人学习，如图 7-20 所示。

图 7-19　施工现场围挡

图 7-20　重大危险源公示牌

## 7.3　质量管理

### 7.3.1　质量管理策划

**1. 质量目标**

创陕西省建设工程长安杯奖（省优质工程），创中国建设工程鲁班奖（国家优质工程）。

**2. 项目质量目标的分解**

为保证该质量目标的实现，各分部工程质量目标确定为优良，具体指标为：

分部工程合格率 100%，优良率 100%。

单位工程合格率 100%，达到国家、省优质工程标准。

质量控制资料真实、完整，所含分部工程有关安全和功能的检测资料真实、完整。目标分解具体内容见表 7-4。

质量目标分解表　　表 7-4

| 编号 | | 分部分项工程名称 | 关键分部 | 关键分项 | 质量目标 | 检验单位 | | | | |
|---|---|---|---|---|---|---|---|---|---|---|
| 分部 | 分项 | | | | | 施工班组 | 项目部 | 监理单位 | 建设单位 | 质监站 |
| 1 | 1 | 地基工程 | ★ | | 优良 | | √ | √ | √ | √ |
| | 2 | 定位及高程控制 | | | 优良 | | √ | √ | √ | |
| | 3 | 地基处理 | | | 优良 | √ | √ | √ | | |
| | 4 | 桩基 | ★ | | 优良 | √ | √ | √ | √ | √ |

续表

| 编号 | | 分部分项工程名称 | 关键分部 | 关键分项 | 质量目标 | 检验单位 | | | | |
|---|---|---|---|---|---|---|---|---|---|---|
| 分部 | 分项 | | | | | 施工班组 | 项目部 | 监理单位 | 建设单位 | 质监站 |
| 2 | 1 | 基础结构工程 | ★ | | 优良 | | √ | √ | √ | √ |
| | 2 | 基础垫层模板 | | | 优良 | √ | √ | √ | | |
| | 3 | 钢结构 | | | 优良 | √ | √ | √ | √ | √ |
| | 4 | 基础钢筋加工制作 | | | 优良 | √ | √ | √ | | |
| | 5 | 基础钢筋绑扎 | | ★ | 优良 | √ | √ | √ | √ | |
| | 6 | 基础模板支设 | | | 优良 | √ | √ | √ | √ | |
| | 7 | 基础混凝土浇筑 | | ★ | 优良 | √ | √ | √ | √ | |
| | 8 | 地下室防水 | | ★ | 优良 | √ | √ | √ | √ | |
| | 9 | 基础回填土 | | | 优良 | √ | √ | √ | √ | |
| 3 | 1 | 主体结构工程 | | ★ | 优良 | | √ | √ | √ | √ |
| | 2 | 各层钢结构 | | ★ | 优良 | √ | √ | √ | √ | √ |
| | 3 | 各层结构钢筋安装 | | ★ | 优良 | √ | √ | √ | √ | √ |
| | 4 | 各层结构模板安装 | | ★ | 优良 | √ | √ | √ | √ | |
| | 5 | 结构混凝土浇筑 | | ★ | 优良 | √ | √ | √ | √ | |
| 4 | 1 | 砌体工程 | | ★ | 优良 | | √ | √ | √ | √ |
| | 2 | 填充墙砌筑 | | | 优良 | √ | √ | √ | √ | |
| | 3 | 构造柱圈梁等钢筋加工 | | | 优良 | √ | √ | √ | √ | |
| | 4 | 构造柱圈梁等钢筋绑扎 | | | 优良 | √ | √ | √ | √ | |
| | 5 | 构造柱圈梁等模板支设 | | | 优良 | √ | √ | √ | √ | |
| | 6 | 构造柱圈梁等混凝土浇筑 | | | 优良 | √ | √ | √ | √ | |

**3. 项目质量体系的建立**

本项目质量管理推行ISO9001标准，健全质量管理体系，建立由项目经理领导、项目技术负责人中间控制、质检员基层检查的三级管理体系，形成一个从项目经理到生产班组的项目质量保证体系。项目经理对质量全面负责，对质量工作全面领导，是质量第一责任人；项目技术负责人对质量工作进行全面管理，是质量第二责任人。项目质量工作管理体系如图7-21所示。

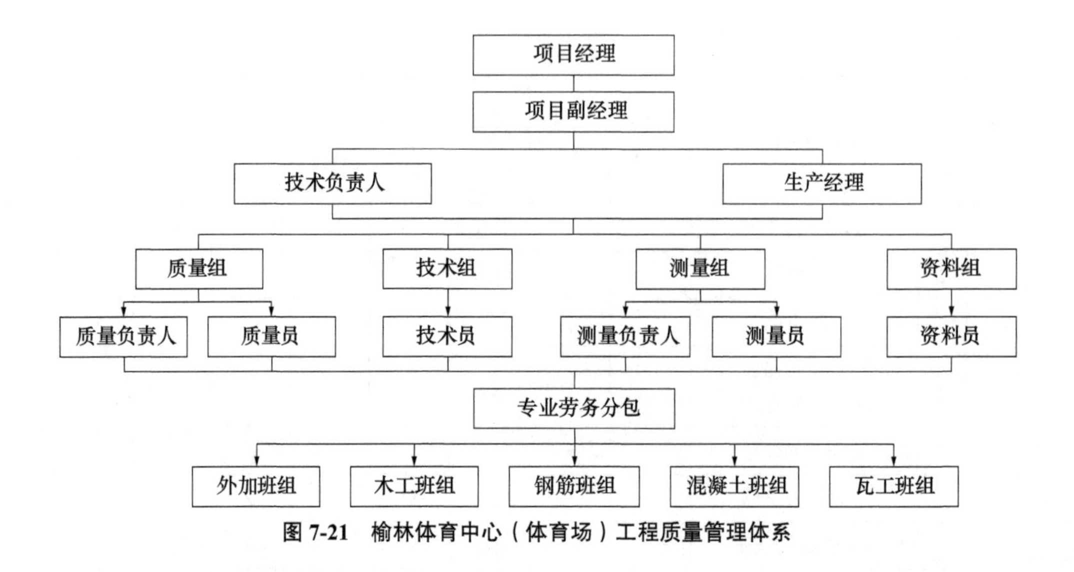


图 7-21 榆林体育中心（体育场）工程质量管理体系

## 7.3.2 施工过程质量控制要点

榆林体育中心（体育场）施工过程中的质量控制要点见表 7-5。

质量控制要点及方法 表 7-5

| 控制项 | 控制点 | 控制依据 |
|---|---|---|
| 编制施工组织设计 | 施工部署，主要项目施工方法、计划及各项管理措施 | 经研究确定的原则，施工规范、规程及现场的工程概况 |
| 图纸会审设计交底 | 对设计提出咨询，了解设计意图 | 施工图纸、相关文件、规范、规程、图集 |
| 材料采购 | 物资分承包方的素质、材料的质量等 | 施工图纸、验收标准、材料分包资料 |
| 材料复试 | 工程物资试验品种、数量等 | 相应的标准 |
| 选定施工队伍 | 施工队的施工业绩、综合素质 | 公司的质量体系文件 |
| 施工组织设计交底 | 施工组织设计主要内容及施工中的注意问题 | 已审批的施工组织设计 |
| 材料机械进场 | 按计划和要求进场检验、标识、分类、存放 | 合格分承包方、采购计划表 |
| 测量定位 | 各种控制桩观测点 | 施工图纸、规范、测量定桩成果通知单 |
| 桩基工程 | 钢筋笼制作、成孔质量、混凝土浇灌 | 施工图纸、规范、规程、技术交底 |
| 钢结构工程 | 深化设计、加工、预埋、安装 | 施工图纸、规范、规程、技术交底 |
| 钢筋工程 | 加工、绑扎、直螺纹连接 | 施工图纸、规范、规程、技术交底 |
| 模板工程 | 强度、刚度、稳定性、阴阳角模、连接、后浇带、支模、拆模 | 施工图纸、模板的设计方案、技术交底 |
| 混凝土工程 | 浇筑、振捣、养护、测温 | 施工图纸、规范、施工方案、技术交底 |
| 砌体工程 | 组砌方法、灰浆强度及饱满度、构造柱、连梁、拉筋 | 规范、规程、技术交底 |
| 基础回填 | 灰土比例、土的干密度 | 施工规范、操作规程、技术交底 |

### 7.3.3 质量管理对策

在建筑工程项目的施工阶段，为了保证施工质量，应对建筑工程建设生产的实物进行全方位、全过程的质量监督和控制，包括质量事前控制、质量事中控制以及质量事后控制，其质量控制的工作程序如图 7-22 所示。

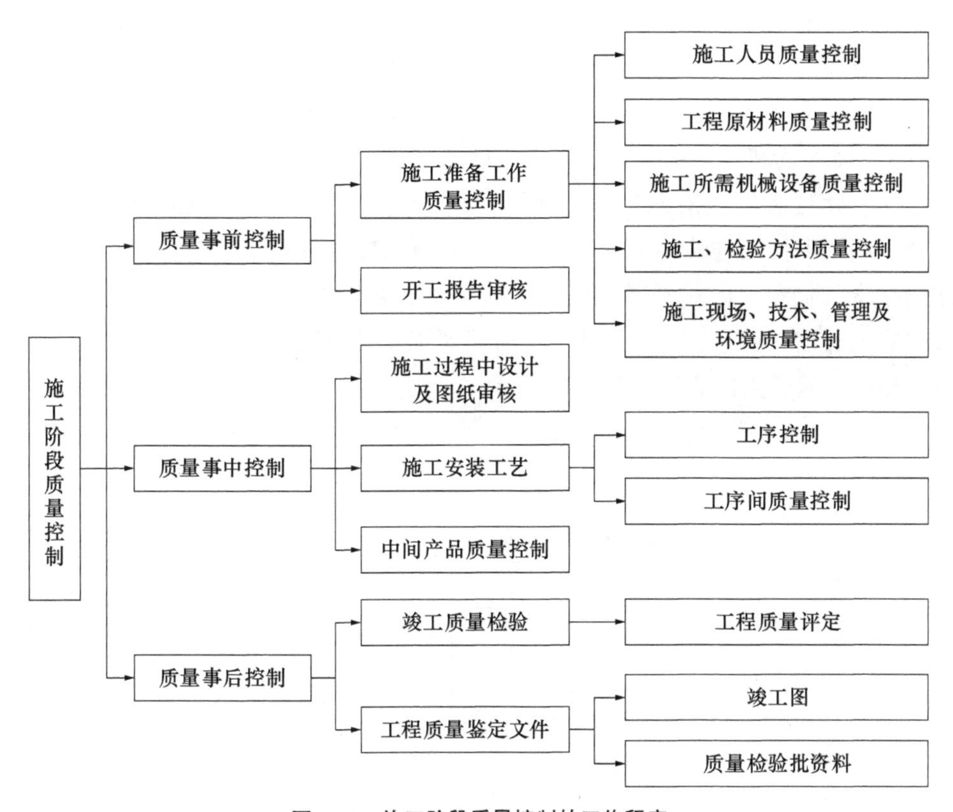


图 7-22 施工阶段质量控制的工作程序

**1. 总体对策**

（1）按照全面质量管理的基本要素，通过质量职责分工、质量目标分解，明确人员的具体质量分工、职责和责任，保证施工过程质量管理覆盖全员、全方位、全过程。

（2）在工程施工全过程的质量管理、检查、监控中，实施“管理预控、过程监控、目标总控、成品终控”。施工前按照质量目标设计编制《质量计划》，事先做好创优的策划和编制各项预控措施：在施工过程中通过“三检制、样板制、责任制、隐检制、预检制、交验制、否决制、督察制、追根制、奖罚制”等十项基本制度，在质量管理与监控的各环节做到“精益求精、一丝不苟、严格标准、目标控制”，做到一次成活、一次成优、不留死角、标准统一、质量均衡。

（3）发挥总包单位的作用，确保工程施工过程责任层次分明，逐级保证。按照工程施工过程的需要设立齐全的组织机构职能部门，配备足够专业人员，监控到检验批、作业面和部位工序。利用计算机多媒体技术和网络技术，建立总承包管理信息平台中工程总承包施工的现场局域网络，保证高效率地监控和管理信息畅通，统一管理、统一标准。

（4）正确处理好质量与工期、安全、成本的关系。在保证施工安全的前提下，当质量与工期发生矛盾时，质量优先。优化资源配置，做到预控到位、管理协调到位、方案措施到位、资源优化配置到位，使各个检验批、施工工序按照质量目标不返工、不浪费、一次成活、一次成优。实施质量成本管理，在合理的成本支出及施工工期范围内，必须确保每道工序和检验批的质量都达到要求。

（5）针对难点、重点、关键点强化创新意识。进行质量管理创新和质量检验创新，利用现代先进的科学技术和手段，进行质量管理和质量检验、质量监控方法的探索和创新。广泛开展全员的质量管理小组活动，针对施工中出现的难题，质量管理的重点难点，拟订课题，结合科研工作进行现场攻关研究，保证质量水平的提高。质量监控流程如图 7-23 所示。

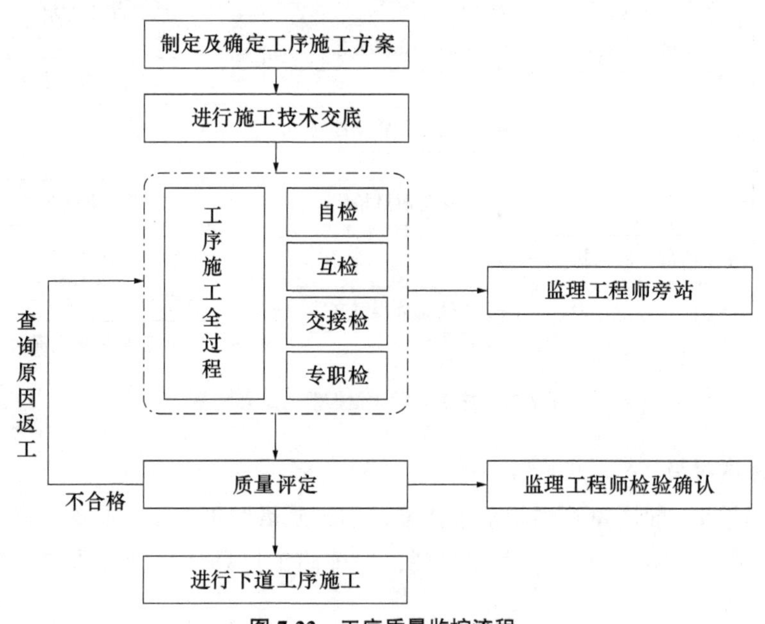


图 7-23　工序质量监控流程

**2. 具体措施**

（1）组织保障措施

项目经理部设技术质量部，由总工程师负责，对各项目经理分部、试验室、测量小组施工内容进行检查评定。各分包单位设技术负责人和专职质检员，严格按照“自检、互检、交接检、日检、周检、月评比”开展活动，以消除质量隐患，确保工序质量。

（2）制度保证措施

1）定期检查制度

项目技术质量部每月进行一次全面质量检查，形成检查记录，将项目质量状况上报集团总公司。每周进行一次质量检查，由项目总工组织，工程部、技术质量部、物资部等部门负责人参加，将检查结果形成文件，下发给各项目经理分部，对存在的问题或者隐患要求限期整改，并要求形成记录，质量检查覆盖率100%。

在每次检查前技术质量部根据检查项目制定详细的检查表。定期检查已完实物工程质量、内业资料及前次质量检查整改情况。项目经理部每月末进行一次实物工程质量和内业资料检查，保证工程质量合格，发现问题及时纠正，并对各项目经理分部下发整改通知单，在规定期限内要求施工队伍将整改情况以整改反馈书的形式上报技术质量部。

2）不定期及日常检查制度

项目部技术人员和质检人员进行不定期和日常施工质量检查，严格控制施工质量。在进行质量检查时，结合实测检查和目测检查形成检查记录。对发现的问题，要做到“四有”，即有分析、有措施、有落实、有验证，禁止不合格工序转入下一道工序。

3）专项检查制度

对重要工序、关键质量控制点施工、隐蔽工程进行专项检查，检查合格后方可进行隐蔽或下一道工序的施工，以确保工程质量。各级管理人员应对施工质量进行随机检查，发现问题及时上报有关单位并督促整改。

（3）技术保证措施

1）熟悉设计图纸，搞好图纸会审，使有关技术问题解决在施工之前。

2）优化施工方案，积极采用先进施工工艺，科学安排施工进度，合理调配和安排劳动力，对总体施工管理目标进行周全、细致的安排，对施工中易碰到的技术问题制定详细的针对性措施，努力克服质量通病。

3）实行分级技术交底。

① 由项目总工程师向项目领导班子和技术、质量管理负责人交代工程施工中的重大及关键部位的主要技术措施和新工艺、新材料、新结构的施工方法。

② 各项目经理分部技术负责人向全体施工管理人员和质检人员进行以设计图纸、施工组织设计为依据的施工技术交底。

③ 各项目经理分部主管工长向施工班组进行分部分项工程施工技术交底，交代施工程序、操作方法、质量标准、技术要求和施工注意事项。技术交底记录如图7-24所示。

4）执行施工质量控制措施。

① 严格按照国家和行业现行的有关施工验收规范、规程、规定施工。

陕西建工第九建设集团有限公司榆林市体育中心（体育场）项目部　　桩基工程技术交底

| 技 术 交 底 记 录 | | 编　号 | 002 |
| --- | --- | --- | --- |
| 工程名称 | 榆林市体育中心（体育场）项目 | 分项工程名称 | 桩基工程 |
| 施工单位 | 陕西建工第九建设集团有限公司 | 交底日期 | 2019.04.25 |
| 交底提要 | 技术要求、操作工艺及流程，质量及安全控制措施等 | | |

交底内容：破桩头技术交底

交底目的：指导施工队伍明确施工内容及所要达到技术标准。

交底内容：采用全断面凿除法桩基础破桩头

一、工艺流程：

为了保证施工质量，本工程采用风镐对桩头进行破除，施工顺序为：开挖沟槽→设置桩顶标高→施工机具切割→破碎桩头→剥离钢筋→清除桩头→人工修整→清运桩头→调直钢筋。

二、施工作业：

1、开挖沟槽

体育场桩间土采用大开挖的方式：土方开挖时将承台部分，基底标高控制在-2.8m（绝对高程为1129.5）；基础连梁部分，基底标高控制在-2.7m（绝对高程为1129.6），开挖沟槽时由技术员和测量人员确定承台及基础连梁位置。在挖掘桩周围土方时，注意机械与桩身的接触防止将不需要破碎的部分破坏。

2、设置桩顶标高及施工机具切割

在将基础桩间土清挖完毕后，首先使用水准仪进行抄平，在桩身处测量三个点，然后连成水平线，在桩头上依据图纸设计桩顶标高-2.6m（局部桩顶标高为-2.8m，图中云线部分）画出切割标记。使用平卧式切割机或者手提式切割锯沿线进行切割，切割深度宜控制在3cm-5cm，且不应伤到主筋；然后再用钢钻人工凿出边槽。

3、桩头的破碎及清理

在桩侧面使用人工钻水平方向凿出50～100mm的沟槽，然后采用风镐自上而下进行凿除作业，保证不破坏设计桩顶标高以下部分的桩体。用风镐对红线标记以上的部分进行破碎，每个桩头由两个人配合破除，用风镐从桩的四周开始破除，剥离桩身主筋，直至划线标记处。为保证凿除过程中不伤到围护桩钢筋，凿除主筋保护层后，先将桩四周混凝土凿除露出主筋然后将主筋向外侧拉出，拉动范围以凿开部分的钢筋与混凝土分开为宜，切忌拉出角度过大而将设计桩标高以下钢筋保护层剥落。主筋包围的桩头部位，在钢筋与混凝土分

-1-

图 7-24　桩基工程技术交底

② 严格执行施工质量的检查验收，认真贯彻“自检、互检、工序间交接检和专职检查”的三检制度。

③ 对隐蔽工程必须做隐蔽记录，经甲方、监理、设计、质监等有关代表签字认可后，方可隐蔽。

④ 工程使用的原材料、成品、半成品应持有出厂合格证和检验报告。

⑤ 拌合料应送相应的原材料试验室，先做配合比试配，并出具试验报告，然后按配合比施工。施工中技术部门应根据气候条件（如雨天）及时调整配合比，并按要求做好坍落度试验。

⑥ 钢筋表面不得有锈蚀、油渍，严格按设计图纸和下料表加工，绑扎网片时，缺扎、松扎不得超过应扎数的 10%，且不应集中。钢筋绑扎时应随时按规定垫好保护层垫块，确保钢筋位置正确。

⑦ 模板及支撑安装时必须严格保证各构件轴线尺寸的正确性，同时应采取有效措施和正确方法确保支撑系统具有足够的强度、刚度和稳定性，模板的平整度和接头误差必须符合规范要求。

⑧ 混凝土浇筑过程前各专业应密切配合，做好预留预埋，过程中发现问题及时处理，严防事后随意打凿，浇筑后认真做好养护工作。

## 7.4　进度管理

榆林市体育中心（体育场）作为陕西省第十七届运动会的主会场，具有建设规模大、结构形式复杂等特点，确保省运会如期举行、实现既定工期目标是管理过程中的重大挑战之一。作为 EPC 承包模式的总承包方，应建立健全工程计划管理体系，强化工程进度控制，保证项目工期目标的实现。

### 7.4.1　进度目标

本工程于 2019 年 2 月 21 日开工，2021 年 4 月 13 日全面竣工，由于特殊原因，延期至 2021 年 6 月 30 日竣工，施工总工期为 860 日历天。

### 7.4.2　进度管理面临的挑战

（1）建设规模大、施工任务重

榆林体育中心（体育场）建设规模宏大，总建筑面积达 50400m$^2$。施工任务繁重，预制看台构件共 2687 块、踏步 1564 块，钢结构外轮廓长 270m、宽 245m，最大跨度 50.85m，最高点标高为 47m，项目整体用钢量约 7200t。

（2）专业类别多、结构复杂、施工难度大

榆林体育中心（体育场）作为省运会主会场，赛后将进行多种用途的经营。工程有多个子单位工程和专项验收项目，专业类别繁多，工程工期紧张，这决定了施工中必然造成多专业大量的立体交叉作业，总承包管理协调工作量很大。

（3）质量标准高、建设工期短

榆林体育中心（体育场）担负着 2022 年省运会主会场的使命，建成后将为榆林市引进高水平赛事，必须坚持质量的高标准。工程建设之初，即将争创“鲁班奖”工程作为质量管理目标。在非常紧张的建设工期内，要高标准地完成技术难度大的工程施工，进度管理无疑面临巨大的挑战。

### 7.4.3 进度管理体系

**1. 进度计划编制**

整个项目进度计划进行分层次管理：

（1）一级控制计划（总计划）

表述榆林体育中心（体育场）项目各专业工程的阶段目标，并由此导出工程整体工期目标，形成总控制计划，提供给业主、监理、设计和主要分包单位。总控制计划采用网络图方式进行管理，在施工过程中，以总进度计划作为控制基准线，各单位和部门均以此进度计划为主线，编制实施项目综合进度计划，实现各项管理计划，并在施工过程中进行监控和动态管理。

（2）二级控制计划（阶段计划）

以总进度计划为基础，主要分部分项工程为目标，以专业阶段划分为基础，分解出每个阶段具体实施时所需完成的工作内容，并以此形成阶段计划，便于各专业进度的安排、组织与落实，实现对工程进度的有效控制，在分包商和劳务队进场时提供并形成有效时间认知。在进行月施工总结时，将二级进度计划完成情况向全体人员、劳务分包商、专项分包商和专业分包商进行通报并复盘。

（3）三级控制计划（月进度计划）

以二级计划为依据，进行流水施工和交叉施工间的工作安排，进一步加强对月计划安排的控制范围和力度。参与各个工程施工的单位均应重视进度计划的实施，并具体控制到每一个过程上所需的时间，同时应充分考虑各专业分包在具体操作时要控制的时间，这是对各分包商进行监控和实施管理力度的最大难点。

（4）辅助计划

1）补充计划：在计划实施过程中对发现的偏差进行纠正，对修改后的计划及时制定补充计划。

2）分项控制计划：制定分项控制计划，分项控制计划在专业交叉、施工进度较紧或工序复杂的情况下采用。

3）周计划、日计划：周计划、日计划是各专业分包商完成工作计划的具体实施，各专业现场负责人应严格落实并例行检查，在周汇报时对周内工作计划的调整和偏差及时通报。

**2. 进度计划实施**

项目进度计划实施的主要内容是计划执行、进度监测、计划调整和新计划再执行的工作循环，如图 7-25 所示。

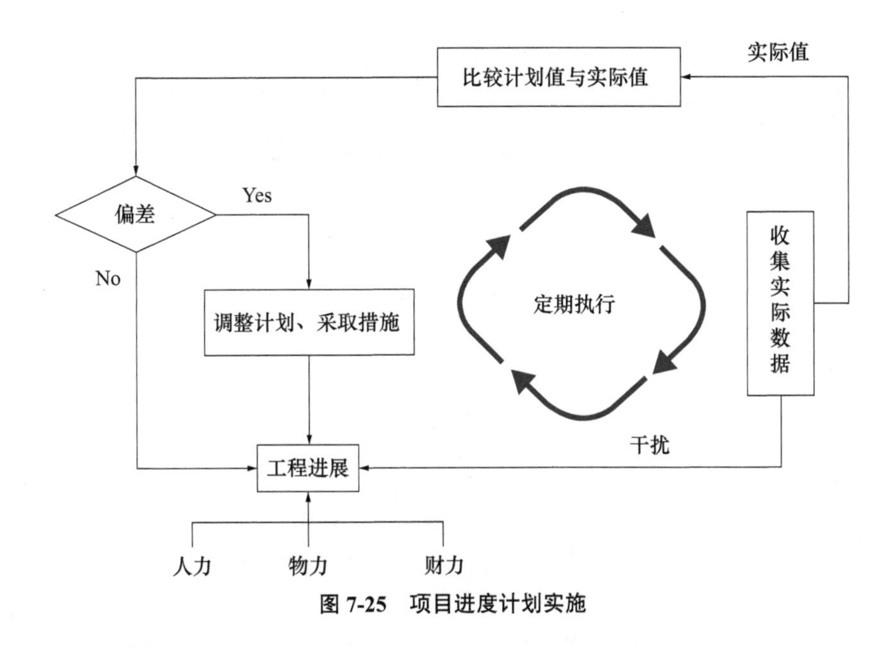


图 7-25　项目进度计划实施

（1）进度监测

利用BIM5D生产管理系统，结合项目现场实际情况，使项目进度管理实现在线化、数据化、智能化，实现现场总、月、周计划的三级管理联动，使现场生产管理达到有效可控、有据可依、有图有真相，辅助项目每月进行计划优化、劳动力资源合理分配。

在BIM5D生产管理系统中，通过工程的计划时间和实际时间以及偏差天数等进度数据，能对总、月、周计划的完成情况进行直观的了解（图7-26～图7-28）。周计划网页端派分到责任人，目标明确、有效派分、逐项跟踪，当天任务当天完，确保各项工作有效落地，公司相关部门、项目领导可实时查看项目进度情况。

期间计划

2020年总进度计划　设置　打开　关联部位　查看网络图　更新实际时间　刷新　显示下级计划

| 序号 | 预警 | 任务名称 | 工期 | 计划开始 | 计划完成 | 预测开始 | 预测完成 | 实际开始 | 实际完成 | 偏差天 | 前置任务 | 关联部 |
|---|---|---|---|---|---|---|---|---|---|---|---|---|
| 0 | 🔒 | 榆林市体育中心（体育场）项目 | 317 | 2020-02-15 | 2020-12-27 | 2020-07-27 | 2021-01-24 | 2020-07-27 | | 28 | | |
| 1 | 🔒 | 体育场 | 257 | 2020-02-15 | 2020-10-28 | 2020-09-12 | 2021-01-09 | 2020-09-12 | | 73 | | |
| 2 | | 施工准备 | 20 | 2020-02-15 | 2020-03-05 | 2020-02-15 | 2020-03-05 | | | | | |
| 3 | | 主体结构工程 | 90 | 2020-03-06 | 2020-06-03 | 2020-03-06 | 2020-06-03 | | | | | |
| 5 | | 二次结构工程 | 111 | 2020-03-06 | 2020-06-24 | 2019-11-10 | 2020-03-22 | | | -94 | | |
| 11 | | 钢结构工程 | 164 | 2020-03-01 | 2020-08-11 | 2019-03-16 | 2020-02-11 | | | -182 | | |
| 20 | 🔒 | 预制看台 | 139 | 2020-06-04 | 2020-10-20 | 2020-09-12 | 2020-11-20 | 2020-09-12 | | 31 | | |
| 25 | 🔒 | 装饰装修工程 | 177 | 2020-05-05 | 2020-10-28 | 2020-09-12 | 2021-01-09 | 2020-09-12 | | 73 | | |
| 34 | 🔒 | 地下车库 | 248 | 2020-02-20 | 2020-10-24 | 2020-07-27 | 2020-09-14 | 2020-07-27 | | -40 | | |
| 50 | 🔒 | 室外工程 | 195 | 2020-06-16 | 2020-12-27 | 2020-09-04 | 2021-01-24 | 2020-09-04 | | 28 | | |

图 7-26　2020 年总进度计划

期间计划

5.20~6.19 设置 打开 关联部位 查看网络图 更新实际时间 刷新 显示下级计划

| 序号 | 预警 | 任务名称 | 工期 | 计划开始 | 计划完成 | 预测开始 | 预测完成 | 实际开始 | 实际完成 | 偏差天 | 前置任务 | 关联部 |
|---|---|---|---|---|---|---|---|---|---|---|---|---|
| 1 | | 桩头破除完成 | 4 | 2019-05-20 | 2019-05-23 | 2019-05-20 | 2019-05-23 | | | 0 | | |
| 2 | | 基础验槽 | 1 | 2019-05-24 | 2019-05-24 | 2019-05-24 | 2019-05-24 | | | 0 | 1 | |
| 3 | | 桩头破除完成 | 6 | 2019-05-24 | 2019-05-29 | 2019-05-24 | 2019-05-29 | | | 0 | 1 | |
| 4 | | 基础垫层浇筑完成80% | 3 | 2019-05-30 | 2019-06-01 | 2019-05-30 | 2019-06-01 | | | 0 | 3,2 | |
| 5 | | 第一批塔吊安装完成 | 2 | 2019-06-02 | 2019-06-03 | 2019-06-02 | 2019-06-03 | | | 0 | 4 | |
| 6 | | 基础垫层浇筑完成80% | 6 | 2019-06-02 | 2019-06-07 | 2019-06-02 | 2019-06-07 | | | 0 | 4 | |
| 7 | | 承台、基础梁施工完成30% | 12 | 2019-06-08 | 2019-06-19 | 2019-06-08 | 2019-06-19 | | | 0 | 6 | |
| 8 | | 基础垫层浇筑完成80% | 12 | 2019-06-08 | 2019-06-19 | 2019-06-08 | 2019-06-19 | | | 0 | 6 | |

图 7-27　月进度计划

新增周计划 十月第二周 周期：2020/10/11 - 2020/10/17 生成报表 更多

新增任务 快速新增 按部位展示 按责任单位展示 隐藏已完成 仅看我 横道图 人材机 过滤

| 序号 | 部位 | 名称 | 详情 | 偏差天数 | 计划工期 | 计划开始 | 计划完成 |
|---|---|---|---|---|---|---|---|
| 1 | 体育中心-土建-结构–2.8-9~12轴 | 体育中心/土建/结构/-2.8/9~12轴 | 详情 | -6.5 | 25.5 | 2020-10-06 上 | 2020-10-31 上 |
| 2 | | 体育中心/土建/结构/-2.8/9~12轴 | 详情 | -8.5 | 24 | 2020-10-08 上 | 2020-10-31 下 |
| 3 | | 体育中心/土建/结构/-2.8/9~12轴 | 详情 | -5 | 24 | 2020-10-08 上 | 2020-10-31 下 |
| 4 | | 体育中心/土建/结构/-2.8/9~12轴 | 详情 | -6.5 | 25 | 2020-10-07 上 | 2020-10-31 下 |
| 5 | | 体育中心/土建/结构/-2.8/9~12轴 | 详情 | 12 | 11 | 2020-10-09 上 | 2020-10-19 下 |
| 6 | | 体育中心/土建/结构/-2.8/9~12轴 | 详情 | -7 | 23 | 2020-10-09 上 | 2020-10-31 下 |

图 7-28　周进度计划

通过 BIM5D 生产管理系统直接下发任务，现场负责工长手机端领取任务，对现场进度实时记录，实现项目施工过程管理在线化、数据化，辅助项目进行进度管理的分析，如图 7-29 所示。同时，辅助项目进行劳务、材料、机械等成本消耗分析，提高了管理精细度，确保了现场进度管理的准确性，保证了项目管理层对现场生产情况的实时获取。

同时，3D作战地图对施工中进度异常的施工段进行及时的反馈，使管理人员能对施工进度进行及时的调整，如图 7-30 所示。

（2）计划调整与落实

1）关键线路工序调整

当关键线路工序实际进度比计划进度提前时，可以选择后续关键线路工序中资源强度大的工序适当延长其持续时间。当关键线路工序实际进度比计划进度落后时，一般选择未完成的关键线路中资源强度小的工序压缩其持续时间，并重新计算剩余施工的时间参数，调整至目标工期内。压缩关键线路工序持续时间，必须采用相应的得力措施来实现。常用措施有：第一，增加有效作业时间。第二，增加资源的投入。第三，采取技术措施缩短作业时间。

2）非关键工序的时差调整

非关键工序时差调整的目的是更充分地利用资源、平抑资源峰值、降低成本、满足进度需要。时差调整额不得超出总时差值，每次调整均需进行时间参数校核。

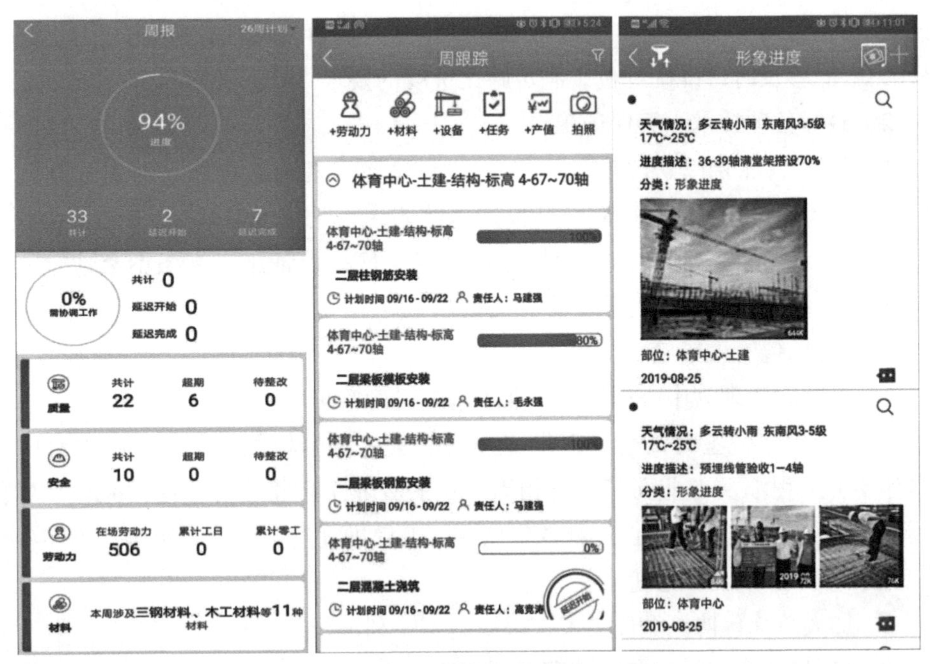

图 7-29 现场进度跟踪

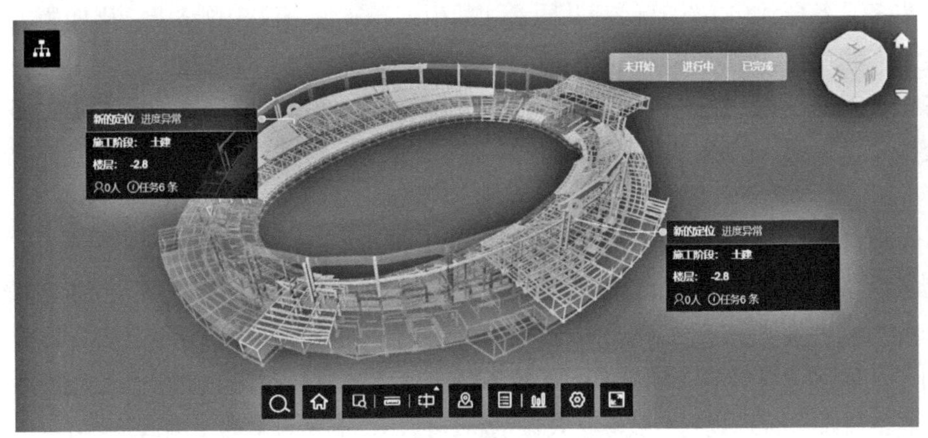

图 7-30 3D 作战地图

3）逻辑关系的调整

当工程项目实施中产生的进度偏差影响到总工期，且有关工作的逻辑关系允许改变时，可以改变关键线路和超过计划工期的非关键线路上有关工作之间的逻辑关系，达到缩短工期的目的。

### 7.4.4 进度控制措施

（1）技术保证措施

1）抓好与设计相关的技术保障

首先做好图纸会审与设计接口，组织好施工图深化设计。特别是钢结构、金属铝镁锰屋面等专业施工，项目总承包部设专人负责协调配合施工详图的设计，保证图纸能够及时、准确到位，满足施工进度的要求。

2）做好各项技术方案保证工作

项目总承包部组织编制《施工组织设计大纲》和《工程施工组织总设计》，分专业、分步骤制定具有针对性和可操作性的《专业施工方案》，各分承包商根据专业施工方案，编制具体的现场作业技术交底，保证施工有条不紊地顺利进行，提前组织重点解决各专业工程中的技术难点。

（2）总承包管理措施

1）以合同管理为中心抓好各专业工程的进度管理

对各分包单位签订的合同工期必须与有关计划目标相协调。榆林体育中心（体育场）工程涉及专业面广，有相当数量的专业工程将由分包单位完成。项目总承包部以合同管理为中心，对各分包专业工程进度进行监控、协调，确保各专业工程工期不影响工程总进度。

2）加大总承包协调调度力度，保证施工顺利进行

建立现场例会制度，包括工程总承包部门负责人以上人员会议，协调内部管理事务。各分承包方生产经理共同参加的生产、质量会议，总结上一周期施工进度、工程质量，制定下一周期安排，化解各专业及分包界面摩擦，分析工程进展形势，互通信息，协调各方关系，制定工作对策。通过例会制度使施工各方信息交流渠道畅通，问题解决及时。

3）精心组织好资源的调配

严格审查分包队伍、劳务队伍资质及施工能力、技术实力，优选分包队伍及劳务队伍。通过招标选择合格材料供应商及成品、半成品供货商，严格考察其生产能力、供货能力、技术实力。提前做好材料、成品、半成品翻样、提料及委托加工。加强对材料的入场检验，严禁不符合要求的材料应用于工程。加强对进场材料的管理，合理规划存放场地及调剂材料使用，避免材料多次倒运及停工待料。

## 7.5 采购和合同管理

榆林体育中心（体育场）为满足举办2022年陕西省第十七届省运会与全民健身需求，具备举办全国性和其他国际单项比赛要求，具有工程工期紧、质量要求高、结构复杂、工程量大等特点。基于上述特点，为了保证体育中心（体育场）的工程建设，要及时确定能够满足工程建设要求的专业分包商和材料设备供应商，榆林体育中心（体育场）项目的采购及合同管理是商务工作的重点和难点。在策略安排上，作为总承包单位应首先辨识和分析采购及合同风险，采取相应的措施进行风险控制，在采购及合同中达到限制风险和转移风险的目的。

### 7.5.1 项目招标策划

榆林市体育中心（体育场）项目采用EPC总承包模式，项目建设规模较大，涉及的作业环节多，总承包单位通过招投标的方式选择分包单位，以便在联合施工下完成项目的建设工程任务，确保项目工程可以在既定的时间内保质保量建设完成。

**1. 采购招标的管理依据**

为了降低集团采购成本，充分发挥规模优势，进一步规范集团集中采购招标管理工作，提高集团经济效益，根据《中华人民共和国招标投标法》等相关法律法规、集团总公司关于实施集中采购的文件及会议精神，制定招标管理制度。

**2. 集中采购招标范围**

（1）大宗材料采购，包括镜面板、竹胶板、方木、活动房等；

（2）劳务作业分包；

（3）专业工程分包；

（4）周转设施材料及机械设备的采购及租赁。

**3. 集中采购招标原则**

根据法律法规的规定，结合本项目的工程特点，榆林体育中心（体育场）项目采购工作采用公开招标、邀请招标或议价的形式，并在集团集中采购管理信息平台线上与线下相结合的方式进行。

（1）凡因特殊情况，不组织进行招标时，需填写非招标内容审批表，并逐级报集团主要领导批准后，通过议价方式实施采购。

（2）采购金额数量较大、技术复杂且有较多可供选择的分供方时，采用公开招标方式选择分供方。

（3）采用公开招标方式的，必须进行招标项目的招标公告。

（4）采购金额数量较小、建设单位推荐分供方或只能从有限范围的投标人中选择时，可采用邀请招标方式选择分供方。

（5）采用邀请招标方式的，应当向具有相应能力和资质的法人或其他组织发出投标邀请。

（6）招标单位制定唯一的分包方且认质认价的，或施工所在地村民强势干预，或能满足要求的供方数量不足3家，或其他客观原因致使无法开展招标工作的，基层单位提交相关证明材料，经集团审核确认后，可不经招标，直接进入议价和合同磋商环节。

**4. 项目采购策略和计划**

预估合同金额低于1万元的采购计划，由基层单位、项目经理部按自设流程进行采购，并留存相关资料；预估合同金额在1万～20万元之间的采购计划，由基层单位、项目经理部按规定自行组织招标，并保存相关招标资料，集中采购办公室负责监督、检查；预估合同金额不少于20万元的采购计划，由基层单位、项目经理部编制采购计划报送集中采购办公室，由集中采购办公室、基层单位及项目经理部共同组织招标。

**5. 招标资料管理**

总承包部对招标资料进行分类管理，将招标过程中的全部资料分别按招标项目编排成册，形成招标程序文件，做到一项招标对应一册程序文件。招标程序文件中要涵盖整个招标过程中形成的全部资料，做到有据可查。

### 7.5.2 项目采购管理

以保证质量为前提，以获得效益为中心，以满足项目要求为责任，是项目采购管理的宗旨和根本任务。

作为榆林市体育中心（体育场）工程建设项目管理体系中重要的环节和组成部分，物资采购管理贯穿于项目质量管理、成本管理、时间管理、风险管理等几大主要管理要素之中。采购管理和采购活动对工程项目建设各个阶段的工作都有着直接的影响，并发挥着重要的作用。

**1. 项目前期的采购管理**

在项目立项评估阶段，通过对工程项目的了解和介入，为项目投标提供准确、可靠的资源状况、市场价格、供货周期、市场变化趋势等方面的支持，这也是项目立项评估阶段采购工作的主要任务。

在项目启动阶段，制定采购管理规划，通过对项目的投资状况、工艺流程及物资构成等情况的分析和研究，依托相关管理制度和项目管理体系文件，对整个项目采购起总领性作用。同时，建立采购管理体系和采购管理组织机构，有效保证采购管理工作规范、有序和高效地运行。

**2. 项目实施阶段的采购管理**

在项目实施阶段，采购工作围绕着成本、质量和进度三大要素展开。采购成本作为三大要素中的控制重点，在建设项目中一般约占项目总投资的50%以上，所以采购成本的控制将是项目获得良好效益的关键因素，在保证质量的基础上控制和降低采购成本是项目采购管理工作的首要任务。

（1）做好物资采购计划是进行采购成本控制的前提

采购计划的编制是把项目建设的物资构成、工艺流程、投资状况等全方位情况落实到各项具体物资采购计划行动中的一个过程，它是项目一切采购活动的实施依据。一个完善的采购计划应包括：设计技术要求、物资类别、工艺应用状况、采购方式（招标或议标、询比价、框架采购、定向采购等）、分交供应商、时间控制（项目需用时间和预计交货时间）、交货方式（交货状态、运输方式等）、质量控制方案、预计价格等内容。

（2）建立完善的供应商管理体系是降低采购成本的有效保证

建立供应商与采购方之间的既相互对立又密切合作的协调关系，同时建立完善的管理体系，考虑价格、质量、信誉等多方面的因素，保证“互利、双赢”的基本原则，在保证质量的基础上，降低采购价格，从而降低采购成本。

（3）合理控制材料采购裕量对节约采购成本极为关键和重要

工程建设中，可能因设计变更等问题造成建设工程材料出现大量剩余的现象，形成物资浪费，增加项目成本，合理控制材料得到采购裕量，形成采购裕量管理办法，同时注意把握材料采购的季节性，并与现场的仓容量相适应，节约采购成本。

**3. 项目采购过程中的关键点**

（1）在进行采购时，应首先根据工程的实际情况，考虑采购项目本身的技术性能、产品参数、产品对于工程的适应性以及产品对后续施工的潜在影响等各方面的因素，确保产品质量能满足本工程要求。

（2）除考虑采购产品本身特点之外，还应考虑产品供应商的资质、信誉等软实力，减少后期产品运营维护可能出现的矛盾。

### 7.5.3　合同管理

建设工程施工合同是工程发包方和承包方共同订立、共同遵循、明确双方责任义务等的文件。在建设工程施工合同框架下，承包方要在规定时限内完成发包方提出的建设任务，同时发包方向承包方交付相应的价款。因此，施工合同管理与工程造价之间存在着密切的联系，加强施工合同管理，对于有效控制工程造价有着十分重要的作用。

一个完整的合同管理框架，需要有严密的组织架构、健全的规章制度、扎实的基础性工作以及科学的控制过程。通过严谨、科学、规范、有效的施工合同管理，能够避免出现各种意见不统一的情况，进而实现对工程造价的有效控制。

（1）提升合同管理人员素质

强化对施工合同管理人员的业务培训，帮助其熟练掌握相关合同法律法规，通过宣传引导，不断提高其思想认识，使依法订立合同、依法履行合同成为他们的思想自觉和行动自觉，提高合同管理的专业化、规范化水平。

（2）健全合同规章制度

在施工合同管理中，着力构建系统完备、行之有效的制度保障，这是合同有效履行的重要保障性因素，同时也是施工合同有法可依、操作规范的重要保证。

（3）管控施工合同签订过程

施工合同只有严谨、专业、规范，才能有效维护发包方和承包方利益，实现互惠互利的共赢目标。在项目评标过程中，要将“信誉良好”和“经营状况良好”作为选择的重要标准，确保对方具有相应的履行合同的能力。同时，对合同文本进行规范，明确双方责任义务以及违约责任的认定处理等，避免出现歧义。

（4）合同实施过程管理

在合同签订后，根据合同条款，对工程的进度、质量及成本等进行严格把控，对不符合合同约定的行为，及时进行干预和纠正，在保证工程质量的基础上，保障合同双方权益。

（5）提高合同纠纷处理水平

体育场项目建设规模大，合同种类繁多，在具体实施中，由于设计变更或意外事故等引起合同纠纷的概率也明显增加。建立高素质的合同专门人才队伍，针对可能出现的合同纠纷进行研究，提高合同纠纷处理的业务能力，保障合法权益。

## 7.6 BIM 管理

### 7.6.1 BIM 应用组织模式

通过采用 BIM 技术，对项目设计、施工、运营等各阶段建立一体化的全生命周期管理平台，实现缩短建设工期、控制工程投资等近期目标，并为后期运营维护、全生命信息化管理等长远发展目标建立基础数据库，服务于企业“保质量、降成本、提效益”的管理目标。BIM 应用组织架构如图 7-31 所示。

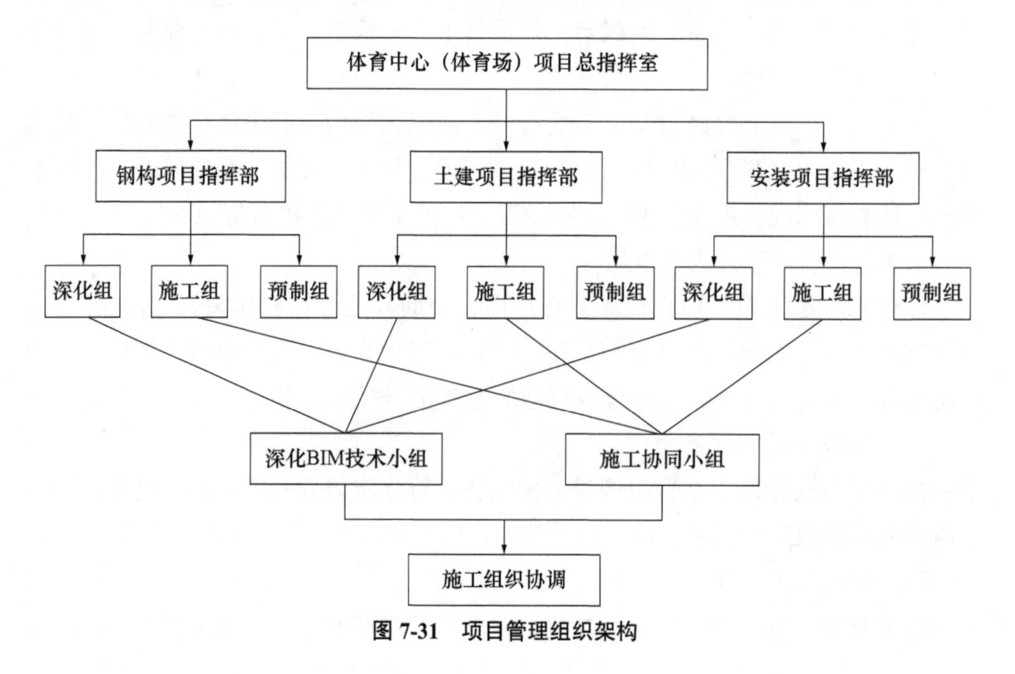


图 7-31 项目管理组织架构

### 7.6.2 BIM 应用平台架构

本项目 BIM 设计采用 Autodesk Revit 软件，搭建 BIM 协同管理平台。各专业模型建好后，在 Revit 中，通过平面视图、剖面视图、三维视图的对照对系统做初步检查，找出问题，与建设方、设计方沟通后修改其不适当的部位。将模型导入 Navisworks 进行碰撞测试，记录各碰撞点构件 ID，完成并提交详细的碰撞报告，针对各碰撞点构件，通过 Navisworks 与 Revit 的链接，在 Revit 模型中进行调整，调整之后再次进行碰撞测试，直至实现零碰撞，最后出具各专业综合剖面和平面以及标高控制图。同时，将上述方案优化过程与工厂化设计联系，实现二者的协调同步，最终保证现场施工的顺利进行。协同设计平台架构如图 7-32 所示。

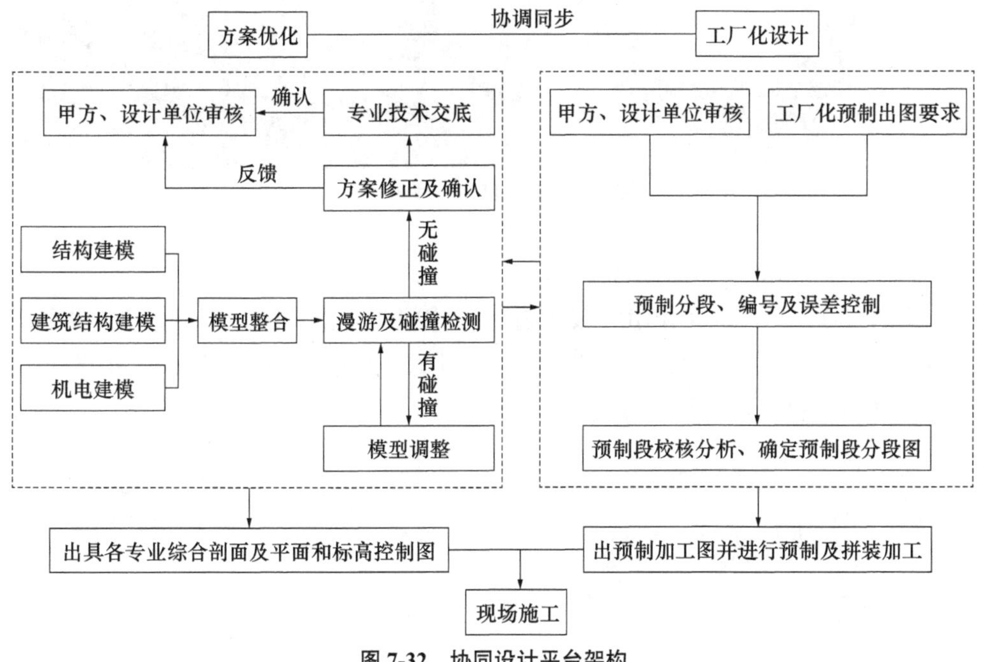


图 7-32 协同设计平台架构

### 7.6.3 各阶段 BIM 应用点

#### 1. 施工准备阶段 BIM 应用

把 BIM 技术应用在施工准备阶段，可以在项目运行时便进行监控，能够确保施工科学合理，为推进项目实施奠定坚实基础。利用 BIM 技术，构建形象的 3D 建筑模型设计，透过模型对建筑项目进行分析，提高工作人员的工作效率，使工作人员更直观地对建筑结构的科学合理性进行分析。最重要的是可以及时发现问题并作出修改，确保建筑信息准确无误，便于储存和提取，有利于建筑施工后期工作的顺利展开。本项目 BIM 技术在施工准备阶段的应用主要体现在以下两个方面：

（1）利用 BIM 技术对施工区域及堆场进行划分

施工场地布置是项目施工的前提，合理的场地布置能够在项目开始之初，从源头避免安全隐患，方便后续施工管理、降低成本、提高效益的重要方法。根据现场 CAD 图纸，如图 7-33，利用 BIM 软件建立施工现场的主体结构模型，根据现场实际情况，对道路、加工棚、办公区域等进行合理划分，随后对整个场地进行三维模拟演示，及时整改发现的问题，直到满足施工现场要求为止。

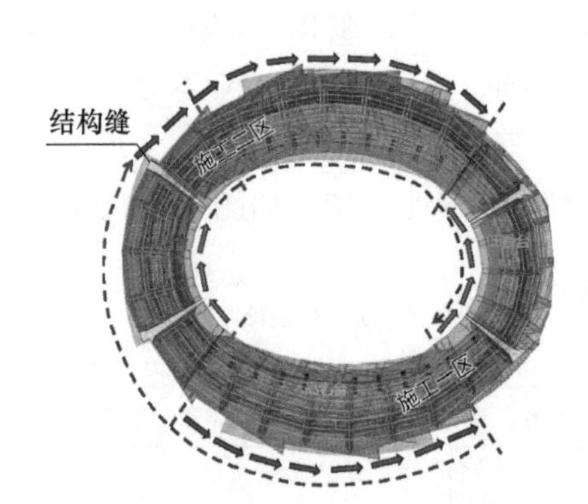

图 7-33　施工区域及堆场划分

（2）利用 BIM 技术对设备吊装位置进行规划

如图 7-34 所示，运用 BIM 技术进行三维施工空间布置，即通过 3D 模型以动态方式对施工现场的大型设备进行合理布局，分析并确定最佳位置，合理布设吊装位置及塔吊，保证吊装一次就位。

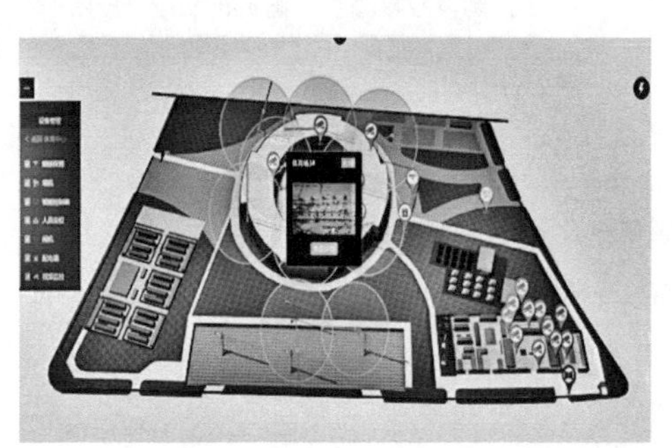

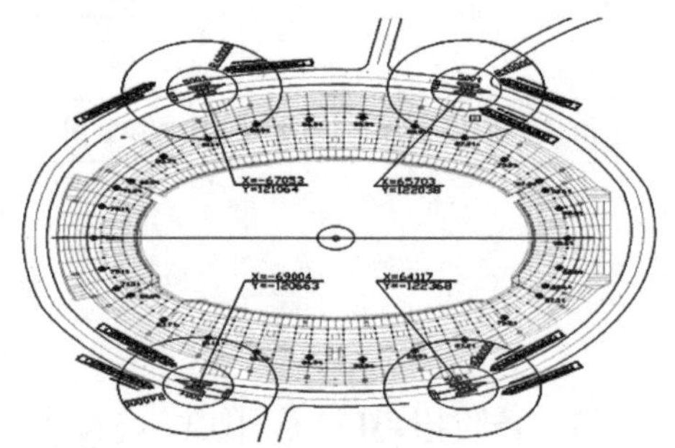

图 7-34　设备吊装位置规划

**2. 技术管理 BIM 应用**

（1）施工图纸管理及问题反馈

收集、汇总设计院二维 CAD 施工图及其他工程文字、数据、图表等相关信息，根据实际情况将前述资料进行补充、完善、深化，创建、更新和维护 BIM 模型。同时，运用 BIM 模型进行施工质量、进度、成本的管理，及时发现问题并反馈，解决现场实际问题，减少现场签证和变更，节约成本、缩短工期。

（2）现场质量问题统计及预警整改

通过 BIM ＋技术管理系统，对图纸会审、设计变更、工作洽商等环节出现的问题进行统计，系统对统计的问题发出预警，相关专业人员及时整改，实现对现场质量问题的实时监测、实时整改。如图 7-35 所示。

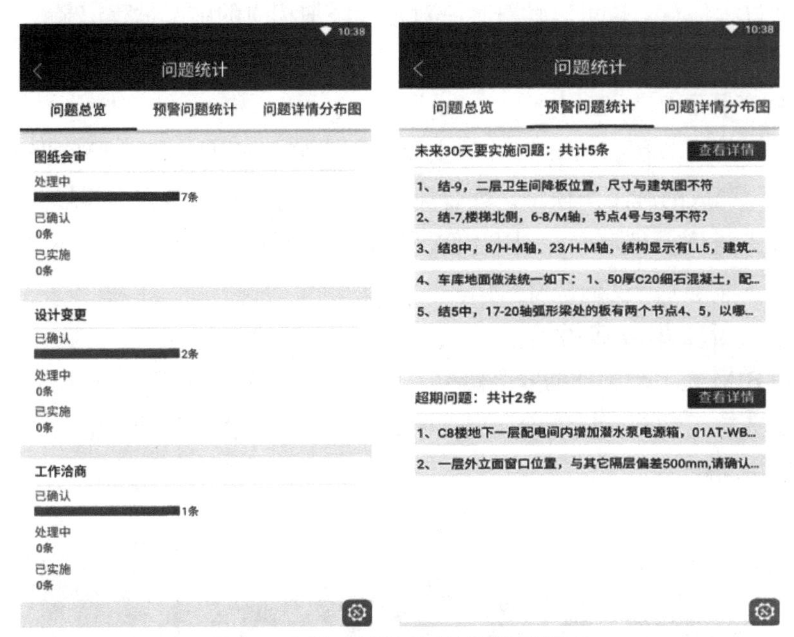


图 7-35　现场质量问题统计及预警示意

（3）主要节点的 3D 协调

对主要节点部位进行 3D 协调，包括钢结构与土建结构、幕墙与主体结构、屋面结构与幕墙结构等，提前避免碰撞现象的发生及协调工序施工。以三维信息模型代替二维的图纸，解决传统二维审图中难想象、易遗漏及效率低的问题，如图 7-36 所示。同时，通过检查软件提前发现消防规范、施工规范冲突的问题，减少返工、节约成本、缩短工期、保证建筑质量。

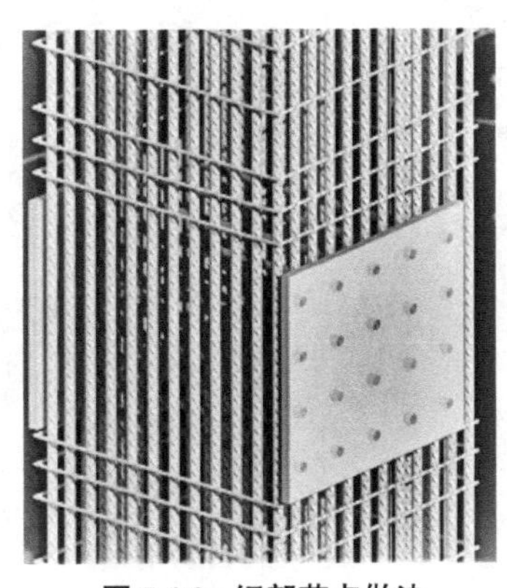
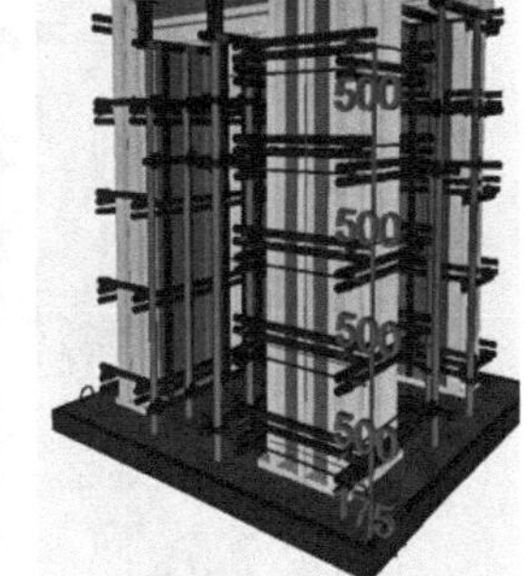

图 7-36　细部节点做法

（4）二维码使用

本项目改变以往通过电话联系、QQ群消息等与其他部门沟通的方式，尝试采用BIM＋二维码技术来辅助现场的沟通管理，参照模型中的二维码位置，将二维码图片打印粘贴到现场相应位置，现场基于某一位置点扫码，可以查看该对象的一系列过程信息。也可以针对某一对象，添加相应的施工过程记录，并且这些记录一经添加，便实时更新与共享。

**3. 生产管理BIM应用**

在生产管理方面，BIM技术的主要应用是施工进度检查及形象进度综合管理。利用已完成的施工图模型，配合斑马进度软件，对模型进行编号匹配，形成完整的施工进度模拟动画，以方便项目部在各时间进度下了解建筑主体施工情况，直观体现施工进度的快慢变化。

**4. 安全管理BIM应用**

利用BIM施工动画辅助安全模拟，进行现场排查，实现综合管控，如图7-37所示。BIM施工动画能够准确表现立体交叉作业的过程，有助于施工前提前发现问题、解决问题。

图7-37 BIM辅助安全模拟

### 7.6.4　BIM 精细化协同

#### 1. 材料精细化管理平台

将模型区域出料单明细，导入公司自主开发的材料管理平台，严格控制材料出入库及施工损耗。现场平台进行材料检查控制，对材料进行精细化管理，实现材料计划—材料库管理—量差对比—现场管控—软件反馈的闭环管理。如图 7-38 所示。

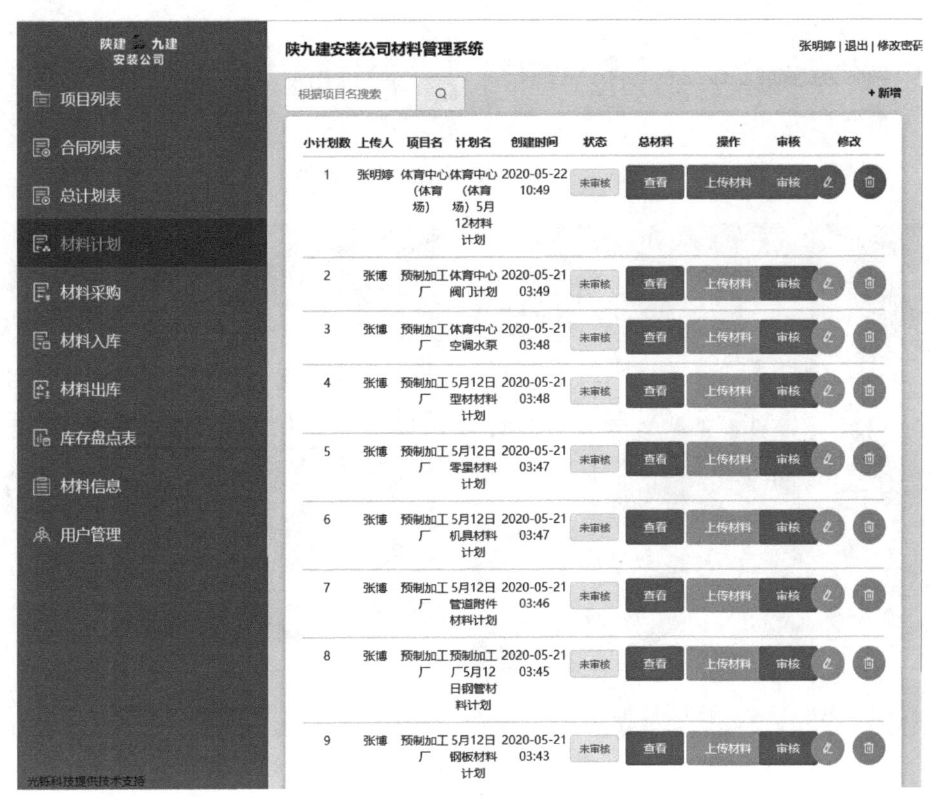


图 7-38　材料精细化管理平台

#### 2. BIM—辅助创新设计及质量管理

（1）利用软件模拟排水方案，辅助创新技术的发展，为质量创新型设计提供新思路，同时辅助设置样板及标准做法，为整个项目的质量管理奠定技术基础，助力技术管理全过程控制。

（2）综合考虑现场施工及项目特点，采用现场数字化办公，BIM 全程辅助预制化加工。采用现场加工可实时进行现场检测，根据现场实际进行实时调整，减少运输成本及物料损耗，BIM 人员驻场实时指导及进行方案交接，提高信息沟通效率，保证成果质量。

加工车间与数字化办公室如图 7-39 所示，数字化预制加工如图 7-40 所示。

图 7-39　加工车间与数字化办公室

图 7-40　数字化预制加工

### 7.6.5　BIM 技术攻关及创新应用

**1. 专业协同应用**

利用 BIM 技术对结构、钢结构进行协同分析，在施工前期进行方案决策，施工过程对照把控，后期辅助构建管理。结构施工中提前进行规划，确认工作面，避免与其他专业间的碰撞。专业间协同架构如图 7-41 所示。

**2. 结构 BIM 创新应用**

（1）细部方案组合优化

模拟桁架安装，提前对方案可行性进行模拟分析，对不合理部位及时调整并改正，确保施工顺序，节约工期。优化过程如图 7-42、图 7-43 所示。

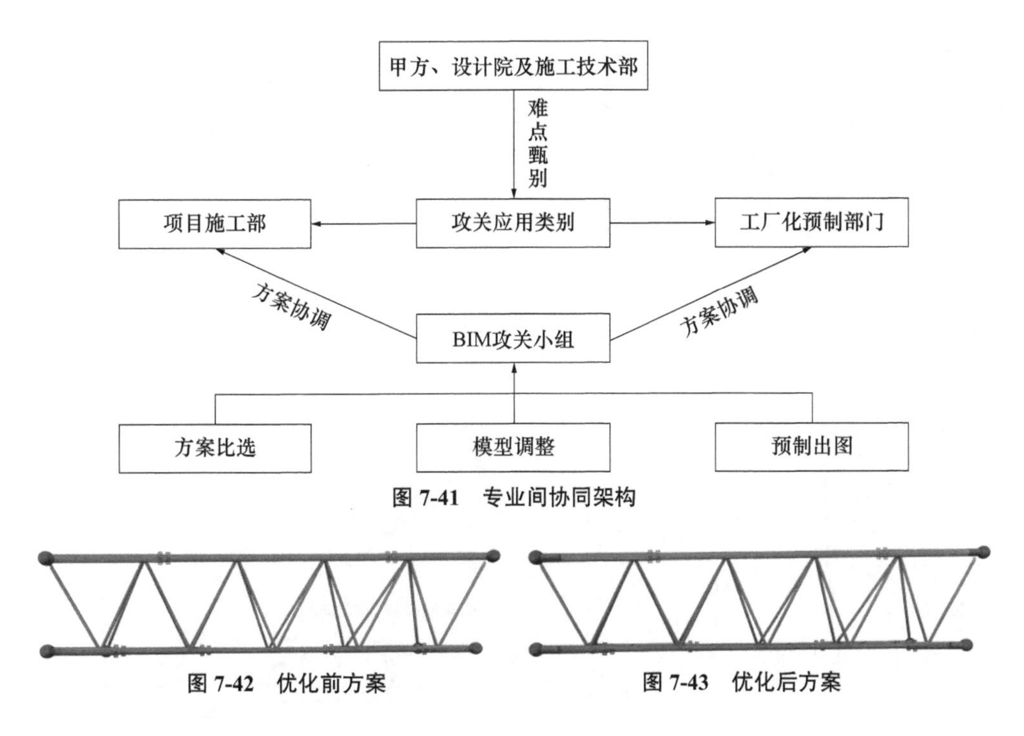


图 7-41　专业间协同架构

图 7-42　优化前方案

图 7-43　优化后方案

（2）模拟吊装

采用吊装模拟对吊装方式及路径进行规划，保证一次吊装就位，指导现场实际吊装定位及吊装分析，解决实际吊装难点问题。吊装模拟如图 7-44 所示。

（3）钢结构主桁架变形监测

由于本工程主桁架为超长悬挑管桁架，最大悬挑长度约 30m，为保证安装精度及后续构件顺利安装，采用变形在线监测系统，对桁架悬挑段进行监测管理，如图 7-45 所示。分析变形原因，如有超出变形速率与变形量的桁架将提前预警，及时反馈并处理，提高后续拱架安装精度，缩短拱架安装工期。

图 7-44　吊装模拟（一）

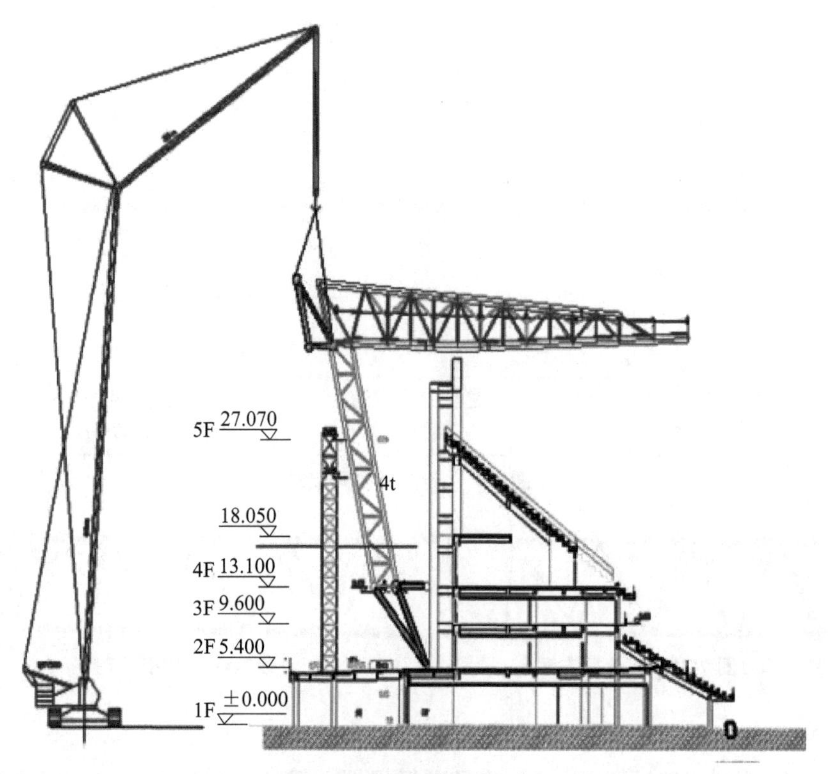


图 7-44 吊装模拟（二）

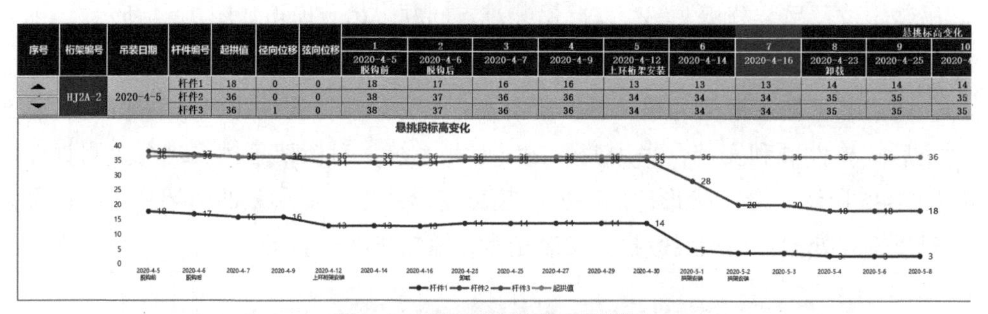

| 序号 | 桁架编号 | 吊装日期 | 杆件编号 | 起拱值 | 径向位移 | 弦向位移 | 1<br>2020-4-5<br>脱钩前 | 2<br>2020-4-6<br>脱钩后 | 3<br>2020-4-7 | 4<br>2020-4-9 | 5<br>2020-4-12<br>上环桁架安装 | 6<br>2020-4-14 | 7<br>2020-4-16 | 8<br>2020-4-23<br>卸载 | 9<br>2020-4-25 | 10<br>2020- |
|---|---|---|---|---|---|---|---|---|---|---|---|---|---|---|---|---|
|  | HJ2A-2 | 2020-4-5 | 杆件1 | 18 | 0 | 0 | 18 | 17 | 16 | 16 | 13 | 13 | 13 | 14 | 14 | 14 |
|  |  |  | 杆件2 | 36 | 0 | 0 | 38 | 37 | 36 | 36 | 34 | 34 | 34 | 35 | 35 | 35 |
|  |  |  | 杆件3 | 36 | 1 | 0 | 38 | 37 | 36 | 36 | 34 | 34 | 34 | 35 | 35 | 35 |



图 7-45 钢结构主桁架变形监测

### 3. 机电 BIM 创新应用

本工程结构外形采用半壳式弧形设计，功能房间及内部走廊依照结构特点呈圆弧形辐射，经多方验证，所有管线拟采用全弧段布设，弧形管段预制加工及现场定位布设成为施工过程的重大技术难点，需要对应用难点进行技术攻关。

（1）难点攻关一：弧形管道模型建立方案，如表 7-6 所示。

弧形管道建模方案对比 表 7-6

| 方案 | 优点 | 缺点 |
|---|---|---|
| 内建模型 | 内建模型对于无支管管道可精确一次放弧，可实施调整 | 无法进行支管布设，管道间无法衔接，此外无法分段及预制 |

续表

| 方案 | 优点 | 缺点 |
| --- | --- | --- |
| 软管模型 | 软管建模可依据管段长度进行截停，可统计软管长度 | 软管为点控制，无法进行实际管道调整，标高无法控制，在调整过程中容易发生变形 |
| 莱辅络弧形绘制 | 莱辅络可长距离进行绘制，在管道接口处可判断是否能进行连接 | 无法分段进行预制，且弧形管段绘制过程只是部分放弧，弧段与直段相间布设 |
| 参数化族 | 参数化族可根据预制要求进行长度设置，且在管件与管段的连接中可进行拼装 | 弧形管道无法进行翻弯，在管道碰撞需要翻弯时，要与直管段进行拼接，然后利用直管段进行翻弯避让 |

综合考虑上述各方案的优缺点，本着可预制、可调节的原则，最后采用可预制化的参数族弧形管道绘制法。

（2）难点攻关二：采用自建参数化建模方案，进行管综优化。

为满足后期弧形管道预制要求，采用自建参数族进行管线绘制以及管线综合调整，方便后期管道预制及现场架设，满足标高要求，使管道一次架设成型。

依据图纸特点及设计要求，管线依照综合排布，进行弧度、弧长测算，从定位点引出辅助线段，辅助模型管道一次定位，拟合弧形管道与结构的吻合度，如图7-46所示。

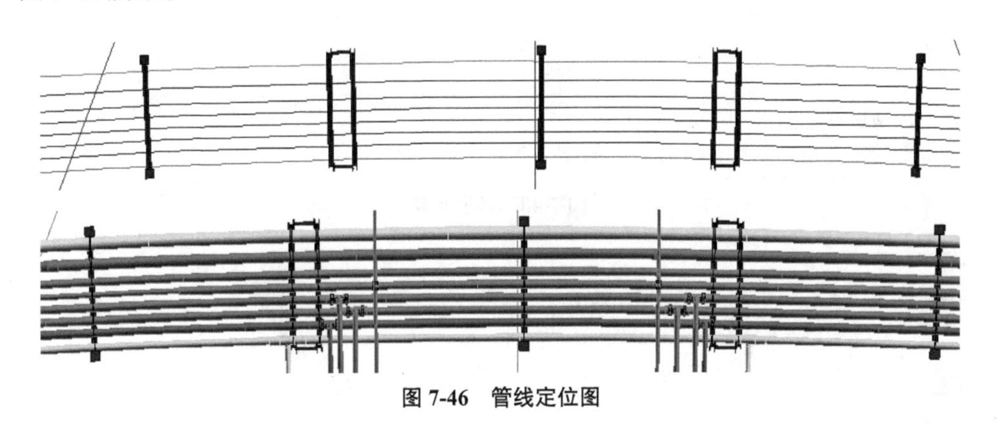

**图7-46　管线定位图**

（3）难点攻关三：依照结构控制点，采用分区弧段定位法进行弧形管道辅助定位。

1）特殊区域（消防通道）管段分区预制

按照分区及轴线进行管道的分区预制，对该区域内的管道分系统提取工程量，确认管段预制长度及组成，方便后期管道架设过程中的误差控制及分析，如图7-47所示。

2）普通区域（走廊）管段分区预制模拟及控制

普通区域为提高弧形管段加工及现场架装效率，采用整装方案，镀锌钢管采用6m弧段，无缝钢管采用11m一段，支管与干管连接时从干管开孔接出。

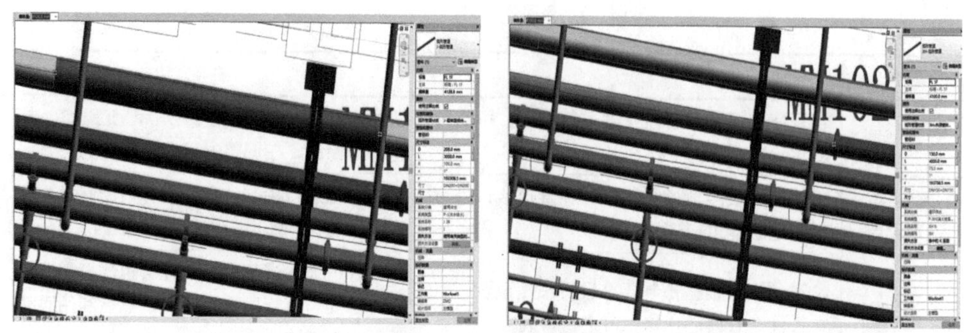

图 7-47　模型信息提取

3）加工过程严格进行误差段控制分析，依据弧段弧长半径进行系统验算（图 7-48），运用 BIM 软件进行弧度拟合后（图 7-49），运至现场加工场配合加工，如图 7-50、图 7-51 所示。

| 管段计算及统计 | | | | | | | | | |
|---|---|---|---|---|---|---|---|---|---|
| 管道系统 | 给水 | 消火栓 | 自喷1 | 自喷2 | 自喷3 | 自喷4 | 热水供水 | 热水回水1 | 热水回水2 |
| 弧长半径（mm） | 193308.5 | 193708.5 | 194004 | 194254 | 194504 | 194708.5 | 195008.5 | 195258.5 | 195508.5 |
| 计算公式 | $L=\frac{n\pi r}{180}$ | | | | | | | | |
| 注：$n$——圆心角读数；$r$——半径。<br>该处弧长半径的取值依据定位点及综合排布进行测量取得 | | | | | | | | | |

图 7-48　系统验算

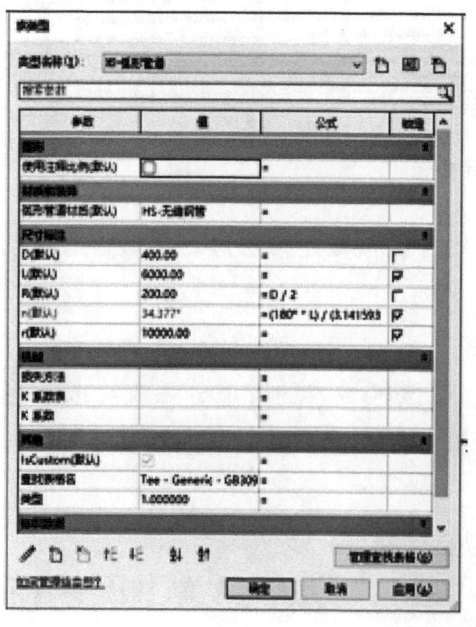


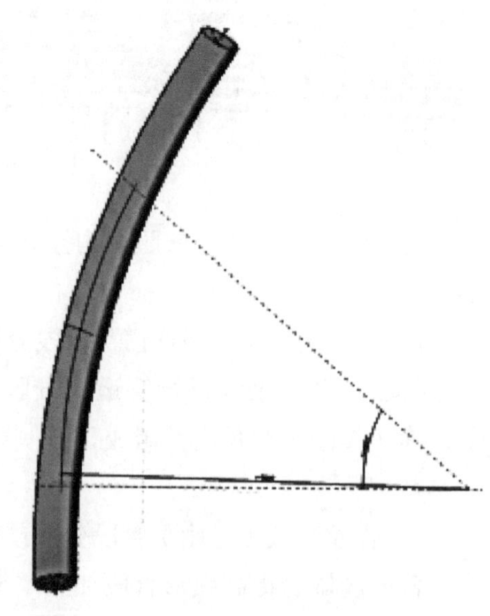

图 7-49　模型弧度拟合

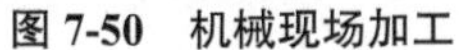
图 7-50　机械现场加工

图 7-51　弧形管道成品

4）利用 BIM 技术依据管线综合排布进行支架设计及布设，如图 7-52 所示。为考虑施工安全，用力学结构结合 BIM 设计支架模型进行受力计算，得出受力计算书。

5）对已施工成果进行分区阶段性验收及评定，保证弧形管道全线贯通，方便后期整体把握施工进度，对施工过程进行整体化的后期规划，弧形管道架装效果如图 7-53 所示。

图 7-52　现场架装

图 7-53　弧形管道现场架装效果

**4. 现场工厂化预制**

机房采用装配式预制及安装，制定科学加工管理流程，标准化建模，如图 7-54 所示。对机房模块进行工厂化加工，组装校验后运送至现场进行系统拼接焊接，如图 7-55 所示。现场安装过程中，提前分析架装误差，并制定解决方案，保证现场安装一次完成。

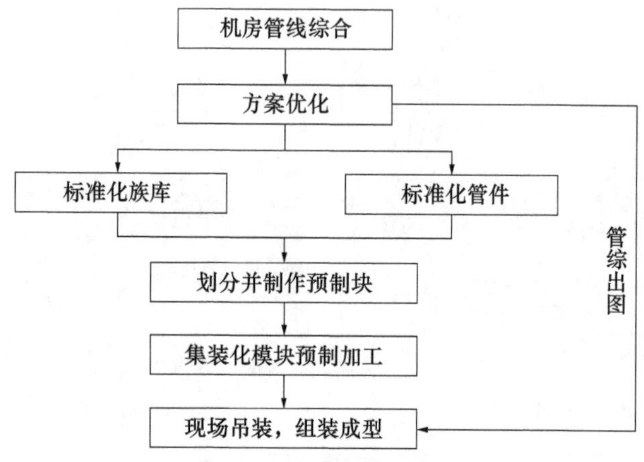


图 7-54　机房预制加工图

图 7-55　现场模块化架装实际效果

### 7.6.6　成果总结

#### 1. 技术成果总结

（1）平台应用协同

采用协同平台，进行各专业协同，从施工准备、技术管理、进度控制、安全管理等方面进行平台协同管控。

（2）深化设计及辅助计算

方案深化后进行设计辅助计算，保证专项方案的顺利实施及结构安全。

（3）可视化交底

协助项目部对劳务班组进行纸质、三维、模拟多重交底，实现 BIM 对接施工人员并落实现场。

（4）出图并指导施工

对深化后的模型进行封存并出图，以此为依据指导施工，确保模型与现场的统一。

（5）预制化出图

解决弧形管道的绘制及现场预制加工问题，为后期施工提供技术保证。

（6）工厂化预制生产

依据BIM可预制化图纸可进行现场量产，提高加工及运输效率，节约成本，缩短工期。

**2. 管理效益总结**

管理模式扁平化，加快信息速率，提高决策效益及管理水平，管理模式如图7-56所示。

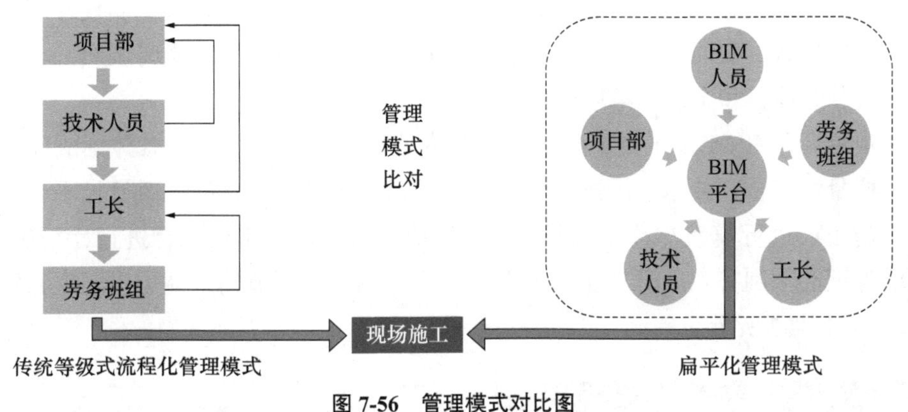


图7-56 管理模式对比图

**3. 经济效益总结**

BIM技术在本项目施工全生命周期的应用，经济效果显著，经济效益汇总如表7-7所示。经测算，共节约成本75.0万元，节约工期47d。

经济效益汇总表 表7-7

| BIM应用点 | 成本控制（万元） | 节约工期（d） | 综合效益点评 |
|---|---|---|---|
| 弧形管段预制 | 约21 | 15 | 为弧形段提供预制方法，社会效益增加 |
| 机房模块化预制 | 约5 | 5 | 突破传统工艺及施工环境限制 |
| 支吊架预制加工 | 约15 | 15 | 提高加工效率 |
| 钢结构预制加工 | 约34 | 12 | 提高组装及安装效率，降低成本 |

**4. 社会效益总结**

（1）项目在建设过程中，多次采用BIM技术进行汇报与展示，实施效果得到甲方和监理的一致肯定，并将我集团纳入优秀承包商资源库，为公司带来了潜在的经营效益。

（2）成功举办文明工地及成果观摩学习会，受到多方肯定，提高了企业的品牌形象。

（3）施工过程中利用BIM技术协助项目组完成省级QC、施工工法的工艺展示及汇报，其中QC小组活动获得省级一等奖一项。

## 7.7 信息化管理

### 7.7.1 BIM5D“新生产”管理系统

BIM5D“新生产”管理系统——基于BIM的施工现场精细化管理平台，集成全专业模型，并以集成的三维模型作为载体、流水段结构为支撑、标准工序为依据，关联现场施工进度计划，聚焦施工现场实际生产业务，快速实现计划任务派分，现场数据实时反馈，达到项目生产进度动态管控、计划及时调整、辅助生产例会、为项目和企业降本增效的目的。

项目运用BIM5D平台，集成项目各专业模型，并以模型为载体集成项目进度、质量、安全、技术、图纸等信息，为项目提供了可视化的实时管控平台；项目在施工前进行模型与计划关联，在施工前进行多次施工模拟，进行计划优化，从而保证能顺利有效地开展施工作业，减少现场返工，节约工期成本。项目模型集成如图7-57所示。

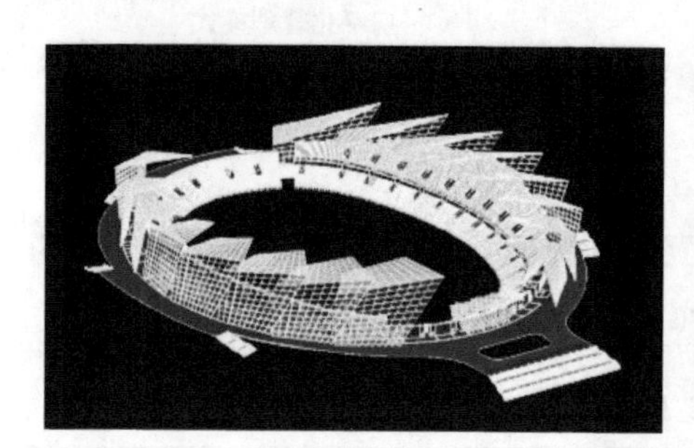
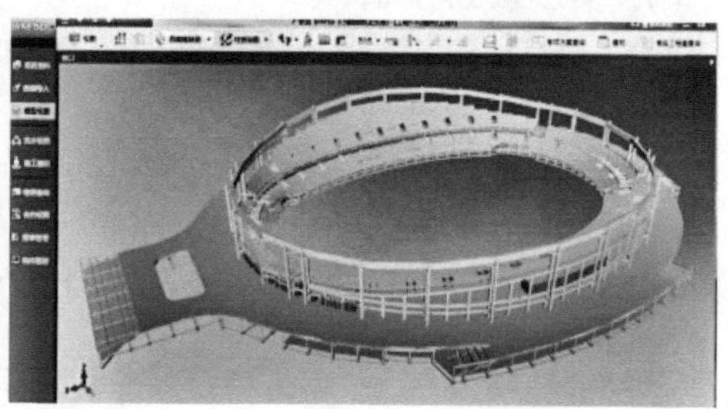

图7-57 模型集成

### 7.7.2 BIM＋智慧工地

BIM＋智慧工地平台聚焦施工现场岗位一线作业层，如图7-58所示，通过“云大物移智＋BIM”等先进技术和综合应用，对“人、机、料、法、环”等各生产要素进行实时、全面、智能的监控和管理，实现业务间的互联互通，数据应用，协同共享，综合展现，搭建一个以进度为主线、以成本为核心、以项目为主体的多方协同、多级联动、管理预控、整合高效的智能化生产经营管控平台，更准确及时的数据采集、更智能的数据挖掘分析、更智慧的综合预测，保障工程质量、安全、进度、成本建设目标的顺利实现。

图7-58 智慧工地平台

## 1. 智慧工地平台

智慧工地通过 BIM 解决方案作为中间媒介，实现企业级与项目级之间的数据交互。在实际施工现场，智能提取施工数据，并将数据传输到三大处理中心，中心对数据进行综合分析后上传到一体化管理平台进行统一管理，并同时输出应对措施且传输到工地一线进行修正，解决方案如图 7-59 所示。一体化管理平台将整个流程进行整合，通过 BIM 数据互通与企业级进行交流并存储。

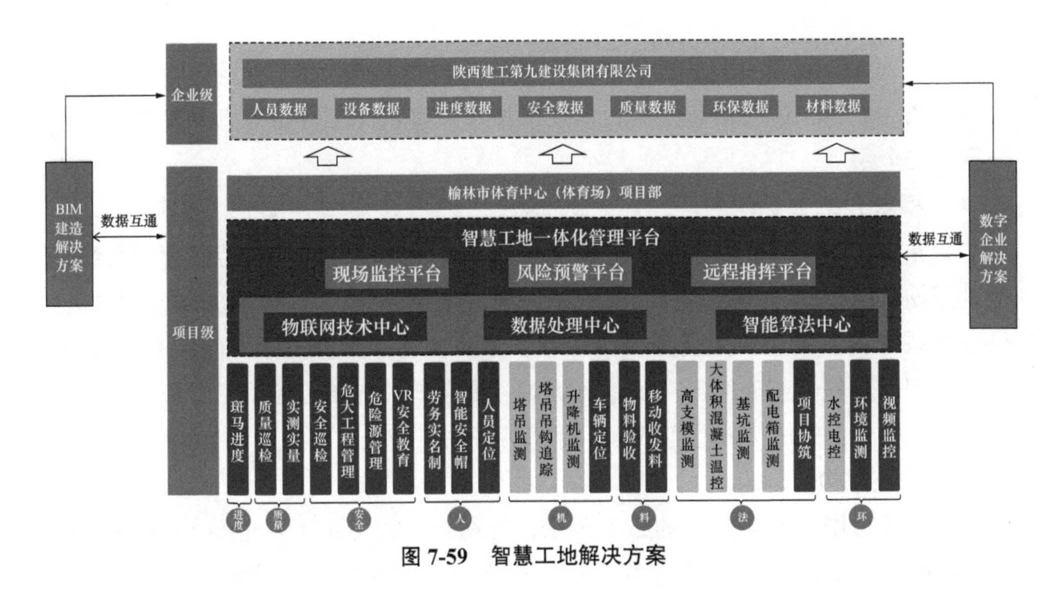


图 7-59　智慧工地解决方案

## 2. 智慧工地项目应用

智慧工地将现场各类设备接入平台中，在一张图一个模型中实时显示现场各类生产要素数据，使施工现场实现数字化，数据更全面、准确、及时地展示在平台中。目前，数字工地已集成闸机、工地宝、视频监控、塔吊防碰撞、智能临电、自动喷淋、烟感等设备。现场质量问题实时检查如图 7-60 所示。

图 7-60　质量问题实时检查

### 7.7.3 劳务实名制＋智能安全帽系统

近年来，民生问题是政府部门工作的重心，建筑行业农民用工不规范、管理混乱问题严重。为规范榆林建筑市场，保障农民工权益、建筑企业合法利益，榆林市政府出台了一系列措施。公司积极响应政府部门要求，建立农民工实名制、农民工考勤、农民工工资发放体系，保障农民工合法权益及避免恶意讨薪事件的发生。

为合理保障农民工合法权益，农民工进入现场前与劳务公司签订用工合同，劳务公司对农民工进行信息采集，信息采集室核实农民工身份信息并发放门禁卡与智能安全帽。

**1. 模块介绍**

劳务实名制＋智能安全帽管理信息系统。基于物联网的现场劳务管理系统是指利用物联网技术，集成各类终端设备对建设项目劳务工人实现高效管理的综合信息化系统，系统能够实现实名制管理、考勤管理、安全教育管理、工资监管、后勤管理以及基于业务的各类统计分析等，提高项目现场劳务用工管理能力，辅助提升政府对劳务用工的监管效率，保障劳务用工与企业利益。

**2. 系统架构**

本系统适用于相对封闭的施工现场，使用对象为工人（安全帽）、管理人员（手持端、移动端）、现场布置（工地宝）。基于成本考虑，安全帽为轻端，重端在各链接设备和云端，安全帽只装载芯片。系统的核心产品集为手持终端、安全帽、工地宝、移动端，如图 7-61 所示。

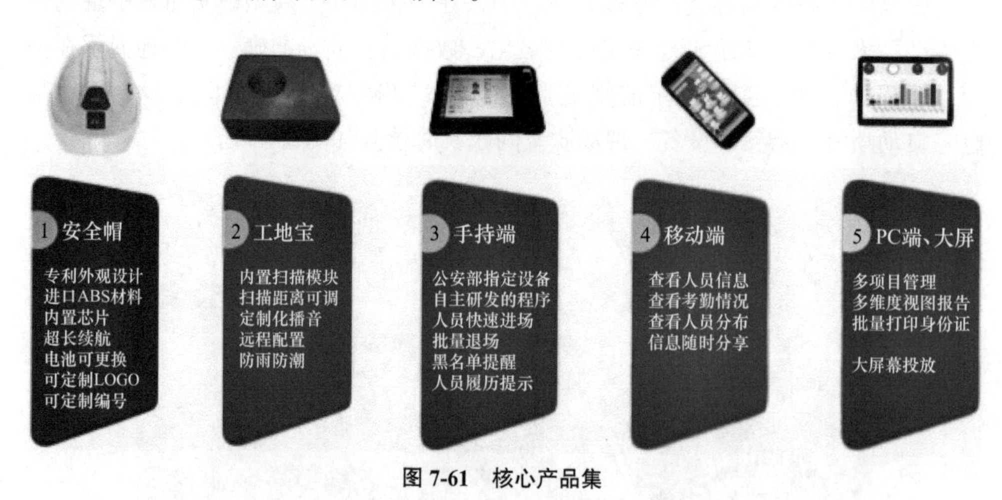


图 7-61 核心产品集

**3. 劳务实名制项目应用**

本项目在办公区、施工区均设有实名制通道，现场各个关键作业面布置具有区域定位功能的工地宝，工人采用智能安全帽进入施工现场，临时工人采用身份证进入施工现场，帽子芯片中记录有个人档案信息。便捷的信息采集让全国劳务黑名单共享，为项目提供风险防范，每个时间段的现场工种人数情况都能实时了解，掌握工种分配，及时调整资源，同时掌握人员流动以及出勤情况。每月导出工人花名册等报表信息，提高工作效率，更有利于对施工人员进行动态管理。

### 7.7.4 物料管控与塔吊限防碰撞系统

**1. 物料管控系统**

物料现场验收管控系统，实现物资进出场全方位精益管理，运用物联网技术，通过地磅周边硬件，智能监控作弊行为，自动采集精准数据。运用数据集成和云计算技术，及时掌握一手数据，有效积累、保值、增值物料数据资产。运用互联网和大数据技术，多项目数据监测，全维度智能分析。运用移动互联技术，随时随地掌控现场、识别风险，零距离集约管控、可视化智能决策。

**2. 物料管控项目应用**

本项目设有磅房，实行车车过磅，通过管控终端进行车辆称重，磅单自动生成。通过红外对射和摄像头，防止人为作弊。通过手机 APP，可随时了解现场整体材料情况，并将管控终端产生的所有材料信息进行多维度的分析，为供应商管理、物料现场管理、原材核算、偏差分析等提供决策依据，提高岗位工作效率，真正实现降本增效，如图 7-62 所示。

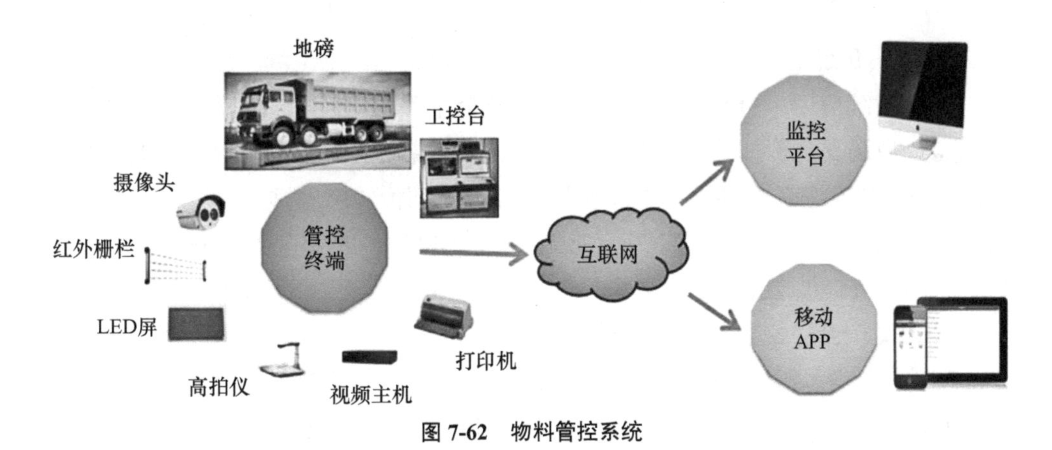


图 7-62 物料管控系统

**3. 塔吊限防碰撞信息系统**

塔式起重机安全监控管理系统是基于物联网传感包网、嵌入式、数据采集和融合、无线传输、远程数据通信等技术研发，高效率地完整实现塔机实时监控与声光预警报警、数据远传功能，并在司机违章操作发出预警、报警的同时，自动响应起重机制动机制，有效避免和减少安全事故的发生，如图 7-63 所示。

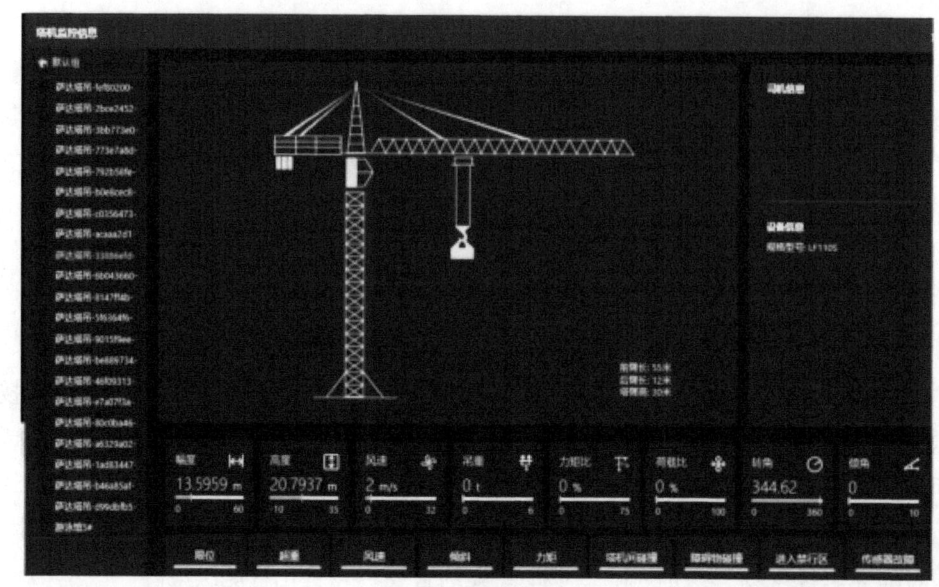


图 7-63 塔吊监控

**4. 吊钩可视化信息**

采用数字高清球型摄像机安装在大臂最前端，通过有线或无线方式传送到塔吊司机操作屏幕上，可根据吊钩的运动自动调整焦距使图像最佳化，使塔吊司机无死角监控吊运范围，减少盲吊引发的事故，对地面指挥进行有效补充。

## 7.7.5 质量安全巡检信息系统

**1. 模块介绍**

通过系统应用，打破以往“以关注事故为主”“打补丁式补救”的安全管理模式，让现场安全管理的作业模式更加规范，让现场人员的安全意识、工作效率得到提高，有效解决了现场人员对危险源监控不到位、隐患排查监管不清楚的问题，真正实现了领导层可实时关注现场情况，为公司的安全数据分析、风险预控、精准预测提供支撑。

**2. 质量安全巡检项目应用**

本项目质量安全巡检中做到每天至少巡查两次，上下午各一次，管理人员用云建造手机 APP 将现场存在的隐患拍照或者拍视频上传到平台，简化了工作流程。同时，智慧工地让项目上更多人变为了质量和安全人员，所有云建造 APP 使用者将看到的质量安全问题提交到平台，管理人员根据现场人员提供的照片或者视频，配合着流水段和楼层直接确定问题并将解决方案上传到平台，现场管理人员将其解决，相关责任人员直接查看问题解决进度，做到更快、更准确，将危险降到最低。并且，现场所有提交过的数据会在平台上记录、积累分析，使得项目变得更安全。

## 7.8 绿色施工

贯彻落实建设工程节材、节水、节能、节地、环境保护的技术经济政策，建设资源节约型、环境友好型社会，全面贯彻落实国家关于资源节约和环境保护的政策，最大限度节约资源，减少能源消耗，降低施工活动对环境造成的不利影响，提高施工人员的职业健康安全水平，保护施工人员的安全与健康。通过科学管理，最大限度地节约资源，减少对环境产生负面影响的施工活动，实现四节一环保（节材、节水、节能、节地，环境保护）。

### 7.8.1 绿色施工目标

工程的绿色施工控制目标见表7-8，其考核指标见表7-9。

**绿色施工控制目标** 表7-8

| 控制目标 | 目标阐述 |
|---|---|
| 噪声 | 噪声排放达标，符合《建筑施工场界环境噪声排放标准》GB 12523—2011规定 |
| 粉尘 | 控制粉尘及气体排放，不超过法律、法规的限定数值 |
| 固体废弃物 | 减少固体废弃物的产生，合理回收可利用建筑垃圾 |
| 污水 | 生产及生活污水排放达标，符合《污水综合排放标准》GB 8978—1996规定 |
| 资源 | 控制水、电、纸张、材料等资源消耗，施工垃圾分类处理，土料合理分类、分区使用，弃土尽量回收利用 |

**绿色施工考核指标** 表7-9

| 序号 | 类别 | 项目 | 指标要求 |
|---|---|---|---|
| 1 | 环境保护 | 扬尘控制 | 1. 土方作业：目测扬尘高度小于1.5m；<br>2. 结构施工：目测扬尘高度小于0.5m；<br>3. 安装装饰：目测扬尘高度小于0.5m |
| | | 建筑废弃物控制 | 1. 每万平方米建筑垃圾产生量不大于400t；<br>2. 建筑废弃物再利用率和回收率达到50%；<br>3. 有毒、有害废弃物分类率达100% |
| | | 噪声与振动控制 | 1. 各施工阶段昼间噪声≤70dB；<br>2. 各施工阶段夜间噪声≤55dB |
| 2 | 节材与材料资源利用 | 节材措施 | 就地取材，距现场500km以内生产的建筑材料用量占建筑材料总用量70% |
| | | 结构材料 | 损耗率比定额损耗率降低30% |
| | | 装饰装修材料 | 损耗率比定额损耗率降低30% |
| | | 周转材料 | 工地临房、临时围挡材料的可重复使用率达到70% |
| | | 资源再生利用 | 建筑材料包装物回收率100% |

续表

| 序号 | 类别 | 项目 | 指标要求 |
|---|---|---|---|
| 3 | 节能与能源利用 | 施工用电与照明 | 节能照明灯具使用率达到 80% |
| 4 | 节水与水资源利用 | 提高用水效率 | 节水设备（设施）配置率 100% |
| | | 非传统水源利用 | 非传统水源和循环水的再利用量大于 30% |
| 5 | 节地与施工用地保护 | 临时用地指标 | 临建设施占地面积有效利用率大于 90% |
| | | 施工总平面图布置 | 1. 合理规划道路，满足运输的同时节约材料、降低成本；<br>2. 合理规划材料堆放、土方调配，最大限度减少二次搬运 |
| 6 | 施工管理 | 安全生产管理 | 1. 无安全生产事故，一般负伤率≤1‰；<br>2. 超过一定规模的危险性较大分部分项工程有专家论证和过程实施管理控制 |
| | | 质量管理 | 无质量事故 |
| | | 职业健康管理 | 不发生职业病病例 |

## 7.8.2 绿色施工组织机构

项目经理为绿色施工第一责任人，负责绿色施工的组织实施，建立绿色施工管理体系，并制定相应的管理制度与目标，成立项目绿色施工领导小组，如图 7-64 所示。

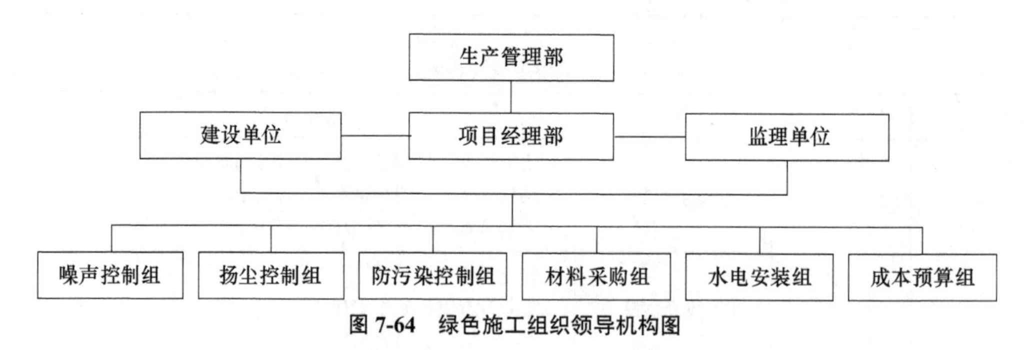


图 7-64 绿色施工组织领导机构图

## 7.8.3 现场环境保护

### 1. 扬尘抑制

（1）现场场地采用 C30 的混凝土浇筑，施工道路 200mm 厚，其余 100mm 厚。

（2）回填土、砌筑用砂子等进场后，临时用密目网进行覆盖，控制一次进场量，分批进入，运土车辆采取覆盖方式防止扬尘。

（3）在现场设置封闭式垃圾站。施工垃圾用塔吊吊运至垃圾站，对垃圾分类分拣、存放，并选择有垃圾消纳资质的承包商外运至规定的垃圾处理场。

（4）齿锯切割木材时，在锯机的下方设置遮挡锯末挡板，使锯末在内部沉淀后回收。钻孔用水钻进行，在下方设置疏水槽，将浆水引至容器内沉淀后处理。

（5）大直径钢筋采用直螺纹机械连接，减少焊接产生废气对大气的污染。大口径管道采用沟槽连接技术，避免焊接释放的废气对环境的污染。

（6）结构施工期间，对模板内木屑、废渣的清理采用大型吸尘器吸尘，防止灰尘扩散，并避免影响混凝土成型质量。

（7）保证运土车、垃圾运输车、混凝土搅拌运输车、大型货物运输车辆运行状况完好，表面清洁。散装货车箱带有可开启式翻盖，装料至盖底为止，限制超载。挖土期间，车辆出门前，在冲刷口派专人清洗泥土车轮胎。运输坡道上可设置钢筋网格或废旧密目网振落轮胎上的泥土。

（8）与运输单位签署环保协议，使用满足本地区尾气排放标准的运输车辆，不达标的车辆不允许进入施工现场。

扬尘的现场监测与防护如图 7-65 所示。

**图 7-65 扬尘监测与防护**

**2. 噪声控制**

（1）塔吊：本工程同一时刻塔吊最大使用量为 3 台，性能完善，运行平稳且噪声小。

（2）钢筋加工机械：本工程的钢筋加工机械为新购置的产品，性能良好，运行稳定且噪声小。

（3）木材切割噪声控制：在木材加工场地切割机周围搭设封闭式围挡结构，以减少噪声污染。

（4）混凝土输送泵噪声控制：结构施工期间，根据现场实际情况确定泵送车位置，布置在远离人行道和其他工业区域的空旷位置，采用噪声小的设备，必要时在输送泵的外围搭设隔声棚，减少噪声扰民。

（5）混凝土浇筑：尽量安排在白天浇筑，选择低噪声的振捣设备。

**3. 污水控制**

（1）雨水：雨水经过沉淀池后排入雨水收集池，用于道路洒水。由于场地全硬化，减轻沉积物的数量。

（2）沉淀池设置：设置 6m×6m×2.5m 沉淀池。基坑抽出的水和清洗混凝土搅拌车、泥土车等的污水经过沉淀后，可再利用于现场临时道路洒水，其他经检测后排入市政管网。

（3）对于化学品等有毒材料、油料的储存地，设置隔水层。

**4. 建筑废弃物控制**

（1）通过合理下料技术措施，准确下料，尽量减少建筑垃圾。

（2）实行“工完场清”管理措施，每个工作在结束该段施工工序时，在递交工序交接单前，负责将工序的垃圾清扫干净。充分利用建筑垃圾废弃物的落地砂浆、混凝土等材料。

（3）提高施工质量标准，减少建筑垃圾的产生，如提高墙、地面的施工平整度，一次性达到找平层的要求，提高模板拼缝的质量，避免或减少漏浆。

（4）废旧材料的再利用。利用废弃模板定做一些围护结构，利用废弃的钢筋头制作楼板马凳、地锚拉环等，利用木方、胶合板来搭设道路边的防护板和后浇带的防护板。

（5）每次浇筑完剩余的混凝土用来浇筑预制盖板和过梁等小构件。

（6）垃圾分类处理，可回收材料中的木料、木板由胶合板厂和造纸厂回收再利用。

### 7.8.4 节材与材料资源利用

**1. 材料计划**

合理安排工期，加快周转材料周转使用频率，降低非实体材料的投入和消耗，尽可能地减少废弃物的产生，做好材料的预算工作，优先采用可回收再利用的材料。

（1）优化选用绿色材料，推广新材料、新工艺，促进材料的合理使用，节省实际施工材料消耗量，制定采购计划，合理采购，避免采购过多，造成积压或浪费。对周转材料进行保养维护，对易受潮的材料加以覆盖。严格控制材料的消耗，限额配料，制定材料管理制度和回收再利用措施。

（2）图纸会审时，审核节材与材料资源利用的相关内容，达到材料损耗率比定额损耗率降低 30%。

（3）根据施工进度、库存情况等合理安排材料的采购、进场时间和批次，减少库存。材料运输工具适宜，装卸方法得当，防止损坏和洒落。根据现场平面布置情况就近卸载，减少二次搬运。

（4）应就地取材，施工现场 500km 以内生产的建筑材料用量占建筑材料总用量的 70% 以上。

**2. 结构材料**

（1）采用商品混凝土，准确计算采购数量、供应频率、施工速度等，在施工过程中进行动态控制。

（2）采用高强度钢筋和高性能混凝土，减少资源消耗。

（3）优化钢筋配料和钢构件下料方案，钢筋及钢结构制作前对下料单及样品进行复核，无误后方可批量下料。

（4）利用废旧钢筋加工定位箍筋、马凳等，及时收集撒落混凝土，制作地沟盖板、临时道路垫块、混凝土预埋三角块等。

**3. 周转材料**

（1）选用耐用、维护与拆卸方便的周转材料和机具。

（2）施工前应对模板方案进行优化，合理组织施工。

（3）现场办公和生活用房采用周转式活动房。现场东面围挡已有围墙，南面采用装配式可重复使用围挡封闭。工地临房、临时围挡材料的可重复使用率达到 90%。

（4）采用公司标准化、定型化、活动式的木工、钢筋加工车间，楼梯防护简单、方便，使用可移动安全防护栏杆。

# 工程照片选集

陕西建工第九建设集团有限公司

陕西建工第九建设集团有限公司
SCEGC NO.9 CONSTRUCTION ENGINEERING GROUP COMPANY LTD.

未开工场地

场地三通一平

破桩

承台钢筋绑扎

地下连续梁

一层板模板支设

一层结构施工

二层脚手架支设

看台斜板钢筋绑扎

高看台施工

支模架体搭设

环向梁施工效果

钢筋混凝土结构封顶

钢结构首吊

水平主桁架吊装完毕

拱架吊装

施工夜景

屋面结构层施工

屋面穿孔铝板施工

幕墙系统安装

# 参考文献

[1] 中华人民共和国住房和城乡建设部. 建筑地基处理技术规范JGJ 79—2012[S]. 北京：中国建筑工业出版社，2013.

[2] 中华人民共和国住房和城乡建设部. 建筑地基基础设计规范GB 50007—2011[S]. 北京：中国计划出版社，2012.

[3] 中华人民共和国住房和城乡建设部. 普通混凝土力学性能试验方法标准GB/T 50081—2002[S]. 北京：中国建筑工业出版社，2003.

[4] 中华人民共和国建设部. 建筑桩基技术规范JGJ 94—2008[S]. 北京：中国建筑工业出版社，2008.

[5] 中华人民共和国住房和城乡建设部. 建筑基桩检测技术规范JGJ 106—2014[S]. 北京：中国建筑工业出版社，2014.

[6] 中华人民共和国住房和城乡建设部. 混凝土结构工程施工规范GB 50666—2011[S]. 北京：中国建筑工业出版社，2012.

[7] 中华人民共和国住房和城乡建设部. 混凝土结构设计规范GB 50010—2010[S]. 北京：中国建筑工业出版社，2011.

[8] 中华人民共和国住房和城乡建设部. 建筑结构荷载规范GB 50009—2012[S]. 北京：中国建筑工业出版社，2012.

[9] 中华人民共和国住房和城乡建设部. 钢结构焊接规范GB 50661—2011[S]. 北京：中国建筑工业出版社，2012.

[10] 中华人民共和国住房和城乡建设部. 混凝土结构工程施工质量验收规范GB 50204—2015[S]. 北京：中国建筑工业出版社，2015.

[11] 中华人民共和国住房和城乡建设部. 建筑地基基础工程施工质量验收标准GB 50202—2018[S]. 北京：中国计划出版社，2018.

[12] 中华人民共和国住房和城乡建设部. 混凝土强度检验评定标准GB/T 50107—2010[S]. 北京：中国建筑工业出版社，2010.

[13] 中华人民共和国住房和城乡建设部. 普通混凝土配合比设计规程JGJ 55—2011[S]. 北京：中国建筑工业出版社，2011.

[14] 中华人民共和国住房和城乡建设部. 大体积混凝土温度测控技术规范GB/T 51028—2015[S]. 北京：中国建筑工业出版社，2016.

[15] 中华人民共和国住房和城乡建设部．钢结构设计标准GB 50017—2017 [S]．北京：中国建筑工业出版社，2018.
[16] 中华人民共和国住房和城乡建设部．工程测量规范GB 50026—2007 [S]．北京：中国计划出版社，2008.
[17] 中华人民共和国住房和城乡建设部．建筑抗震设计规范GB 50011—2010 [S]．北京：中国建筑工业出版社，2010.
[18] 杭州奥体博览中心滨江建设指挥部．钱塘莲花：杭州奥体博览城主体育场科技创新实践 [M]．北京：中国建筑工业出版社，2019.
[19] 北京城建集团有限责任公司．织梦筑鸟巢——国家体育场（工程篇）[M]．北京：中国建筑工业出版社，2010.
[20] 戴为志，刘景凤．建筑钢结构焊接技术："鸟巢" 焊接工程实践 [M]．北京：化学工业出版社，2008.
[21] 刘子祥，戴为志．国家体育场 "鸟巢" 钢结构工程施工技术 [M]．北京：化学工业出版社，2011.
[22] 肖绪文，赵俭，杨中源．体育场施工新技术 [M]．北京：中国建筑工业出版社，2008.
[23] 谢楠．高大模板支撑体系的安全控制 [M]．北京：中国建筑工业出版社，2012.
[24] 郑州国际会展中心工程建设项目部．郑州国际会展中心工程设计与施工新技术 [M]．北京：中国建筑工业出版社，2007.
[25] 彭博．钢筋混凝土现浇叠合梁施工工艺的研究 [D]．昆明：昆明理工大学，2019.
[26] 耿楠．毛乌素沙漠地区风积沙工程特性试验研究 [D]．西安：长安大学，2015.
[27] 宋焱勋．毛乌素沙漠风积砂力学特性及复合地基承载力试验研究 [D]．西安：长安大学，2011.
[28] 周旺华．现代混凝土叠合结构 [M]．北京：中国建筑工业出版社，1998.
[29] 李冰川．叠合转换梁施工阶段安全管理与质量控制研究 [D]．长沙：湖南大学，2013.
[30] 张朝阳．国家体育场预制看台板质量控制和安装方案研究 [D]．北京：清华大学，2012.
[31] 孙玉辉．大跨度钢屋盖施工全过程数值模拟与施工监控 [D]．武汉：武汉理工大学，2015.
[32] 蒙炳穆．新汉口火车站大跨度钢结构施工阶段稳定性分析及施工全过程仿真模拟 [D]．重庆：重庆大学，2010.
[33] 宋晓刚．基于BIM的工程施工安全智能管理研究 [J]．建筑经济，2021，42(02)：29-31.
[34] 刘军进，崔忠乾，李建辉，等．铝镁锰直立锁边金属屋面抗风揭性能试验研究与理论分析 [J]．建筑结构学报，2021，42(05)：19-31.
[35] 黄子钧．EPC模式下棚户区改造安置房项目全过程成本管控研究 [D]．南昌：南昌大学，2020.
[36] 江张宿．"雨滴" 钢结构的稳定性研究 [J]．铁道工程学报，2020，37(03)：84-88.

[37] 常乐，李瑞峰，李志伟. 跨度120 m三角锥体空间钢结构施工卸载监测技术研究[J]. 建筑结构学报，2020，41(02)：142-148，165.

[38] 宋宗凯. 不规则格栅型工程结构的风载体型系数研究[D]. 南京：东南大学，2019.

[39] 付迎娟. 特殊体型空间结构风荷载体型系数的CFD数值分析[D]. 济南：山东大学，2016.

[40] 丁阳，汪明，刘涛，等. 天津奥林匹克中心体育场钢结构屋盖施工数值模拟与监测[J]. 建筑结构学报，2008(05)：1-7.

[41] 蔡绍宽. 水电工程EPC总承包项目管理的理论与实践[J]. 天津大学学报，2008(09)：1091-1095.